JN221634

LIBRARY 工学基礎 & 高専TEXT

T4

応用数学

[第2版]

河東泰之●監 修

佐々木良勝/鈴木香織/竹縄知之●共編著

数理工学社

LIBRARY 工学基礎 & 高専 TEXT について

LIBRARY 工学基礎 & 高専 TEXT は 2012 年から 2015 年にかけて『基礎数学』,『線形代数』,『微分積分』,『応用数学』を刊行した．そして，このたび改訂の第 1 弾として，『基礎数学 [第 2 版]』を出版することとなった．この後，『線形代数 [第 2 版]』(2022 年秋),『微分積分 [第 2 版]』(2023 年秋),『応用数学 [第 2 版]』および新たに『確率統計』(2024 年秋）と刊行を続けていく予定であり，また『応用数学』を除いた教科書には，それぞれに対応した問題集（の第 2 版）も別に出版される．

数学があらゆる科学技術の基礎であるということはよく言われる．しかし，小学校低学年で習う算数が日常生活で必要なことは誰の目にも明らかなのに対し，より進んだ数学が，どのように実社会で有用なのかは，残念ながらそれほどわかりやすくはない．だが実際に数学，特に本ライブラリが対象としているような数学は日常生活のあらゆる面で（多くの場合表面からは直接見えない形で）使われているのである．これらの数学がなければ，携帯電話はつながらないし，飛行機も飛ばないし，AI ソフトも動かないし，病気治療の有効性も判定できないのである．もし数学という手段を持っていなかったとしたら，我々は今でも江戸時代と変わりないような生活をしていることであろう．

コンピュータ技術の爆発的な進展に伴い，数学的な考え方の重要性もまた飛躍的に高まっている．最近社会的インパクトが盛んに強調されるデータサイエンスの基礎も数学の塊である．世界の人類は今もさまざまな危機にさらされているが，社会の構成員がどれだけのレベルの数学的理解を持っているかどうかに，我々の未来はかかっているのである．

そこで本ライブラリは，そのような未来を切り開く数学の力を身につける大きな手助けとなるようにと書かれたものである．最も基礎的なところから始め，丁寧な解説を加えて一歩ずつ進んでいくことを心がけた．これによって，単なる目先の試験だけではなく，一生使っていける数学の深い知識が身につくようになることを目指したものである．数学を理解するという深い楽しみと喜びを味わってもらえるように願っている．

2021 年秋　　　　監修者　河東　泰之

第2版まえがき

我々は，学習者が数学を理解・修得する際の障壁をできるだけ低くし，手助けをできるだけ手厚くすることを第一義に掲げた教科書として初版を作成した．一見教科書らしからぬ教科書となることをも厭わず，式変形の際の行間の注記や，初学者が混乱・誤解しやすい点についての説明など，実際に教室で学生たちがつまずく点について配慮した記述をし，また，説明の重複を必ずしも厭わず，同じことを異なる箇所で復習できるような記述を心がけた．

本ライブラリで，例えば三角関数の加法定理など，一つの数学的事実をいくつもの視点から見る体験をしたり，公式をその導出過程も含めて理解することで暗記に頼らない数学のよさを体験できるであろう．数学が得意な人たちは暗記に頼らない．数学が得意になりたい人もまた，そのように学ぶべきであろう．

改訂にあたり，基本方針は堅持しつつ，より見やすい構成になるよう全面的に見直した．また，国際化が進む時勢に鑑み，索引には英語の綴りを入れた．さらに，例題，問題の難易度を見直し，基本的な問題を充実させた．

本巻の応用数学では理工系の専門教科の基礎として欠かせない「微分方程式」「ベクトル解析」「ラプラス変換」「フーリエ解析」「複素解析」の5分野を扱うが，学生にとって必要最小限の内容をわかりやすく解説した．改訂にあたり初版の読者からお寄せ頂いた御意見・御感想をもとに，より見やすい構成になるように全体の改善に努めた．今回は節末問題の問題数を増やし，レベル別にして問題集と一冊化した．必要な分野だけ選んで学習することも可能である．一方，初版に収録していた第6章確率統計とその問題集は，検討の結果，本書から独立させた．さらに国際化が進む時勢に鑑み，索引には英語の綴りを入れた．また青い文字のメモやマーキングを用いたり，幾分高度な証明や内容には♣を付したりして読者の理解の助けになるよう配慮した．

この出版計画に際してお声をお掛けくださり，またご監修いただいた東京大学の河東泰之先生に，この場を借りて敬愛と感謝の念を表したい．

2024年秋　　　　編著者・執筆者一同

第2版刊行にあたり小山工業高等専門学校の岡田崇先生から貴重なご意見・ご指摘をいただきました．監修者・編著者・著者，編集部一同より厚く御礼を申し上げます．

目　　次

5 複素解析

■重要語句のルビについて
本ライブラリは手厚い教科書を目指しており，教育上の配慮から，
すべての太字にルビを振っております．

本書のサポートページ(右の QR コード)はサイエンス社・数理工学社ホームページ
https://www.saiensu.co.jp
をご覧ください．

ギリシア文字一覧

大文字	小文字	読み	大文字	小文字	読み
A	α	アルファ	N	ν	ニュー
B	β	ベータ	Ξ	ξ	グザイ（クシィ）
Γ	γ	ガンマ	O	o	オミクロン
Δ	δ	デルタ	Π	π	パイ
E	ϵ, ε	イプシロン	P	ρ	ロー
Z	ζ	ゼータ（ツェータ）	Σ	σ	シグマ
H	η	イータ（エータ）	T	τ	タウ
Θ	θ	シータ	Υ	υ	ウプシロン
I	ι	イオタ	Φ	φ, ϕ	ファイ
K	κ	カッパ	X	χ	カイ
Λ	λ	ラムダ	Ψ	ψ, ψ	プサイ（プシィ）
M	μ	ミュー	Ω	ω	オメガ

1 微分方程式

自然現象を記述する方程式として，微分方程式とよばれるものがしばしば現れる．そして微分方程式を解くことで運動の実体が明らかになる．

1.1 微分方程式とは

微分方程式の意味　ある曲線 $y = y(x)$ に関し，点 (x, y) における微分係数が $3x^2$ に等しいとすると

$$\frac{dy}{dx} = 3x^2$$

を満たす．これは微分方程式の典型例である．微分方程式を解くとは，この方程式を満たす関数 y を見つけることである．このように，ある点 x における y の導関数が含まれる方程式を解くことで y 自身を求めることができる．

例えば，

$$\frac{dy}{dx} = 3y + x$$

において，$y = y(x)$ は**従属変数**（じゅうぞくへんすう），x は**独立変数**（どくりつへんすう）である．また，従属変数とその導関数およびその独立変数に関する方程式を，**微分方程式**（びぶんほうていしき）とよぶ．

微分方程式にはいろいろあり，次のように大きく 2 つに分けることができる．

- **常微分方程式**（じょうびぶんほうていしき）：独立変数が 1 変数 であるもの

  例：$y = y(x)$ **に対し** $\dfrac{dy}{dx} = xy^2$

- **偏微分方程式**（へんびぶんほうていしき）：独立変数が 2 変数以上 であるもの

  例：$u = u(x, y)$ **に対し** $\dfrac{\partial u}{\partial x} + \dfrac{\partial u}{\partial y} = 0$

いろいろな微分方程式　常微分方程式とは独立変数 x と従属変数 y，およびその導関数を含む方程式をいう．式で表すと

$$F\left(x, y, \frac{dy}{dx}, \frac{d^2y}{dx^2}, \ldots, \frac{d^ny}{dx^n}\right) = 0$$

方程式に含まれる導関数の最高次数 n を**階数**(かいすう)という．例えば

$$\frac{d^3y}{dx^3} + 3\left(\frac{dy}{dx}\right)^2 + y - 2 = 0 \quad \cdots(*)$$

は3階常微分方程式である．以降，常微分方程式とその解法について学ぶので，単に微分方程式ということにする．

■**注意**　$\dfrac{dy}{dx} + p(x)y = q(x)$ のように方程式が y と $\dfrac{dy}{dx}$ に関し1次式のとき**線形**(せんけい)であるといい，それ以外を**非線形**(ひせんけい)であるという．上の $(*)$ は2次の項 $\left(\dfrac{dy}{dx}\right)^2$ が含まれているので非線形の例となっている．

特に $\dfrac{d^ny}{dx^n}$ について解けているとき，すなわち

$$\frac{d^ny}{dx^n} = f\left(x, y, \frac{dy}{dx}, \frac{d^2y}{dx^2}, \ldots, \frac{d^{n-1}y}{dx^{n-1}}\right) \quad \cdots①$$

の形の微分方程式を**正規形**(せいきけい)という．

(鉛直投げ上げの運動)　鉛直方向に小石を投げ上げた場合の運動方程式を考えてみよう．小石の質量を m，t 秒後の高さを $y = y(t)$ とする．

$y(t)$：位置 $\xrightarrow{\text{微分}}$ $y'(t) = v(t)$：速度 $\xrightarrow{\text{微分}}$ $y''(t) = a(t)$：加速度

小石にかかる力は重力 $-mg$ のみである．**ニュートンの運動方程式**(うんどうほうていしき) $ma = F$ に $a = \dfrac{d^2y}{dt^2}$ と $F = -mg$ を代入し，両辺を m で割ると

$$\frac{d^2y}{dt^2} = -g \quad \cdots②$$

が成り立つ．これは2階線形微分方程式である．このように y が時間の関数である場合，独立変数として t を用いることがある．■

(落下運動と放物運動)　鉛直面において水平方向に x 軸，垂直方向に y 軸をとる．このとき，xy 平面上の点 $\mathrm{P}(x_0, y_0)$ から水平方向となす角 θ の方向に質量 m のボールを速さ v_0 で投げる．t 秒後のボールの位置を $(x, y) = (x(t), y(t))$ として，運動方程式を考えてみよう．

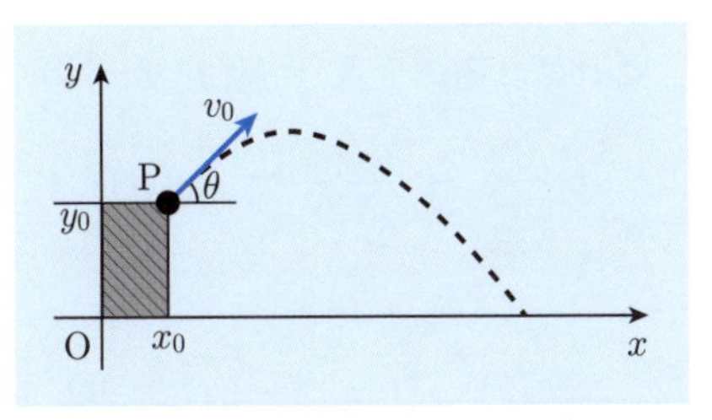

加速度ベクトルを $\overrightarrow{a}$，力のベクトルを $\overrightarrow{F}$ とし，ニュートンの運動方程式 $m\overrightarrow{a} = \overrightarrow{F}$ に当てはめよう．加速度は $\overrightarrow{a} = \left(\dfrac{d^2x}{dt^2}, \dfrac{d^2y}{dt^2}\right)$ であり，ボールにかかる力は垂直方向の重力のみであるから $\overrightarrow{F} = (0, -mg)$ となる．ゆえに，成分ごとに運動方程式を書き表すと

$$\begin{cases} m\dfrac{d^2x}{dt^2} = 0 \\ m\dfrac{d^2y}{dt^2} = -mg \end{cases}$$

■

(バネの運動)　図のように水平な平面上で一端を壁に固定したバネに質量 m の物体 M がついているとする．

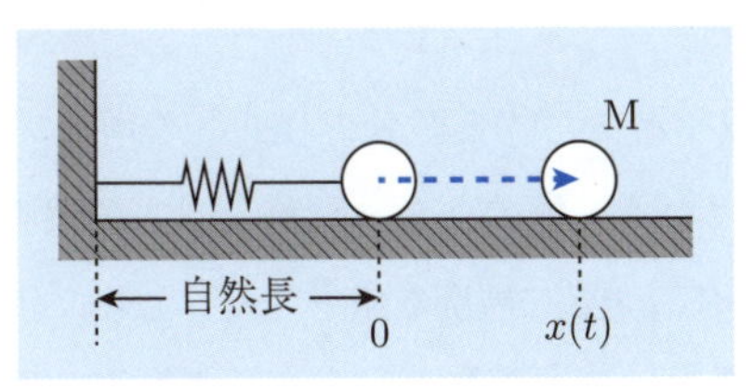

自然長で静止状態にあるときの M の位置が $x = 0$ となるように x 座標をとる．正の向きは壁から離れる方向でもその反対でもどちらでもよい．バネが t 秒後に $x = x(t)$ だけ伸びたとき，物体にかかる力を

- バネによる力（フックの法則）：$-kx$（$k>0$ はバネ定数）
- 摩擦力：$-\gamma\dfrac{dx}{dt}$（$\gamma>0$ は定数）

によるものとすると，運動方程式

$$m\frac{d^2x}{dt^2}=-\gamma\frac{dx}{dt}-kx$$

が成り立つ．これは2階線形微分方程式で，外力 $f(t)$ が加わった場合

$$m\frac{d^2x}{dt^2}+\gamma\frac{dx}{dt}+kx=f(t)$$

である．■

Let's TRY

問 1.1　大気中を落下する雨粒の運動を考える．雨粒には重力，および速度に比例する空気抵抗が働くものとする．雨粒の質量を m，時刻 t における速度を $v(t)$ として微分方程式を作れ．ただし，重力加速度を g，空気抵抗の比例定数を $k>0$ とし，鉛直下向きを正とせよ．

微分方程式の解　今後，$\dfrac{dy}{dx}$，$\dfrac{d^2y}{dx^2}$ を y'，y'' ともかくことにする．

1階微分方程式

$$y'(x)=x^2+3x+1 \quad \cdots ③$$

を満たす関数 $y(x)$ は，不定積分を求めることにより次のように与えられる．

$$\begin{aligned} y(x) &= \int (x^2+3x+1)\,dx \\ &= \frac{1}{3}x^3+\frac{3}{2}x^2+x+C \quad \cdots ④ \end{aligned}$$

ここで C は**積分定数**(せきぶんていすう)である．④を微分方程式③の**解**(かい)といい，解を求めることを**微分方程式を解く**(びぶんほうていしきをとく)という．解のうち，階数と同じ個数の任意定数を含むものを**一般解**(いっぱんかい)といい，その任意定数に特別な値を代入したものを**特殊解**(とくしゅかい)（または**特解**(とっかい)）という．また，一般解の任意定数をどのように選んでも得られない解が存在することがある．一般解に含まれないこのような解を**特異解**(とくいかい)という．

Let's TRY

問 1.2　(　) 内の関数が，与えられた微分方程式の解であることを示せ．

(1)　$y'=3y^2-8y-3\left(y=-\dfrac{1}{3}\right)$　(2)　$y'=\dfrac{y}{\sqrt{x}}$ $(y=Ce^{2\sqrt{x}}$，C は任意定数$)$

(3)　$y'-y^2+y\sin x-\cos x=0$ $(y=\sin x)$

例 1.1 の一般解を求めてみよう．2 階微分方程式②の両辺を t で積分すると

$$\int y''(t)\,dt=\int(-g)\,dt$$

より $y'(t)=-gt+C_1$　(C_1 は積分定数)　⋯⑤

さらに⑤の両辺をもう 1 度 t で積分すると

$$\int y'(t)\,dt=\int(-gt+C_1)\,dt$$

より $y(t)=-\dfrac{1}{2}gt^2+C_1t+C_2$　(C_1, C_2 は積分定数)　⋯⑥

⑥は 2 つの任意定数 C_1, C_2 を含み，②の一般解となる．■

（試験管の中で培養された微生物のモデル（マルサスの法則））

$x(t)$ を時刻 t におけるある微生物の個体数とする．単位時間あたりの増殖率 $x'(t)$ は個体数 $x(t)$ に比例すると仮定すると

$$x'(t)=ax(t)\quad (a\ \text{は比例定数})\quad \cdots ⑦$$

が成り立つ．a が定数より，次の関数

$$x(t)=\frac{1}{2}e^{at},\quad x(t)=e^{at},\quad x(t)=2e^{at}\quad \cdots ⑧$$

はそれぞれ⑦を満たす．よって一般解 $x(t)$ は，$x(t)=Ce^{at}$ (C は任意定数) となることがわかる．実際，この関数を微分すると $x'(t)=Cae^{at}$ となり，これら 2 式から C を消去すると⑦を満たす．逆に，⑧は C に特定の値 $\frac{1}{2}$, 1, 2 を代入したときの特殊解である．■

例題 1.1 C を定数とし，次の式が満たす微分方程式を導け．

$$y(x) = Cx^2$$

解 与式を微分して

$$y'(x) = 2Cx$$

$y(x) = Cx^2$ との 2 式より C を消去すると

$$xy'(x) = 2y(x)$$

■

Let's TRY

問 1.3 C_1，C_2 を定数とする．次の関数が満たす微分方程式を導け．

(1) $y = C_1 x + C_1^2$

(2) $y = C_1(1 + \cos x)$

(3) $y = \tan(C_1 x + C_2)$

初期値問題 1 階および 2 階の微分方程式の一般解は，それぞれ任意定数を 1 つおよび 2 つ含んでいる．この項では，その任意定数を具体的に定めて特殊解を求める問題を考えよう．

例題 1.2 1 階微分方程式 $y'(x) = -3x^2$ について，次の問いに答えよ．

(1) $y = -x^3 + C$（C は任意定数）は一般解であることを示せ．

(2) $x = 1$ のとき $y = 3$ を満たす特殊解を求めよ．

解 (1) $y = -x^3 + C$ を 1 回微分すると

$$y' = -3x^2$$

より微分方程式を満たす．また 1 つの任意定数を含むので一般解である．

(2) $x = 1$ のとき $y = 3$ より，一般解に代入すると $3 = -1 + C$ より $C = 4$ となる．ゆえに特殊解は

$$y = -x^3 + 4$$

■

独立変数 x と従属変数 $y(x)$ の微分方程式において，x がある 1 つの値をとるとき，y やその導関数の値を与えて，その条件を満たす特殊解を求める問題を**初期値問題**（しょきちもんだい）という．上の例題のような条件 "$x=1$ のとき $y=3$" を

$$y(1)=3$$

とかく．これを**初期条件**（しょきじょうけん）といい，右辺の値の 3 を**初期値**（しょきち）という．

■**注意**　初期条件は $x=1$ 以外の点で与えられることもある．

2 階微分方程式の場合は 2 つの任意定数を含むので，初期条件として 2 つの条件を与えれば特殊解を求めることができる．

例題 1.3　2 階微分方程式 $y''-2y'+y=0$ について，次の問いに答えよ．

(1)　$y=(C_1+C_2x)e^x$（C_1, C_2 は任意定数）は一般解であることを示せ．

(2)　初期条件 $y(0)=1, y'(0)=-1$ を満たす特殊解を求めよ．

解　(1)　$y'=(C_1+C_2+C_2x)e^x,\ y''=(C_1+2C_2+C_2x)e^x$

を与式に代入する．

$$(\text{左辺})=(C_1+2C_2+C_2x)e^x-2(C_1+C_2+C_2x)e^x+(C_1+C_2x)e^x=0$$

より微分方程式を満たす．また 2 つの任意定数を含むので一般解である．

(2)　$y=(C_1+C_2x)e^x,\ y'=(C_1+C_2+C_2x)e^x$ に $x=0$ を代入し，$y(0)=1,\ y'(0)=-1$ を用いると

$$\begin{cases} C_1=1 \\ C_1+C_2=-1 \end{cases}$$

この連立方程式を解いて $C_1=1,\ C_2=-2$．よって求める特殊解は

$$y=(1-2x)e^x$$

■

Let's TRY

問 1.4　微分方程式 $x^2y''-2xy'+2y=0$ について，次の問いに答えよ．

(1)　$y=C_1x^2+C_2x$（$C_1,\ C_2$ は任意定数）は一般解であることを示せ．

(2)　初期条件 $y(2)=0,\ y'(2)=1$ を満たす特殊解を求めよ．

第1章1.1節 演習問題A

1 ( ) 内の関数が，与えられた微分方程式の解であることを示せ．

(1) $y' + y = 2 \quad (y = 2 + Ce^{-x},\ C$ は任意定数)

(2) $y'' + y = 0 \quad (y = C_1 \cos x + C_2 \sin x,\ C_1,\ C_2$ は任意定数)

2 C, C_1, C_2 を定数とする．次の関数が満たす微分方程式を導け．

(1) $y = \dfrac{C}{x}$　(2) $y = \dfrac{C}{x^2}$

(3) $y = C_1 x + \dfrac{C_2}{x}$　(4) $y = e^{3x}(C_1 \cos x + C_2 \sin x)$

3 C を定数とする．次の関数が満たす微分方程式を導け．

(1) $y = Cx + C^3$　(2) $y = Cx + \sqrt{1 + C^3}$

4 微分方程式 $y'' + y' = e^x$ について，次の問いに答えよ．

(1) $y = C_1 + C_2 e^{-x} + \dfrac{1}{2}e^x$ ($C_1,\ C_2$ は任意定数) は一般解であることを示せ．

(2) 初期条件 $y(0) = 1,\ y'(0) = e$ を満たす特殊解を求めよ．

▶ ロジスティック方程式

例 1.5 の一般解 $x(t) = Ce^{at}$ で，個体数は正であることから $C > 0$ としてよい．$a > 0$ のときは微生物の個体数は指数的に増加し，時間が経つにつれ無限大に発散する．$a < 0$ のときは指数的に減少し，しだいに絶滅することがわかる．

しかし，実際には，微生物の個体数が増えれば試験管内の栄養素や酸素の量が不足するため環境が悪くなる．したがって時間とともに微生物の個体数は増え続けることはないと考えられる．原因の 1 つとして増殖率 a が一定であると仮定したことが考えられる．一定ではないと仮定した次のモデル

$$\frac{d}{dt}x = (a - bx)x \quad (a, b \text{ は定数})$$

は**ロジスティック方程式**（ほうていしき）とよばれ，1 階非線形微分方程式の例である．

第1章1.1節　演習問題B

5　C, C_1, C_2 を定数とする．次の関数が満たす微分方程式を導け．

(1)　$y=(x+C)^3$　　(2)　$y^3=C(x+C)$　　(3)　$y^2=C_1x^2+C_2$

6　C_1, C_2 を定数とする．次の関数が満たす微分方程式を導け．

(1)　$y=C_1x^2+C_2-\dfrac{1}{3}\log x$

(2)　$y=C_1x+C_2x^2-x^2\sin\dfrac{1}{x}$

7　C_1, C_2 を定数とする．次の関数が満たす微分方程式を導け．

(1)　$y^2=C_1x^2+C_2$　　(2)　$y=C_1e^{3x}+C_2e^{2x}$

(3)　$y=x^2(C_1+C_2\log x)$

8　微分方程式 $x^2y''=3xy'-4y$ について，次の問いに答えよ．

(1)　$y=x^2(C_1+C_2\log x)$（C は任意定数）は一般解であることを示せ．

(2)　初期条件 $y(1)=-1,\ y'(1)=e$ を満たす特殊解を求めよ．

9　微分方程式 $y'+y\cos x=\sin 2x$ について，次の問いに答えよ．

(1)　$y=Ce^{-\sin x}+2(\sin x-1)$（$C$ は任意定数）は一般解であることを示せ．

(2)　初期条件 $y(0)=1$ を満たす特殊解を求めよ．

10　微分方程式 $y'=\dfrac{1}{\sqrt{x^2+1}}y$ について，次の問いに答えよ．

(1)　$y=C(x+\sqrt{x^2+1})$（C は任意定数）は一般解であることを示せ．

(2)　初期条件 $y(0)=-1$ を満たす特殊解を求めよ．

11　鉛直投げ上げの運動は，例 1.1 で見たように t 秒後の高さを $y=y(t)$ とすると微分方程式 $y''=-g$（$g=9.8\,\mathrm{m}/$秒は重力加速度）にしたがう．このとき次の問いに答えよ．

(1)　$y=-\dfrac{1}{2}gt^2+C_1t+C_2$（$C_1, C_2$ は任意定数）は一般解であることを示せ．

(2)　$t=0$ における位置 $y(0)=0$ と速度 $y'(0)=30$ を満たす特殊解を求めよ．

(3)　最高点に達するときの時刻と高さを小数第 2 位（小数第 3 位を四捨五入）まで求めよ．

第1章1.1節　演習問題C

12 C, C_1, C_2 を定数とする．次の関数が満たす微分方程式を導け．

(1)　$y = \sin^{-1}(C_1 x) + C_2$

(2)　$y = \log(C_1 e^{-x} + C_2)$

(3)　$y = C_1 \cos 3x + C_2 \sin 3x + C$

(4)　$(x - C_1)^2 + (y - C_2)^2 = C^2$

13 微分方程式

$$(1 - x^2)y' - xy = xy^2$$

について，次の問いに答えよ．

(1)　$y = \dfrac{1}{C\sqrt{1 - x^2} - 1}$（$C$ は任意定数）は一般解であることを示せ．

(2)　初期条件 $y(0) = 1$ を満たす特殊解を求めよ．

14 微分方程式

$$(1 + x^2)y'' + 2xy' - 2y = 0$$

について，$y = C_1 x + C_2(1 + x \tan^{-1} x)$（$C_1$, C_2 は任意定数）は一般解であることを示せ．

15 微分方程式

$$y'' - y' + ye^{2x} = 0$$

について，次の問いに答えよ．

(1)　$y = C_1 \cos(e^x) + C_2 \sin(e^x)$（$C_1$, C_2 は任意定数）は一般解であることを示せ．

(2)　初期条件 $y(\log \pi) = 2$, $y'(\log \pi) = -1$ を満たす特殊解を求めよ．

16 法線が常に点 $(1, 1)$ を通る曲線 C が満たす微分方程式を求めよ．

17 曲線 C 上の点 P における接線および法線が x 軸と交わる点をそれぞれ Q, R とする．RQ の長さが一定数 k（> 0）となるとき，曲線が満たす方程式を求めよ．

1.2 1 階常微分方程式

変数分離形　この項では**変数分離形**(へんすうぶんりけい)について考える．変数分離形とは 1 階正規の微分方程式において，右辺の関数 $f(x, y, y')$ が x の関数 $g(x)$ と y の関数 $h(y)$ の積の形で表される微分方程式をいう．

1.1 ［定義］変数分離形

$$\frac{dy}{dx} = g(x)h(y) \quad \cdots ①$$

■**注意**　前節の例 1.5 や例題 1.2 で扱った方程式は変数分離形になっている．

変数分離形の微分方程式は以下のようにして一般解を求めることができる．まず $h(y) \neq 0$ と仮定する．①の両辺を $h(y)$ で割ると $\dfrac{1}{h(y)}\dfrac{dy}{dx} = g(x)$ となる．$y = y(x)$ とおいてこれを x で積分すると

$$\int \frac{1}{h(y(x))}\frac{dy(x)}{dx}\,dx = \int g(x)\,dx + C$$

置換積分の公式を用いると次を得る．

1.2 変数分離形の微分方程式の一般解

$$\int \frac{1}{h(y)}\,dy = \int g(x)\,dx + C \quad \cdots ②$$

■**注意**　ある値 a で $h(a) = 0$，つまり②で左辺の分母が 0 となる場合は，定数関数 $y(x) = a$ が解であることがわかる．実際，①の左辺 $= (a)' = 0$ であり，右辺は $g(x)h(a) = 0$ となる．

Let's TRY

問 1.5　次の微分方程式のうち変数分離形であるものを選び出せ．ただし $y = y(x)$ とする．

(1)　$y' + y^3 = 1$　　(2)　$y' = \sin(y + x)$

(3)　$y' = e^{3x-y}$　　(4)　$y' = \sqrt{y - x}$

一般に，変数変換や不定積分を有限回繰返し行って微分方程式の解を求める方法を**求積法**（きゅうせきほう）という．

例題 1.4　次の微分方程式の一般解を求めよ．

(1) $\dfrac{dy}{dx} = ay$（a は定数）　(2) $\dfrac{dy}{dx} = (1-y)y$

解　(1) 1.2 の②で $g(x) = a,\ h(y) = y$ と考えればよい．$y \neq 0$ と仮定すると

$$\int \frac{1}{y}\,dy = \int a\,dx + C_1 \quad (C_1 \text{ は積分定数})$$

となるので，$\log|y| = ax + C_1$．ここで書き換え

$$\log M = r \iff M = e^r = e^{\log M}$$

← よく使うので覚えておこう！

を用いて，y について解くと $|y| = e^{ax+C_1}$ となるので，絶対値を外して $y = \pm e^{C_1}e^{ax}$．任意定数を $C = \pm e^{C_1}$ とおけば，一般解 $y = Ce^{ax}$ を得る．$C = 0$ のときの $y = 0$ も微分方程式を満たすので解である．

(2) 1.2 の②で $g(x) = 1,\ h(y) = (1-y)y$ と考えればよい．$y \neq 0, 1$ と仮定すると

$$\int \frac{1}{(1-y)y}\,dy = x + C_1 \quad (C_1 \text{ は積分定数})$$

となるが，この左辺は被積分関数の部分分数分解

$$\frac{1}{(1-y)y} = \frac{1}{1-y} + \frac{1}{y}$$

を用いて

$$\int \frac{1}{(1-y)y}\,dy = \log\left|\frac{y}{1-y}\right|$$

ゆえに，$\log\left|\dfrac{y}{1-y}\right| = x + C_1$．$\dfrac{y}{1-y} = \pm e^{C_1}e^x$ から，任意定数を $C = \pm e^{C_1}$ とおき，両辺を $(1-y)$ 倍すると $y = (1-y)Ce^x$．y について解けば一般解

$$y = \frac{Ce^x}{1 + Ce^x}$$

を得る．$y = 0, 1$ も微分方程式を満たすので解である．■

Let's TRY

問 1.6　次の微分方程式の一般解 $y = y(x)$ を求めよ．ただし a, b は定数とする．

(1)　$y' = y + 1$　　(2)　$y' - x^2 y' + 2 = 0$

(3)　$y' = x^a y^b$　　(4)　$y' = e^{ax+by}$

問 1.7　次の微分方程式の初期値問題を解け．

(1)　$y' = x\sqrt{y},\quad y(0) = 0$　　(2)　$y' = \sqrt{x}\log x,\quad y(1) = -\dfrac{4}{9}$

(3)　$\sqrt{x}\, y' = \sqrt{1 - y^2},\quad y(0) = \dfrac{\sqrt{3}}{2}$　　(4)　$(1 + x)y' = 1 + y^2,\quad y(0) = 1$

同次形　この項では**同次形**（どうじけい）について考える．同次形とは例えば，$y' = e^{\frac{y}{x}}$ のように右辺が $\dfrac{y}{x}$ の関数で表される微分方程式をいう．

1.3　[定義] 同次形

$$\frac{dy}{dx} = f\left(\frac{y}{x}\right) \quad \cdots ③$$

例 1.6

(1)　$y' = \dfrac{y}{x + y} = \dfrac{\frac{y}{x}}{1 + \frac{y}{x}}$　$\Longrightarrow$ 同次形である

(2)　$y' = \dfrac{y + 1}{x + 1}$　$\Longrightarrow$ 変数分離形であるが，同次形ではない

(3)　$y' = -\dfrac{x}{y}$　$\Longrightarrow$ 同次形であり，また変数分離形でもある　■

同次形の方程式において，$y = xu$ とおくと $y' = (xu)' = u + xu'$ であるから，**1.3** の③に代入すると $u + xu' = f(u)$．変形すれば

$$u' = \frac{f(u) - u}{x}$$

←①で $g(x) = \dfrac{1}{x},\ h(u) = f(u) - u$ とおくと 右辺 $= g(x)h(u)$ となる

となるので，これは u についての変数分離形の微分方程式となる．この方程式の一般解を求めた後，$u = \dfrac{y}{x}$ を代入すれば，③の一般解が得られる．

同次形を解くときのポイント　変数変換：$u = \dfrac{y}{x}$

例題 1.5 次の微分方程式の一般解を求めよ．

$$y' = \frac{-2xy}{x^2+y^2}$$

解 右辺の分母分子を x^2 で割ると

$$y' = \frac{-2\frac{y}{x}}{1+\left(\frac{y}{x}\right)^2}$$

となるので，同次形である．$u = \dfrac{y}{x}$ とおくと，$y' = (xu)' = u + xu'$ であるから

$$u + xu' = \frac{-2u}{1+u^2} \quad つまり \quad u' = \frac{du}{dx} = \frac{1}{x}\left(-\frac{u^3+3u}{u^2+1}\right)$$

1.2 の②から

$$-\int \frac{u^2+1}{u^3+3u}\,du = \int \frac{1}{x}\,dx + C_1 \quad (C_1 \text{ は積分定数})$$

より，積分すると

$$-\frac{1}{3}\log|u^3+3u| = \log|x| + C_1$$

を得る．$u^3+3u = (e^{C_1}x)^{-3}$ より，任意定数を $C = e^{-3C_1}$ とおくと $u^3+3u = Cx^{-3}$ となる．$u = \dfrac{y}{x}$ を代入して，求める一般解は $y^3+3x^2y = C$． ■

Let's TRY

問 1.8 次の微分方程式の一般解を求めよ．

(1) $y' = \dfrac{y}{x} + \dfrac{x}{y}$ (2) $-x^2+y^2 = 2xyy'$

問 1.9 次の微分方程式の初期値問題を解け．

(1) $2x^2y' = x^2+y^2,\quad y(1) = -1$ (2) $xy' = y + \sqrt{x^2-y^2},\quad y(1) = \dfrac{1}{2}$

同次形に関連して♣

$$y' = f\left(\frac{ax+by+p}{cx+dy+q}\right)$$

は $p = q = 0$ であれば同次形だが，それ以外では同次形ではない．しかし，この場合も変数変換することにより同次形あるいは変数分離形に帰着できる．$ad-bc$ の値により場合分けして具体的な例を考えよう．

例題 1.6　（$ad - bc \neq 0$ の場合）　次の微分方程式の一般解を求めよ．

$$y' = \frac{x + 2y + 5}{2x + y + 1}$$

解　連立方程式
$$\begin{cases} x + 2y + 5 = 0 \\ 2x + \ \ y + 1 = 0 \end{cases}$$
を解くと，$(x, y) = (1, -3)$ が解となる．これを用いて

変数変換：$x = X + 1, \quad y = Y - 3$

とおくと，$\dfrac{dy}{dx} = \underbrace{\dfrac{dy}{dY}}_{=1} \dfrac{dY}{dX} \underbrace{\dfrac{dX}{dx}}_{=1} = \dfrac{dY}{dX}$ より同次形の微分方程式

$$\frac{dY}{dX} = \frac{X + 2Y}{2X + Y} = \frac{1 + 2\frac{Y}{X}}{2 + \frac{Y}{X}}$$

を得る．$u = \dfrac{Y}{X}$ とおくと，$\dfrac{dY}{dX} = \dfrac{d(uX)}{dX} = u + X\dfrac{du}{dX}$ から

$$u + X\frac{du}{dX} = \frac{1 + 2u}{2 + u} \quad \Longrightarrow \quad \frac{du}{dX} = \frac{1}{X}\frac{1 - u^2}{2 + u} \text{：変数分離形}$$

②より
$$\int \frac{u + 2}{u^2 - 1}\,du = -\log|X| + C_1 \quad (C_1 \text{ は積分定数})$$

$\dfrac{u + 2}{u^2 - 1} = \dfrac{1}{2}\dfrac{2u}{u^2 - 1} + \left(\dfrac{1}{u - 1} - \dfrac{1}{u + 1}\right)$ より，左辺を積分すると

$$\frac{1}{2}\log|u^2 - 1| + \log\left|\frac{u - 1}{u + 1}\right| = -\log|X| + C_1$$

$$\log\left|(u^2 - 1)\frac{(u - 1)^2}{(u + 1)^2}\right| = -2\log|X| + 2C_1$$

$$\log\left|\frac{(u - 1)^3}{u + 1}\right| = \log\left|\frac{e^{2C_1}}{X^2}\right|$$

よって $\dfrac{(u - 1)^3}{u + 1} = \dfrac{e^{2C_1}}{X^2}$．任意定数を $C = e^{2C_1}$ とおき $u = \dfrac{Y}{X}$ を代入すると

$$\left(\frac{Y}{X} - 1\right)^3 = \left(\frac{Y}{X} + 1\right)\frac{C}{X^2} \quad \Longrightarrow \quad (Y - X)^3 = C(Y + X)$$

$X = x - 1, Y = y + 3$ を代入して一般解は $(y - x + 4)^3 = C(y + x + 2)$ ■

例題 1.7 （$ad - bc = 0$ の場合） 次の微分方程式の一般解を求めよ．

$$y' = -\frac{x + y + 1}{2x + 2y - 1}$$

解 **変数変換：$u = x + y$**

とおく．$\dfrac{du}{dx} = 1 + \dfrac{dy}{dx}$ であるから，与式に代入すると

$$\frac{du}{dx} - 1 = -\frac{u + 1}{2u - 1}$$

$$\frac{du}{dx} = 1 - \frac{u + 1}{2u - 1} \quad \Longrightarrow \quad \frac{du}{dx} = \frac{u - 2}{2u - 1}$$

これは変数分離形の微分方程式であり，②より

$$\int \frac{2u - 1}{u - 2}\, du = x + C_1 \quad (C_1 \text{ は積分定数})$$

$\dfrac{2u - 1}{u - 2} = 2 + \dfrac{3}{u - 2}$ より，左辺の積分を計算すれば

$$2u + 3 \log |u - 2| = x + C_1$$

となるので，式を整理すると

$$u - 2 = \pm e^{\frac{C_1}{3}} e^{\frac{x - 2u}{3}}$$

任意定数を $C = \pm e^{\frac{C_1}{3}}$ とおき，$u = x + y$ を代入して一般解は

$$x + y - 2 = Ce^{-\frac{x + 2y}{3}}$$

■

■**注意** $ad - bc = 0$ の場合は，$y = f(ax + by + d)$ （a, b, d は定数）の形になる．この場合には $u = ax + by$ もしくは $u = ax + by + d$ とおくと変数分離形に帰着できる．

Let's TRY

問 1.10 次の微分方程式の一般解を求めよ．

(1) $y' = \dfrac{2x + y - 4}{x + 2y + 1}$

(2) $y' = 2x + 3y - 1$ （$u = 2x + 3y - 1$ とおいて）

問 1.11 初期値問題 $y' = \dfrac{x - y + 1}{x - y + 2}$, $y(1) = 0$ を解け．

1 階線形微分方程式　$y = y(x)$ と $y' = y'(x)$ について 1 次の微分方程式

$$y' + P(x)y = Q(x) \quad \cdots ④$$

を**1 階線形微分方程式**（かいせんけいびぶんほうていしき）という．$Q(x) = 0$ のとき，方程式は**斉次**（せいじ）（または**同次**（どうじ））であるといい，そうでないものを**非斉次**（ひせいじ）（または**非同次**（ひどうじ））であるという．斉次 1 階線形微分方程式

$$y' + P(x)y = 0$$

は変数分離形であるから容易に解くことができ，その一般解は

$$y = C\exp\left(-\int P(x)\ dx\right) \quad (C \text{ は任意定数}) \quad \cdots ⑤$$

$\exp(\cdots)$：e（自然対数の底数）の $\left(-\int P(x)\ dx\right)$ 乗のことを表す．

非斉次 1 階線形微分方程式も，以下の方法で解くことができる．⑤をヒントにして，任意定数 C を関数 $u(x)$ に変えた関数

$$y = u(x)\exp\left(-\int P(x)\ dx\right) \quad \cdots ⑥$$

が④を満たすように $u(x)$ を求めてみよう．⑥を④に代入してみると，

$\left(-\int P(x)\ dx\right)' = -P(x)$ より

$$u'(x)\exp\left(-\int P(x)\ dx\right) - u(x)P(x)\exp\left(-\int P(x)\ dx\right)$$
$$+ P(x)u(x)\exp\left(-\int P(x)\ dx\right) = Q(x)$$

となる．よって

$$u'(x) = Q(x)\exp\left(\int P(x)\ dx\right)$$

より，積分すると

$$u(x) = \int Q(x)\exp\left(\int P(x)\ dx\right)dx + C \quad (C \text{ は積分定数})$$

これを⑥に代入すれば次を得る．$Q(x) = 0$ とすれば斉次方程式の一般解となる．

1.4 非斉次1階線形微分方程式の一般解

$$y = \exp\left(-\int P(x)\,dx\right)\left\{\int Q(x)\exp\left(\int P(x)\,dx\right)dx + C\right\} \quad \cdots ⑦$$

注意 上の一般解は④の両辺に $\exp\left(\int P(x)\,dx\right)$ を掛けても導ける．

$\left\{y\exp\left(\int P(x)\,dx\right)\right\}' = Q(x)\exp\left(\int P(x)\,dx\right)$ より積分すると⑦になる．

定数変化法 ⑥のように，定数部分を関数に置きかえることによって微分方程式の一般解を求める方法を**定数変化法**(ていすうへんかほう)という．1階線形微分方程式に限らず，しばしば有効な方法である．

例題 1.8 次の微分方程式の一般解を求めよ．

$$xy' - 3y = x^4 e^{-x}$$

解 まず，斉次方程式

$$xy' - 3y = 0$$

を考える．

$$y' = \frac{3y}{x}$$

より変数分離形なので一般解は $y = Cx^3$（C は任意定数）となる．C を関数 $u(x)$ で置きかえ

$$y = u(x)x^3 \quad \cdots ⑧$$

として与式に代入すると，$u'(x)x^4 + 3u(x)x^3 - 3u(x)x^3 = x^4 e^{-x}$ より

$$u'(x) = e^{-x}$$

積分すれば，$u(x) = -e^{-x} + C$（C は積分定数）となるので，⑧に代入すると一般解は

$$y = x^3(-e^{-x} + C)$$

■

別解　$y' - \frac{3}{x}y = x^3e^{-x}$ より $P(x) = -\frac{3}{x}$, $Q(x) = x^3e^{-x}$ として⑦に代入すると

$$y = \exp\left(\int \frac{3}{x}\,dx\right)\left\{\int x^3e^{-x}\exp\left(\int\left(-\frac{3}{x}\right)\,dx\right)dx + C\right\}$$

$$= e^{3\log|x|}\left(\int x^3e^{-x}e^{-3\log|x|}\,dx + C\right)$$

$$= |x|^3\left(\int \frac{x^3}{|x|^3}e^{-x}\,dx+C\right)=|x|^3\left(\frac{x^3}{|x|^3}\int e^{-x}\,dx+C\right)$$

← $e^{\log A} = A$ **よく使う！**

$\frac{x}{|x|}$ **の値は -1 か 1 ⟹ 積分の外へ**

$$= x^3(-e^{-x} \pm C)$$

よって，改めて $\pm C$ を C とおくと一般解は

$$y = x^3(-e^{-x} + C)\quad (C \text{ は任意定数})$$

■

Let's TRY

問 1.12　次の微分方程式の一般解を求めよ．

(1)　$y' + 2xy = x$

(2)　$xy' + y = x(1 - x^2)$

(3)　$y' - y\tan x = e^{\sin x}\quad \left(0 < x < \frac{\pi}{2}\right)$

問 1.13　次の微分方程式の初期値問題を解け．

(1)　$y' - y = e^x$,　$y(0) = e$

(2)　$y' + \frac{y}{x} = \frac{1}{x(1+x^2)}\ (x > 0)$,　$y(1) = 0$

応用問題♣　ここから，少し難しいが求積法で解くことができる非線形微分方程式の応用問題を2つ考えてみよう．

(1)　ベルヌーイの微分方程式　m を定数とするとき

$$y' + P(x)y = Q(x)y^m \quad \cdots ⑨$$

の形の微分方程式を**ベルヌーイの微分方程式**(びぶんほうていしき)という．$m = 0, 1$ のときは，線形微分方程式であるのに対し，それ以外のときは非線形微分方程式である．ベルヌーイの微

分方程式は，次の変数変換によって1階線形微分方程式に帰着できる．

定数 m に対し，$z = y^{1-m}$ とおき，⑨を z の微分方程式に書き直してみよう．$z' = (1-m)y^{-m}y'$ となるから，⑨の両辺に $(1-m)y^{-m}$ を掛けて整理すると

$$z' + (1-m)P(x)z = (1-m)Q(x)$$

となる．つまり

変数変換：$z = y^{1-m}$

をすることにより，⑦からベルヌーイの微分方程式の一般解

$$y^{1-m} = \exp\left\{-(1-m)\int P(x)\,dx\right\} \times \left[(1-m)\int Q(x)\exp\left\{(1-m)\int P(x)\,dx\right\}dx + C\right]$$

を得る．

例題 1.9 次の微分方程式の一般解を求めよ．

$$y' + xy = xy^3$$

解 ベルヌーイの微分方程式で $m = 3$ の場合である．$z = y^{1-3} = y^{-2}$ とおく．$z' = -2y^{-3}y'$ であるから，与式の両辺に $-2y^{-3}$ を掛けて z の微分方程式に書き直すと

$$z' - 2xz = -2x$$

これは変数分離形なので，②より一般解は $z = Ce^{x^2} + 1$（C は任意定数）．よって求める一般解は

$$y^{-2} = Ce^{x^2} + 1 \quad \leftarrow y^2 = \frac{1}{Ce^{x^2}+1} \text{ と書き直してもよい．}$$ ■

Let's TRY

問 1.14 次の微分方程式の一般解を求めよ．

(1) $y' + \dfrac{y}{x} = x^2y^3$ (2) $y' - \dfrac{1}{2x^2}y = \dfrac{1}{2y}e^{x-\frac{1}{x}}$

問 1.15 初期値問題 $y' + y + y^3 = 0,\ y(1) = 1$ を解け．

(2)　リッカチの微分方程式　正規形の 1 階微分方程式で，$f(x, y)$ が y について 2 次であるような

$$y' = P(x)y^2 + Q(x)y + R(x)$$

この項がベルヌーイと異なる！

という形の微分方程式を考える．これを特に（**広義**（こうぎ）**の**）**リッカチの微分方程式**（びぶんほうていしき）という．この方程式は何らかの方法で 1 つの解が得られたとすると，次の例題に述べる方法で一般解を求めることができる．

例題 1.10　微分方程式 $xy' + 2y^2 - y - 2x^2 = 0$ について，次の問いに答えよ．

(1)　$y = x$ が 1 つの解であることを示せ．

(2)　一般解を求めよ．

解　(1)　$y = x$，$y' = 1$ を与式の左辺に代入すると

$$(\text{左辺}) = x \cdot 1 + 2x^2 - x - 2x^2 = 0$$

よって $y = x$ が 1 つの解となっている．

(2)　(1) の解を用いて

$$z = y - x$$

1 つの解

とおくと

$$x(z' + 1) + 2(z + x)^2 - (z + x) - 2x^2 = 0$$

つまり

$$z' + \left(4 - \frac{1}{x}\right) z = -\frac{2z^2}{x}$$

ベルヌーイの微分方程式で $m = 2$ の場合であるから

$$u = z^{1-2} = \frac{1}{z}$$

とおき，u の微分方程式に書き直すと

$$u' - \left(4 - \frac{1}{x}\right) u = \frac{2}{x}$$

となる. 1.4 の⑦より

$$u = \exp\left\{\int\left(4-\frac{1}{x}\right)dx\right\}\left[\int\frac{2}{x}\exp\left\{-\int\left(4-\frac{1}{x}\right)dx\right\}dx + C_1\right]$$

$$= \exp(4x - \log|x|)\left\{\int\frac{2}{x}\exp(-4x+\log|x|)\,dx + C_1\right\}$$

$$= \frac{e^{4x}}{|x|}\left(\int 2\,\frac{|x|}{x}\,e^{-4x}\,dx + C_1\right) \quad (C_1 \text{ は積分定数})$$

$$= -\frac{1}{2x} + \frac{C_1 e^{4x}}{|x|}$$

← この計算は例題 1.8 の別解を参照.

$$= \frac{-1+Ce^{4x}}{2x}$$

ここで任意定数を $C = \pm 2C_1$ とおいた.

$$y = x + z = x + \frac{1}{u}$$

より一般解は

$$y = x + \frac{1}{\dfrac{-1+Ce^{4x}}{2x}}$$

$$= x + \frac{2x}{Ce^{4x}-1}$$

$$= \frac{(Ce^{4x}+1)x}{Ce^{4x}-1}$$

■

Let's TRY

問 1.16 次の微分方程式の一般解を求めよ.

(1) $y' - y^2 - 3y + 4 = 0$

(2) ($y = x$ が 1 つの解であることを用いて)

$x^2(x+1)y' = -y^2 + x(x+2)y$

第1章1.2節　演習問題A

18 次の微分方程式の一般解を求めよ．

(1) $y' = x^2 - 2x - 3$　(2) $y' = \sin^2 x$

(3) $y' = \dfrac{2x-5}{(x-1)(x+2)}$　(4) $y' = \dfrac{1}{x^3-8}$　(5) $y' = \dfrac{x^4+x^2+2}{x^2+1}$

19 次の微分方程式の一般解を求めよ．

(1) $y' = y\sin 2x\cos x$　(2) $y' = y^2\sin 2x\sin 4x$

20 次の関数が同次形かどうか確かめよ．

(1) $f(x,y) = \dfrac{1+y^2}{1+x^2}$　(2) $f(x,y) = \dfrac{x^2+2xy-y^2}{y^2+2xy-x^2}$

(3) $f(x,y) = \sqrt{x^2+y^2}\left(\dfrac{1}{y} - \dfrac{x}{y\sqrt{x^2+y^2}}\right)$

解く前に　$f(x,y)$ が同次形であるための必要十分条件は，任意の数 $\lambda > 0$ に対し，

$$f(\lambda x, \lambda y) = f(x,y)$$

が成立することである．これを使ってもよい．

21 次の微分方程式の一般解を求めよ．

(1) $y' - 2y = x^2$　(2) $y' + 2y = e^{2x}$　(3) $y' + \dfrac{1}{x}y = e^x$

(4) $-y' + 3y = \sin x$　(5) $y' - 3x^2y = x^2$　(6) $xy' + y = 3x^2$

(7) $y'\cos x + y\sin x = 2$　(8) $y' + y\cos x = e^{-\sin x}$

22 次の微分方程式の初期値問題を解け．

(1) $y' = \dfrac{(y+2)(y+3)}{x},\ y(1) = -4$　(2) $y' + \dfrac{3}{x}y = \dfrac{1}{x^3},\ y(1) = 3$

23 次のベルヌーイの微分方程式の一般解を求めよ．

(1) $y' + \dfrac{1}{x}y = xy^4$　($z = y^{1-4} = y^{-3}$ とおいて)

(2) $y' + y\sin x = y^2\sin x$　(3) $2xy' + y + 3x^2y^2 = 0$　($x > 0$)

24 次のリッカチの微分方程式の一般解を求めよ．

(1) $y' = -\dfrac{2}{x}y^2 + \dfrac{1}{x}y + 2x$　($y = x$ は1つの特殊解)

(2) $xy' = -y^2 + 3y + x^2 - 2$　($y = x + 1$ は1つの特殊解)

第1章1.2節　演習問題B

25 次の微分方程式の一般解を求めよ．

(1) $y' = \tan x$　　(2) $y' = \dfrac{x^2-1}{x^2+1}$

(3) $y' = y\log x$　　(4) $(1+2x^2)y' - \sqrt{1-y^2} = 0$

26 次の微分方程式の初期値問題を解け．

(1) $y' = y^4,\quad y(0) = \dfrac{1}{\sqrt{3}}$　　(2) $y' = \dfrac{y-1}{x+1},\quad y(0) = -1$

(3) $y' = \dfrac{y}{x(x+1)},\quad y(1) = -3$

27 次の微分方程式の一般解を求めよ．

(1) $y' = \dfrac{y}{\sin x}$　　(2) $y' = \dfrac{y^2}{1+\cos x+\sin x}$

28 次の微分方程式の一般解を求めよ．

(1) $y' = -\dfrac{2xy(1-y^2)}{(1+x^2)(1+y^2)}$　　(2) $-yy' = x^2yy' - 1$

(3) $yy' - xe^{x^2+y^2} = 0$　　(4) $2x^4y' = -y^2$

29 次の微分方程式の一般解を求めよ．

(1) $y' = \dfrac{x+y}{x-y}$　　(2) $yy' = 4y - 4x$　　(3) $y' = -\dfrac{15y+11x}{9y+5x}$

(4) $\dfrac{x(x+y)}{y^2}y' = 1$　　(5) $y' = \dfrac{2xy}{3x^2-y^2}$

(6) $xy' = y + \sqrt{x^2+y^2}\quad (x>0)$

(7) $xy' = y + \sqrt{x^2-y^2}\quad (x>0)$

30 次の微分方程式の一般解を求めよ．

(1) $y' = \dfrac{x-y}{x+2y}$　　(2) $y' = \dfrac{2x-y+1}{x+3y-2}$

(3) $y' = (3x+2y+1)^2$　（$u = 3x+2y$ とおく）

31 次の1階線形微分方程式の一般解を求めよ．

(1) $y' + 4xy = x$　　(2) $y' = -x^3y + e^{-\frac{1}{4}x^4}$

(3) $xy' + y = x^2e^x$　　(4) $xy' + (2+x)y = x^2e^x\quad (x>0)$

(5) $\sqrt{x^2-1}\{xy' - (x+1)y\} = e^x$　　(6) $y' + 2(\tan x)y = \sin x$

第 1 章 1.2 節　演習問題 C

32 次の微分方程式の初期値問題を解け.

(1) $y' = \sin(x+y) - \sin(x-y), \quad y(0) = \dfrac{\pi}{2}$

(2) $xy - 2(xy' + 3y) = 0, \quad y(2) = e$

(3) $(1-y^2)y' = -(1+x^2)\left(\dfrac{y}{x}\right)^3, \quad y(1) = 1$

(4) $y(1+x^2)y' = 1, \quad y(1) = \sqrt{\pi}$

33 次の微分方程式の一般解を求めよ.

(1) $y' = \dfrac{x+y+1}{3x+3y-1}$

(2) $y' = \left(\dfrac{x-y+1}{2x-2y-1}\right)^2$

(3) $y' = \dfrac{4x-y+1}{2x+y-1}$

(4) $(3x+2y-5)y' = 2x-3y+1$

34 次の 1 階線形微分方程式の一般解を求めよ.

(1) $x^2y' - 2xy = x^2$

(2) $y' + y\cos x = \sin 2x$

(3) $(1+x^3)y' + 3x^2y = 2$

(4) $y' + \dfrac{1}{1+x}y = \dfrac{1}{1-x^2} \quad (x > 0)$

(5) $y' - y\sin x = e^{-\cos x}$

(6) $xy' + 2y = \dfrac{1}{x^2}$

35 次のベルヌーイの微分方程式の一般解を求めよ.

(1) $xy' + (1-x)y = x^2y^2$

(2) $y' + y\tan x = y^2$

(3) $y' - xy + y^3e^{-x^2} = 0$

(4) $x^2(x^2+1)y' - x^3y = y^3$

(5) $y' + y = \sqrt{y}$

(6) $xy' + 3y = 3x^4y\sqrt[4]{y}$

36 次のリッカチの微分方程式の一般解を求めよ.

(1) $y' - 3xy = -2xy^2 - x$

(2) $x^2y' = \dfrac{1}{x+1}\left\{(x^2+2x)y - y^2\right\}$

(3) $y' = (y-1)(xy-y-x)$

(4) $y' + y^2 + \dfrac{1}{x}y - \dfrac{1}{x^2} = 0 \quad \left(y = \dfrac{1}{x} \text{ は 1 つの特殊解}\right)$

(5) $y' + 2y^2 = \dfrac{1}{x^2} \quad \left(y = \dfrac{1}{x} \text{ は 1 つの特殊解}\right)$

1.3 2階常微分方程式

階数低下法　2階微分方程式 $F(x, y, y', y'') = 0$ の解法は1階微分方程式よりも難しい．ただし，特別な場合は1階の方程式に帰着できる場合がある．

(1) <u>F に x を含まないとき</u>　この場合には $y' = p$ とおき，p が y の関数であると考えることにより

$$y'' = \frac{dp}{dx} = \frac{dy}{dx}\frac{dp}{dy} = p\frac{dp}{dy}$$

となる．つまり $F\left(y, p, \frac{dp}{dy}\right) = 0$ となり微分の階数が1つ下がっている．

例題 1.11　微分方程式 $y'' - 2yy' = 0$ の一般解 $y = y(x)$ を求めよ．

解　$y' = p$ とおくと，$y'' = p\frac{dp}{dy}$ だから，与式は

$$p\frac{dp}{dy} - 2yp = P\left(\frac{dP}{dy} - 2y\right) = 0 \quad \text{つまり} \quad p = 0,\ \frac{dp}{dy} = 2y$$

それぞれ積分して $y = C,\ p = y^2 + C_1$（$C,\ C_1$ は積分定数）．第2式は変数分離形であるから一般解は

$$\int \frac{1}{y^2 + C_1}\,dy = \int 1\,dx$$

より，$C_1 > 0$ のときは $\frac{1}{\sqrt{C_1}}\tan^{-1}\frac{y}{\sqrt{C_1}} = x + C_2$（$C_2$ は積分定数）となる．定数 $\sqrt{C_1}, \sqrt{C_1}\,C_2$ を改めて C_1, C_2 とおき直すことにより，一般解は $y = C$（定数解，C は任意定数）または

$$y = C_1\tan(C_1x + C_2) \quad (C_1, C_2\ \text{は任意定数})$$

この解を $(y-C)\{y-C_1\tan(C_1x+C_2)\}=0$ と表してもよい．

ちなみに $C_1 < 0$ のときは，$C_1 = -C_3^2$ とおくと $\frac{1}{2C_3}\log\left|\frac{y-C_3}{y+C_3}\right| = x + C_4$（$C_3, C_4$ は任意定数）となり，y について解くと $y = C_3\frac{1+C_5e^{2C_3x}}{1-C_5e^{2C_3x}}$（$C_5 = e^{2C_3C_4}$ は任意定数）となる．

$C_1 = 0$ のときは，$y = -\frac{1}{x+C_6}$（C_6 は任意定数）となることに注意しておく．■

Let's TRY

問 1.17　微分方程式 $2y^2y'' - (y')^3 = 0$ の一般解 $y = y(x)$ を求めよ．

(2) <u>F に y を含まないとき</u>　この場合も $y' = p$ とおくと $y'' = p'$ だから $F(x, p, p') = 0$ となり階数が1階下がる．

例題 1.12　微分方程式 $y'' - 2x(y')^2 = 0$ の一般解 $y = y(x)$ を求めよ．

解　$y' = p$ とおくと $y'' = p'$ だから，与式は

$$p' - 2xp^2 = 0$$

変数分離形より一般解は $\displaystyle\int \frac{1}{p^2}\,dp = \int 2x\,dx$．つまり

$$-\frac{1}{p} = x^2 + C_1 \quad (C_1 \text{ は積分定数})$$

$p = -\dfrac{1}{x^2 + C_1}$ より，$C_1 > 0$ のときは，積分して定数 $\dfrac{1}{\sqrt{C_1}}$ を改めて C_1 とおき直すことにより，求める一般解は

$$y = -C_1 \tan^{-1} C_1 x + C_2 \quad (C_1, C_2 \text{ は任意定数})$$

$C_1 < 0$ のときは $C_1 = -C_3^2$ とおくと $y = -\frac{1}{2C_3} \log\left|\frac{x - C_3}{x + C_3}\right| + C_4$（$C_3$, C_4 は任意定数）となり，$C_1 = 0$ のときは $y = \frac{1}{x} + C_5$（C_5 は任意定数）となる．■

Let's TRY

問 1.18　微分方程式 $2y'' = (y')^2$ の一般解 $y = y(x)$ を求めよ．

斉次2階定数係数線形微分方程式　次の斉次2階定数係数線形微分方程式を考える．

$$y'' + ay' + by = 0 \quad (y = y(x),\ a, b \text{ は定数}) \quad \cdots①$$

斉次線形微分方程式について基本的な定理を述べよう．これは**重ね合わせの原理**（かさ あ／げんり）とよばれ，よく知られている．

1.5 ［定理］重ね合わせの原理

$y_1 = y_1(x)$, $y_2 = y_2(x)$ がともに斉次2階定数係数線形微分方程式①の解ならば，任意の定数 C_1, C_2 に対し，$y = C_1 y_1 + C_2 y_2$ もまた解である．

証明　$y = C_1y_1 + C_2y_2$ が解　$\iff$　①を満たすことを示せばよい！

$$\begin{aligned} y'' + ay' + by &= (C_1y_1 + C_2y_2)'' + a(C_1y_1 + C_2y_2)' + b(C_1y_1 + C_2y_2) \\ &= (C_1y_1'' + aC_1y_1' + bC_1y_1) + (C_2y_2'' + aC_2y_2' + bC_2y_2) \\ &= C_1\underbrace{(y_1'' + ay_1' + by_1)}_{=0\ (y_1:\text{解})} + C_2\underbrace{(y_2'' + ay_2' + by_2)}_{=0\ (y_2:\text{解})} = 0 \end{aligned}$$

■

1.5 から y_1 と y_2 が異なれば $y = C_1y_1 + C_2y_2$ は任意定数を2個含むので①の一般解といってもよさそうだが，必ずしも正しいとはいえない．例えば，$y_1 = \log x$, $y_2 = \log x^2$ のとき

$$\begin{aligned} C_1y_1 + C_2y_2 &= C_1\log x + C_2\log x^2 = C_1\log x + 2C_2\log x \\ &= (C_1 + 2C_2)\log x = C\log x \quad (C = C_1 + 2C_2) \end{aligned}$$

となり，任意定数は1つしか含まれないことになる．原因は y_1 と y_2 のいずれか一方の関数が他方の定数倍で表せることにあるので，次の y_1 と y_2 の1次独立性について確かめる必要がある．

1.6 **[定義] 1次独立，1次従属**

$y_1(x)$ と $y_2(x)$ が**1次独立**(いちじどくりつ)であるとは，定数 C_1, C_2 について

$$C_1y_1 + C_2y_2 = 0 \quad \iff \quad C_1 = C_2 = 0$$

となるときをいう．1次独立でないとき，**1次従属**(いちじじゅうぞく)であるという．

■**注意**　もし少なくとも一方が0でないとすると（$C_1 \neq 0$ としよう），$y_1 = -\dfrac{C_2}{C_1}y_2$ となり y_1 は y_2 の定数倍で表せることになる．

2つの関数が1次独立か否かを調べるには次の判定法を用いるとよい．

1次独立の判定法　次の関数は**ロンスキー行列式**(ぎょうれつしき)（**ロンスキアン**）とよばれるものである．

$$W(y_1, y_2) = W(y_1, y_2)(x) = \begin{vmatrix} y_1(x) & y_2(x) \\ y_1'(x) & y_2'(x) \end{vmatrix}$$

このとき，次が成り立つ．

1.7　[定理] 1 次独立であるための十分条件

$$W(y_1, y_2) \neq 0 \implies 2\text{ つの関数 } y_1(x), y_2(x) \text{ が 1 次独立である.}$$

証明♣　$C_1y_1(x) + C_2y_2(x) = 0$ とする．$W \neq 0$ のとき，これを満たす C_1, C_2 は 0 であることを示そう．x について微分すると

$$C_1y_1'(x) + C_2y_2'(x) = 0$$

となる．これら 2 式を C_1, C_2 を未知数とする連立方程式とみなせば

$$\begin{pmatrix} y_1(x) & y_2(x) \\ y_1'(x) & y_2'(x) \end{pmatrix} \begin{pmatrix} C_1 \\ C_2 \end{pmatrix} = \begin{pmatrix} 0 \\ 0 \end{pmatrix}$$

$W(y_1, y_2) \neq 0$ より $\begin{pmatrix} y_1(x) & y_2(x) \\ y_1'(x) & y_2'(x) \end{pmatrix}$ は逆行列をもつので

$$\begin{pmatrix} C_1 \\ C_2 \end{pmatrix} = \begin{pmatrix} y_1(x) & y_2(x) \\ y_1'(x) & y_2'(x) \end{pmatrix}^{-1} \begin{pmatrix} 0 \\ 0 \end{pmatrix} = \begin{pmatrix} 0 \\ 0 \end{pmatrix}$$

よって $C_1 = C_2 = 0$ が成り立つ．■

例題 1.13　関数 x と x^3 は 1 次独立であることを示せ．

$$W(x, x^3) = \begin{vmatrix} x & x^3 \\ 1 & 3x^2 \end{vmatrix} = 2x^3 \neq 0 \quad (x \neq 0)$$

より，1 次独立である．■

Let's TRY

問 1.19　次の関数の組が 1 次独立であるか調べよ．

(1)　$e^{\alpha x}$，$e^{\beta x}$　(α, β は定数で $\alpha \neq \beta$ とする)

(2)　$\cos x$，$\sin x$

(3)　e^x，xe^x

1.8 [定理] 斉次2階定数係数線形微分方程式の一般解

$y_1 = y_1(x)$, $y_2 = y_2(x)$ がともに斉次2階定数係数線形微分方程式①の1次独立な解ならば，一般解は任意定数 C_1, C_2 を用いて

$$y = C_1 y_1 + C_2 y_2$$

で与えられる．

1.8 により1次独立な2つの解を何らかの方法で見つければよいことがわかる．そのために $y(x) = e^{\lambda x}$ が①の解であるとし，方程式に代入すると

$$(\lambda^2 + a\lambda + b)e^{\lambda x} = 0$$

よって，これを満たすような λ を見つければよい．$e^{\lambda x} \neq 0$ より λ は2次方程式

$$\lambda^2 + a\lambda + b = 0 \quad \cdots ②$$

の解である．②を①の**特性方程式**（とくせいほうていしき）という．この特性方程式の2つの解を λ_1, λ_2 とすると，②は

$$(\lambda - \lambda_1)(\lambda - \lambda_2) = 0$$

と因数分解される．λ_1, λ_2 は次の3つの場合に分けられる．

(1) 異なる2つの実数解 λ_1 と λ_2 をもつ場合　$e^{\lambda_1 x}$ と $e^{\lambda_2 x}$ は1次独立な解であるから，一般解は $y = C_1 e^{\lambda_1 x} + C_2 e^{\lambda_2 x}$ となる．

(2) 異なる2つの虚数解 λ_1 と λ_2 をもつ場合　一般解を実数値関数として求めてみよう．$\lambda_1 = \alpha + \beta i, \lambda_2 = \alpha - \beta i\,(\alpha, \beta \in \mathbb{R}, \beta \neq 0)$ とおくと，オイラーの公式から

参照：第4章4.2節

$$e^{\lambda_1 x} = e^{(\alpha + \beta i)x} = e^{\alpha x}(\cos \beta x + i \sin \beta x)$$

$$e^{\lambda_2 x} = e^{(\alpha - \beta i)x} = e^{\alpha x}(\cos \beta x - i \sin \beta x)$$

が解であるが，1.5 より

$$\frac{e^{\lambda_1 x} + e^{\lambda_2 x}}{2} = e^{\alpha} \cos \beta x, \quad \frac{e^{\lambda_1 x} - e^{\lambda_2 x}}{2i} = e^{\alpha} \sin \beta x$$

も解である．また1次独立であることもわかるので，一般解は
$y = e^{\alpha x}(C_1 \sin \beta x + C_2 \cos \beta x)$ となる．

(3)　重解 λ_1 をもつ場合　重解なので，解は $y = Ce^{\lambda_1 x}$ のみとなり，1 次独立な 2 つの解が得られない．そこで，もう 1 つの解を求めるために $y = C(x)e^{\lambda_1 x}$ として定数変化法を用いよう．$a = -2\lambda_1$, $b = {\lambda_1}^2$ であることから

$$0 = y'' + ay' + by = y'' - 2\lambda_1 y' + {\lambda_1}^2 y$$
$$= (C'' + 2C'\lambda_1 + C{\lambda_1}^2)e^{\lambda_1 x} - 2\lambda_1(C' + C\lambda_1)e^{\lambda_1 x} + C{\lambda_1}^2 e^{\lambda_1 x}$$
$$= C'' e^{\lambda_1 x}$$

よって $C''(x) = 0$ となり，任意定数 C_1 と C_2 を用いて $C(x) = C_1 + C_2 x$ だから，一般解は $y = (C_1 + C_2 x)e^{\lambda_1 x}$ となる．

1.9　[定理] 斉次 2 階定数係数線形微分方程式の一般解

斉次 2 階定数係数線形微分方程式

$$y'' + ay' + by = 0 \quad \cdots ①$$

の一般解は，特性方程式 $\lambda^2 + a\lambda + b = 0$ の解 λ_1, λ_2 を用いて次のように表される．ただし C_1, C_2 を任意定数とする．

(1)　異なる 2 つの実数解 λ_1 と λ_2 であるとき $y = C_1 e^{\lambda_1 x} + C_2 e^{\lambda_2 x}$

(2)　異なる 2 つの虚数解 $\lambda_1 = \alpha + \beta i$ と $\lambda_2 = \alpha - \beta i$ であるとき

$$y = e^{\alpha x}(C_1 \cos\beta x + C_2 \sin\beta x)$$

(3)　重解 λ_1 であるとき $y = (C_1 + C_2 x)e^{\lambda_1 x}$

■注意　一般に 1.7 の逆は成り立たない．しかし，問 1.19 と 1.9 からわかるように①に対しては $W(y_1, y_2) \neq 0$ である 2 つの 1 次独立な解 y_1, y_2 が存在する．

例題 1.14　次の微分方程式の一般解 $y = y(x)$ を求めよ．

(1)　$y'' + k^2 y = 0$　（k は正定数とする）

(2)　$y'' + 2y' + y = 0$

解　(1)　特性方程式は $\lambda^2 + k^2 = (\lambda + ki)(\lambda - ki) = 0$ である．$\lambda = \pm ki$ より 1.9 (2) で $\alpha = 0, \beta = k$ から，一般解は $y = C_1 \cos kx + C_2 \sin kx$

(2)　特性方程式は $(\lambda + 1)^2 = 0$ である．$\lambda = -1$（重解）より一般解は

$$y = (C_1 + C_2 x)e^{-x}$$

■

Let's TRY

問 1.20 次の微分方程式の一般解 $y = y(x)$ を求めよ．

(1) $y'' + y' = 0$ (2) $y'' + 6y' + 25y = 0$

例題 1.15 質量 m の小石を鉛直方向に投げてから t 秒後の小石の高さを $y = y(t)$，投げ上げる位置を投げる人の身長を無視して $y(0) = 0$ とする．また，投げ上げる初速度を $v(0) = y'(0) = 20\,[\mathrm{m/s}]$ とする．このときの $y(t)$ と最高点の高さを求めよ．ただし，重力加速度 g を $9.8\,\mathrm{m/s^2}$ とし，石に働く空気抵抗は小さいとして無視するものとする．

解く前に 1.1 節の例 1.1 と例 1.4 を参照．

解 $y(t)$ は運動方程式 $y'' = -g$ にしたがうので t について 2 回積分すると一般解は

$$y(t) = -\frac{1}{2}gt^2 + C_1 t + C_2 \quad (C_1, C_2 \text{ は任意定数}) \quad \cdots ②$$

となる．$t = 0$ とおけば，初期条件から $C_2 = 0$．また，$y'(t)$ は速度の関数であるから，これを $v(t)$ とおくと，②を t で微分して

$$v(t) = y'(t) = -gt + C_1$$

$t = 0$ とおけば，初期条件から $C_1 = 20$．以上から

$$y(t) = -\frac{1}{2}gt^2 + 20t$$

と定まる．最高点の高さは速度が 0 となる点，つまり $v(t) = 0$ だから，$v(t) = -gt + 20 = 0$ より

$$t = \frac{20}{g}\,[\mathrm{s}]$$

となる．最高点の高さは

$$y\left(\frac{20}{g}\right) = -\frac{1}{2}g\left(\frac{20}{g}\right)^2 + 20 \cdot \frac{20}{g} = \frac{200}{g} \fallingdotseq \frac{200}{9.8} \fallingdotseq 20.4\,[\mathrm{m}]$$

■

Let's TRY

問 1.21　次の微分方程式の初期値問題を解け．

(1)　$y'' = 2, \quad y(0) = 0,\ y'(0) = 1$

(2)　$y'' = xe^x, \quad y(0) = 1,\ y'(0) = 1$

(3)　$y'' = 2y' + 3y, \quad y(0) = 1,\ y'(0) = 0$

(4)　$y'' + y = 0, \quad y\left(\dfrac{\pi}{6}\right) = 1,\ y'\left(\dfrac{\pi}{6}\right) = 0$

非斉次 2 階定数係数線形微分方程式　非斉次 2 階定数係数微分方程式

$$y'' + ay' + by = f(x) \quad (a, b \text{ は定数}，f(x) \neq 0) \quad \cdots ③$$

を考えよう．何らかの方法で③の 1 つの解 $y_0 = y_0(x)$ が見つかれば，$y = z + y_0$ とおいて一般解を次のようにして求めることができる．$z = y - y_0$ より

$$\begin{aligned} z'' + az' + bz &= (y - y_0)'' + a(y - y_0)' + b(y - y_0) \\ &= (y'' + ay' + by) - (y_0'' + ay_0' + by_0) \\ &= f(x) - f(x) = 0 \end{aligned}$$

となるため，上の式は z に関する斉次方程式となる．この 1 次独立な解 $y_1(x), y_2(x)$ が見つかれば一般解はその和

$$z = C_1 y_1(x) + C_2 y_2(x) \quad (C_1, C_2 \text{ は任意定数})$$

で与えられるため，非斉次方程式の一般解は

$$y = z(x) + y_0(x) = C_1 y_1(x) + C_2 y_2(x) + y_0(x)$$

となる．以下では，$f(x)$ の形から③の 1 つの解を予想してみよう．

解の予想

$f(x)$ の形	予想される解の形
$ae^{\alpha x}$	$Ae^{\alpha x}$
$a\cos\alpha x$ または $b\sin\alpha x$	$A\cos\alpha x + B\sin\alpha x$
$ae^{\alpha x}\sin\beta x$ または $ae^{\alpha x}\cos\beta x$	$e^{\alpha x}(A\cos\beta x + B\sin\beta x)$
多項式	多項式

ただし，$a, b, \alpha, \beta, A, B$ は定数とする．

例題 1.16 $f(x)$ が次で与えられるとき，微分方程式

$$y'' + 3y' + 2y = f(x)$$

の1つの解を求めよ．

(1) $f(x) = \alpha$ （α は定数）

(2) $f(x) = e^{3x}$

(3) $f(x) = x$

解 (1) $y_0(x) = A$ と予想して方程式に代入すると，$2A = \alpha$ となる．よって求める解は

$$y_0(x) = \frac{\alpha}{2}$$

(2) $y_0(x) = Ae^{3x}$ と予想して方程式に代入すると

$$e^{3x} = 9Ae^{3x} + 9Ae^{3x} + 2Ae^{3x} = 20Ae^{3x}$$

係数比較すれば，$A = \dfrac{1}{20}$ となり，求める解は

$$y_0(x) = \frac{1}{20}e^{3x}$$

(3) $y_0(x) = Ax + B$ と予想して方程式に代入すると

$$3A + 2(Ax + B) = x$$

つまり

$$2Ax + (3A + 2B) = x$$

係数比較すれば，$A = \dfrac{1}{2}$, $B = -\dfrac{3}{4}$ となり，求める解は

$$y_0(x) = \frac{1}{2}x - \frac{3}{4}$$

■

Let's TRY

問 1.22 次の微分方程式の一般解を求めよ．

(1) $y'' - 2y' + y = e^x \cos x$

(2) $y'' - 2y' - 3y = x^2$

次に 1.1 節の例 1.3 について初期値問題を考えてみよう．簡単のために，バネ定数を $k=1$，質量を $m=1$，正の定数を $\gamma=2$ とし，物体 M には周期的な外力 $f(t)=2\sin t$ が働いているとする．このとき M の平衡点からのずれ $x=x(t)$ がしたがう運動方程式は

$$x''+2x'+x=2\sin t$$

となる．

例題 1.17　次の初期値問題を解け．

$$x''+2x'+x=2\sin t,\quad x(0)=0,\ x'(0)=1$$

解　斉次方程式の一般解 $x_1(t)$ は，特性方程式 $(\lambda+1)^2=0$ より

$$x_1(t)=(C_1+C_2t)e^{-t}$$

となる．非斉次方程式の特殊解 $x_0(t)$ を求めよう．$x_0(t)=A\cos t+B\sin t$ とおいて方程式に代入すると

$$2B\cos t-2A\sin t=2\sin t$$

となるので係数比較して $A=-1, B=0$．よって $x_0(t)=-\cos t$．与式の一般解は

$$x(t)=x_1(t)+x_0(t)=(C_1+C_2t)e^{-t}-\cos t\quad\cdots④$$

となる．t で微分すると

$$x'(t)=(-C_1+C_2-C_2t)e^{-t}+\sin t\quad\cdots⑤$$

であるから，④と⑤に $t=0$ を代入して，初期条件を用いると

$$\begin{cases} C_1-1=0 \\ -C_1+C_2=1 \end{cases}$$

これを解くと $C_1=1, C_2=2$．よって求める解は

$$x(t)=(1+2t)e^{-t}-\cos t$$

■

Let's TRY

問 1.23　次の微分方程式の初期値問題を解け．

(1)　$y''-y'-6y=3e^x,\quad y(0)=1,\ y'(0)=0$

(2)　$y''-2y'+y=xe^{2x},\quad y(0)=1,\ y'(0)=1$

次の例題は $f(x)$ が一見予想しづらい形をしている場合である．

例題 1.18 次の微分方程式の1つの解を求めよ．

(1) $y'' + y = 4e^{2x} + 2x + 3$

(2) $y'' - 2y' - 3y = 2\cos x + e^x$

解く前に p, q を定数とする．

$y'' + py' + qy = f(x)$ の解 y_1 ， $y'' + py' + qy = g(x)$ の解 y_2

↓

$y'' + py' + qy = f(x) + g(x)$ の解 $y_1 + y_2$

解 (1) $y'' + y = 4e^{2x}$ の解を $y_1(x) = Ae^{2x}$ とおくと，$5Ae^{2x} = 4e^{2x}$ より $A = \frac{4}{5}$．よって $y_1(x) = \frac{4}{5}e^{2x}$．

次に $y'' + y = 2x + 3$ の解を $y_2(x) = Ax + B$ とおくと，$Ax + B = 2x + 3$ より $A = 2$，$B = 3$．よって $y_2(x) = 2x + 3$．

以上より，求める解は

$$y(x) = y_1(x) + y_2(x) = \frac{4}{5}e^{2x} + 2x + 3$$

(2) $y'' - 2y' - 3y = 2\cos x$ の解を $y_1(x) = A\cos x + B\sin x$ とおくと

$$(-4A - 2B)\cos x + (2A - 4B)\sin x = 2\cos x$$

係数比較すると $A = -\frac{2}{5}$, $B = -\frac{1}{5}$．よって

$$y_1(x) = -\frac{2}{5}\cos x - \frac{1}{5}\sin x$$

次に $y'' - 2y' - 3y = e^x$ の解を $y_2(x) = Ae^x$ とおくと，$-4Ae^x = e^x$ より $A = -\frac{1}{4}$．よって $y_2(x) = -\frac{1}{4}e^x$．

以上より，求める解は

$$y(x) = y_1(x) + y_2(x) = -\frac{2}{5}\cos x - \frac{1}{5}\sin x - \frac{1}{4}e^x$$

■

注意すべき解の予想　次の例題は $f(x)$ の形から解が予想しやすそうであるが，実は少し工夫が必要な場合である．

例題 1.19　次の微分方程式の 1 つの解を求めよ．

(1)　$y'' - 5y' + 6y = e^{2x}$　　(2)　$y'' - 2y' + y = e^x$

解く前に　(1) では解を $y_0(x) = Ae^{2x}$ とおいて求めることはできない．方程式に代入してみると $4Ae^{2x} - 10Ae^{2x} + 6Ae^{2x} = e^{2x}$ となり矛盾する．これは右辺の e^{2x} が斉次の一般解 $y = C_1e^{2x} + C_2e^{3x}$ に含まれることが原因である．

(2) も，右辺の e^x が斉次の一般解 $y = (C_1 + C_2x)e^x$ に含まれることから，解を $y_0(x) = Ae^x$，または $y_0(x) = Axe^x$ とおいて求めることはできない．

解　(1)　$y'' - 5y' + 6y = 0$ の特性方程式は

$$\lambda^2 - 5\lambda + 6 = (\lambda - 2)(\lambda - 3) = 0$$

よって，$\lambda = 2, 3$．右辺の e^{2x} が斉次の一般解に含まれることから，解を

$$y_0(x) = Axe^{2x}$$

とおいて，A の値を求める．与式に代入すると

$$A(4e^{2x} + 4xe^{2x}) - 5A(e^{2x} + 2xe^{2x}) + 6Axe^{2x} = e^{2x}$$

つまり，$-Ae^{2x} = e^{2x}$ より $A = -1$．よって，求める解は

$$y_0(x) = -xe^{2x}$$

(2)　$y'' - 2y' + y = 0$ の特性方程式は

$$\lambda^2 - 2\lambda + 1 = (\lambda - 1)^2 = 0$$

よって，$\lambda = 1$（重解）．$\lambda = 1$ が重解であることから解を

$$y_0(x) = Ax^2e^x$$

とおいて A の値を求める．与式に代入すると $A = \dfrac{1}{2}$ となるので，求める解は

$$y_0(x) = \frac{1}{2}x^2e^x$$

■

■注意　上の例題の他に，$y'' + py' + qy = \cos\beta x + \sin\beta x$ の場合も同様である．例えば，$\lambda = \beta i$ が特性方程式 $\lambda^2 + p\lambda + q = 0$ の解になっているときは

$$y_0(x) = x(A\cos\beta x + B\sin\beta x)$$

とおくとよい．

予想しづらい解を求める方法♣　解が予想できる関数 $f(x)$ ばかりとは限らない．そこでロンスキー行列式を用いた解の表示を紹介する．これは斉次方程式の1次独立な解から非斉次方程式の1つの解を積分の計算から求める方法である．

1.10 ［定理］ロンスキー行列式を用いた解の表示

非斉次微分方程式③の解 $y_0 = y_0(x)$ は，その斉次微分方程式 $y''+ay'+by=0$ の1次独立な解 $y_1 = y_1(x), y_2 = y_2(x)$ が求まるとき，次のように与えられる．

$$y_0 = y_1 \int \frac{-f(x)y_2}{W(y_1, y_2)}\,dx + y_2 \int \frac{f(x)y_1}{W(y_1, y_2)}\,dx \quad \cdots ⑥$$

証明　定数変化法で $y = C_1(x)y_1 + C_2(x)y_2$ とおき，$C_1(x), C_2(x)$ を求めよう．

$$y' = C_1(x)y_1' + C_2(x)y_2' + C_1'(x)y_1 + C_2'(x)y_2$$

となる．ここで特殊解は1つ求めればよいので，簡単な場合に求めればよい！

$$C_1'(x)y_1 + C_2'(x)y_2 = 0 \quad \cdots ⑦$$

と制限しよう．このとき $y' = C_1(x)y_1' + C_2(x)y_2'$ をさらに微分すると

$$y'' = C_1(x)y_1'' + C_2(x)y_2'' + C_1'(x)y_1' + C_2'(x)y_2'$$

となる．よって，③の左辺に代入して

$$\begin{aligned} & y'' + ay' + by \\ &= C_1(x)y_1'' + C_2(x)y_2'' + C_1'(x)y_1' + C_2'(x)y_2' \\ &\quad + a\{C_1(x)y_1' + C_2(x)y_2'\} + b\{C_1(x)y_1 + C_2(x)y_2\} \\ &= C_1(x)\underbrace{(y_1'' + ay_1' + by_1)}_{=0\ (y_1:\text{解})} + C_2(x)\underbrace{(y_2'' + ay_2' + by_2)}_{=0\ (y_2:\text{解})} + C_1'(x)y_1' + C_2'(x)y_2' \end{aligned}$$

いま，y_1, y_2 は斉次方程式の解であるから，$C_1(x), C_2(x)$ は

$$C_1'(x)y_1' + C_2'(x)y_2' = f(x) \quad \cdots ⑧$$

を満たす．よって⑦, ⑧から

$$\begin{pmatrix} y_1 & y_2 \\ y_1' & y_2' \end{pmatrix} \begin{pmatrix} C_1'(x) \\ C_2'(x) \end{pmatrix} = \begin{pmatrix} 0 \\ f(x) \end{pmatrix}$$

となる．y_1, y_2 が 1 次独立で $W(y_1, y_2)(x) \neq 0$ であるから逆行列が存在し，

$$\begin{pmatrix} C_1'(x) \\ C_2'(x) \end{pmatrix} = \frac{1}{W(y_1, y_2)} \begin{pmatrix} y_2' & -y_2 \\ -y_1' & y_1 \end{pmatrix} \begin{pmatrix} 0 \\ f(x) \end{pmatrix}$$

$$= \frac{f(x)}{W(y_1, y_2)} \begin{pmatrix} -y_2 \\ y_1 \end{pmatrix}$$

よって両辺を積分すれば

$$\begin{pmatrix} C_1(x) \\ C_2(x) \end{pmatrix} = \begin{pmatrix} \displaystyle\int \frac{-f(x)y_2}{W(y_1, y_2)}\,dx \\ \displaystyle\int \frac{f(x)y_1}{W(y_1, y_2)}\,dx \end{pmatrix} + \begin{pmatrix} c_1 \\ c_2 \end{pmatrix} \quad (c_1, c_2 \text{ は積分定数})$$

解を 1 つ求めればよいので，$c_1 = c_2 = 0$ とおいて⑥を得る．■

例題 1.20　**1.10** を用いて次の微分方程式の一般解を求めよ．

$$y'' - 2y' + y = e^x \log x$$

解　$y'' - 2y' + y = 0$ の特性方程式は $\lambda^2 - 2\lambda + 1 = (\lambda - 1)^2 = 0$ より，斉次方程式の 1 次独立な解は e^x, xe^x である．$y_1 = e^x$，$y_2 = xe^x$ とおくと

$$W(e^x, xe^x) = \begin{vmatrix} e^x & xe^x \\ e^x & e^x + xe^x \end{vmatrix} = e^x(e^x + xe^x) - xe^x(e^x) = e^{2x}$$

となる．よって，特殊解 y_0 は⑥から

$$y_0 = e^x \int \frac{-e^x(\log x)xe^x}{e^{2x}}\,dx + xe^x \int \frac{e^x(\log x)e^x}{e^{2x}}\,dx$$

$$= e^x \int (-x \log x)\,dx + xe^x \int \log x\,dx$$

$$= e^x \left(-\frac{x^2}{2}\log x + \frac{x^2}{4} \right) + xe^x (x \log x - x)$$

$$= x^2 e^x \left(\frac{1}{2}\log x - \frac{3}{4} \right)$$

となる．よって一般解は $y = C_1 e^x + C_2 xe^x + x^2 e^x \left(\dfrac{1}{2}\log x - \dfrac{3}{4} \right)$．■

連立微分方程式 2つの関数 $(x, y) = (x(t), y(t))$ に関する微分方程式の組を**連立微分方程式**(れんりつびぶんほうていしき)という．この連立微分方程式は次の例題のように2階の微分方程式に帰着させて解くこともできる．

例題 1.21 次の連立微分方程式の一般解を求めよ．

$$\begin{cases} \dfrac{dx}{dt} = y \\ \dfrac{dy}{dt} = x + 2t \end{cases}$$

解

$$x' = y \quad \cdots ⑨, \qquad y' = x + 2t \quad \cdots ⑩$$

とおく．⑨を t について微分して $x'' = y'$ より⑩を代入すると

$$x'' = x + 2t \quad \cdots ⑪$$

⑪の斉次方程式の一般解 $x_1(t)$ は，特性方程式が $\lambda^2 = 1$ で $\lambda = \pm 1$ より，

$$x_1(t) = C_1 e^{-t} + C_2 e^t \quad (C_1, C_2 \text{ は任意定数})$$

非斉次方程式の特殊解を $x_0(t) = At + B$ とおいて求めよう．

$$0 = At + B + 2t = (A + 2)t + B$$

より $A = -2$, $B = 0$．よって $x_0(t) = -2t$．

以上より一般解は，$x(t) = x_1(t) + x_0(t) = C_1 e^{-t} + C_2 e^t - 2t$

また⑨より，$y(t) = -C_1 e^{-t} + C_2 e^t - 2$． ■

Let's TRY

問 1.24 次の連立微分方程式の一般解を求めよ．

(1) $\begin{cases} \dfrac{dx}{dt} = -y + x \\ \dfrac{dy}{dt} = x \end{cases}$ (2) $\begin{cases} \dfrac{dx}{dt} = y - \cos t \\ \dfrac{dy}{dt} = 4x + \sin t \end{cases}$

問 1.25 次の連立微分方程式の初期値問題を解け．

$$\begin{cases} \dfrac{dx}{dt} + y = 0 \\ \dfrac{dx}{dt} - \dfrac{dy}{dt} = 3x + y \end{cases} \qquad \begin{cases} x(0) = 2 \\ y(0) = -1 \end{cases}$$

第1章1.3節　演習問題A

37 次の微分方程式の一般解を求めよ.

(1) $y'' - y' - 6y = 0$　　(2) $y'' - 2y' = 0$

(3) $3y'' - 8y' - 3y = 0$　　(4) $y'' + 4y' + 4y = 0$

(5) $4y'' - 12y' + 9y = 0$　　(6) $y'' + 4y = 0$

(7) $y'' - 2y' + 5y = 0$　　(8) $3y'' + 2y' + y = 0$

38 次の微分方程式の初期値問題を解け.

(1) $y'' - 4y' + 3y = 0, \quad y(0) = 1,\ y'(0) = 2$

(2) $3y'' - 8y' - 3y = 0, \quad y(0) = 1,\ y'(0) = -7$

39 次の微分方程式の特殊解を求めよ.

(1) $y'' - y' - 2y = 2x^2 + 3$

(2) $y'' - 3y' = 6x - 4$

(3) $y'' + 2y' - 2y = 3\cos x$

(4) $y'' + 4y = \sin 3x$

(5) $y'' - 4y' + 4y = 3e^{2x}$

(6) $y'' + 3y' + 2y = e^x \sin x$

(7) $y'' - 3y' + 2y = e^x + x^3$

(8) $y'' - 4y' + 4y = xe^{2x}$

(9) $y'' + y = \dfrac{1}{\sin x}$

40 次の微分方程式の一般解を求めよ.

(1) $y'' - 2y' + 4y = x^3$

(2) $y'' - 3y' + 2y = e^x \cos x$

(3) $y'' - 2y' + y = x^3 + \sin x$

(4) $y'' + y = \dfrac{1}{\cos x}$

41 次の微分方程式の初期値問題を解け.

(1) $y'' - 2y' + y = e^{2x}, \quad y(0) = 2,\ y'(0) = 2$

(2) $y'' - 5y' + 4y = 5\sin 2x, \quad y(0) = 1,\ y'(0) = -1$

第1章1.3節　演習問題B

42 次の微分方程式の初期値問題を解け．

(1) $2y'' - 7y' + 5y = 0, \quad y(0) = 2,\ y'(0) = 3$

(2) $y'' + \dfrac{1}{4}y = 0, \quad y(\pi) = 3,\ y(\pi) = -1$

43 $y'' - y - 12y = 0$ について次の問いに答えなさい．

(1) 一般解を求めよ．

(2) (1) において $y(0) = 3,\ \displaystyle\lim_{x \to -\infty} y = 0$ を満たす解を求めよ．

44 次の微分方程式の特殊解を求めよ．

(1) $y'' - y' - 2y = 8x^2 + 4x + 2$

(2) $y'' - y = x^3 - 2x^2 - x + 3$

(3) $y'' + 3y' + 2y = 3e^{3x}$

(4) $y'' - 5y' = x^4 - 2x^2 + 1$

(5) $y'' + 9y = 10e^{3x}$

(6) $y'' + 2y' - 2y = \sin x$

(7) $y'' + 9y = 3\sin 3x$

(8) $y'' - 6y' + 9y = 5e^{3x}$

45 次の微分方程式の一般解を求めよ．

(1) $3y'' - 10y' + 3y = e^x + e^{2x}$

(2) $y'' + 2y' + 3y = \sin 3x + \cos 2x$

46 次の連立微分方程式の一般解を求めよ．

(1) $\begin{cases} \dfrac{dx}{dt} = -6x + 2y \\ \dfrac{dy}{dt} = -3x - 2y \end{cases}$　(2) $\begin{cases} \dfrac{dy}{dt} + 2y = 2x + 1 \\ \dfrac{dx}{dt} + 5x = -y + 2 \end{cases}$

第 1 章 1.3 節　演習問題 C

47　次の微分方程式の特殊解を求めよ．

(1)　$y'' - y = 8x^2 + e^{2x}$

(2)　$y'' + y = 2\sin x + e^x$

(3)　$y'' - 3y' + 2y = 3e^{3x} - x$

(4)　$y'' + y' = 2x^2 - 3x + 1 + e^{-x}$

(5)　$y'' + 9y = 3\cos\sqrt{3}\,x + 8\sin 2x$

48　次の微分方程式は [ ] 内の形の特殊解をもつ．これを求めよ．

(1)　$y'' - 4y' + 4y = e^{2x}\cos x$　$[y = e^{2x}(A\cos x + B\sin x)]$

(2)　$y'' - 3y' = xe^{3x}$　$[y = (Ax^2 + Bx)e^{3x}]$

49　次の微分方程式の初期値問題を解け．

(1)　$y'' - 4y' = e^{4x} + 1,\quad y(0) = 1,\ y'(0) = 3$

(2)　$y'' - 3y' - 4y = e^{3x} + 3\sin x,\quad y(0) = 0,\ y'(0) = -1$

50　次の微分方程式の特殊解をロンスキー行列式による解の表示を用いて求めよ．

(1)　$y'' + 3y' + 2y = \dfrac{1}{1 + e^x}$

(2)　$y'' + 6y' + 9y = \dfrac{e^{-3x}}{x^3}$

51　次の連立微分方程式の一般解を求めよ．

(1)　$\begin{cases} 5\dfrac{dx}{dt} - 2\dfrac{dy}{dt} + 4x - y = e^{-t} \\ \dfrac{dx}{dt} + 8x - 3y = 5e^{-t} \end{cases}$

(2)　$\begin{cases} 2\dfrac{dx}{dt} + 3\dfrac{dy}{dt} + x + y = e^{-t} \\ \dfrac{dx}{dt} + \dfrac{dy}{dt} + 5x + 7y = t \end{cases}$

52　次の連立微分方程式の初期値問題を解け．

$$\begin{cases} \dfrac{dx}{dt} + \dfrac{dy}{dt} + 5x + 7y = 1 \\ 2\dfrac{dx}{dt} + 3\dfrac{dy}{dt} + x + y = \cos t \end{cases} \qquad \begin{cases} x(0) = -\dfrac{1}{2} \\ y(0) = \dfrac{7}{5} \end{cases}$$

2 ベクトル解析

ベクトル解析は，理工学で広く応用されており，例えば，流体力学，電磁気学など，物理で取り扱う量はベクトルを用いて記述される．

この章では，そのための基本的な記号・演算を導入し，重要な積分公式を取り扱っていく．

2.1 ベクトル

この節では，線形代数などで学んだベクトルの基礎的事項を思い出し，ベクトルの計算をしよう．

ベクトルの内積 物理などに使われる量には単位が定められている．例えば，時間や長さ，温度などは単位を指定すると，1つの数で表すことができる．このような量を**スカラー**という．これに対して，力や速度，加速度など，**大きさ**（おお）を表す1つの数と向きをもつ量を**ベクトル**という．

図のような原点 O の直交座標を考えよう．図で，x 軸を y 軸に重なるように回転させたとき，右ねじの進む方向が z 軸の正の方向となっている．

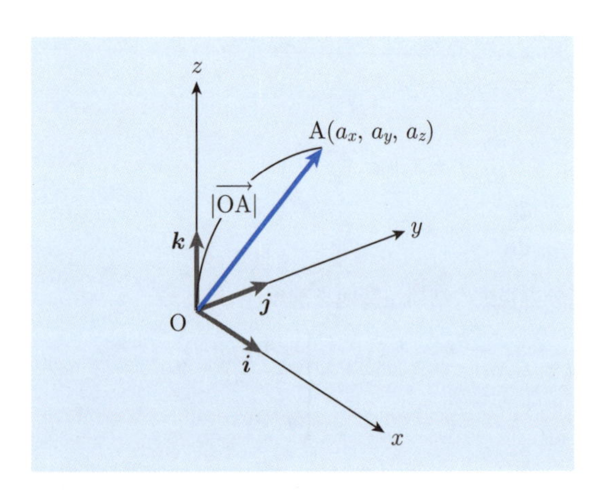

大きさが 1（= 長さが 1）のベクトルを**単位ベクトル**という．x 軸，y 軸，z 軸の正の向きの単位ベクトルを**基本ベクトル**といい，それぞれ $\boldsymbol{i} = (1,0,0)$, $\boldsymbol{j} = (0,1,0)$, $\boldsymbol{k} = (0,0,1)$ で表す．原点 O を始点とし，終点が $\mathrm{A}(a_x, a_y, a_z)$ のベクトル $\overrightarrow{\mathrm{OA}}$ を点 A の**位置ベクトル**という．$\overrightarrow{\mathrm{OA}} = \boldsymbol{a} = (a_x, a_y, a_z)$ をベクトル $\boldsymbol{a}$ の**成分表示**といい，a_x, a_y, a_z をそれぞれ $\boldsymbol{x}$**成分**（または第 1 成分），$\boldsymbol{y}$**成分**（または第 2 成分），$\boldsymbol{z}$**成分**（または第 3 成分）という．ベクトル $\boldsymbol{a}$ は $\boldsymbol{a} = a_x\,\boldsymbol{i} + a_y\,\boldsymbol{j} + a_z\,\boldsymbol{k}$ と基本ベクトルで表せる．

ベクトル $\overrightarrow{\mathrm{OA}} = \boldsymbol{a}$ の大きさは

$$|\overrightarrow{\mathrm{OA}}| = |\boldsymbol{a}| = \sqrt{(a_x)^2 + (a_y)^2 + (a_z)^2}$$

で与えられる．

$\boldsymbol{a} = (1,-2,3)$ の大きさは $|\boldsymbol{a}| = \sqrt{1^2 + (-2)^2 + 3^2} = \sqrt{14}$,
$\boldsymbol{a}$ と同じ向きの単位ベクトルは $\dfrac{\boldsymbol{a}}{|\boldsymbol{a}|} = \dfrac{1}{\sqrt{14}}(1,-2,3)$ である．■

2 点 A, B の位置ベクトルをそれぞれ $\overrightarrow{\mathrm{OA}} = \boldsymbol{a} = (a_x, a_y, a_z)$, $\overrightarrow{\mathrm{OB}} = \boldsymbol{b} = (b_x, b_y, b_z)$，$\overrightarrow{\mathrm{OA}}$, $\overrightarrow{\mathrm{OB}}$ のなす角を θ（$0 \leqq \theta \leqq \pi$）とするとき

$$\boldsymbol{a} \cdot \boldsymbol{b} = |\boldsymbol{a}|\,|\boldsymbol{b}| \cos\theta$$

を $\boldsymbol{a}$ と $\boldsymbol{b}$ の**内積**（または**スカラー積**）という．

内積 $\boldsymbol{a} \cdot \boldsymbol{b}$ をベクトル $\boldsymbol{a}$, $\boldsymbol{b}$ の成分で表すことを考えよう．

余弦定理より

$$|\overrightarrow{\mathrm{AB}}|^2 = |\overrightarrow{\mathrm{OA}}|^2 + |\overrightarrow{\mathrm{OB}}|^2 - 2|\overrightarrow{\mathrm{OA}}|\,|\overrightarrow{\mathrm{OB}}| \cos\theta$$

であるから

$$|\overrightarrow{\mathrm{OA}}|\,|\overrightarrow{\mathrm{OB}}| \cos\theta = \frac{|\overrightarrow{\mathrm{OA}}|^2 + |\overrightarrow{\mathrm{OB}}|^2 - |\overrightarrow{\mathrm{AB}}|^2}{2}$$

$$= \frac{(a_x^2 + a_y^2 + a_z^2) + (b_x^2 + b_y^2 + b_z^2) - \{(b_x - a_x)^2 + (b_y - a_y)^2 + (b_z - a_z)^2\}}{2}$$

$$= \frac{2(a_x b_x + a_y b_y + a_z b_z)}{2} = a_x b_x + a_y b_y + a_z b_z$$

2.1 [定義] ベクトルの内積

2つのベクトル $\boldsymbol{a} = (a_x, a_y, a_z), \boldsymbol{b} = (b_x, b_y, b_z)$ のなす角を θ $(0 \leqq \theta \leqq \pi)$ とする．このとき

$$\boldsymbol{a} \cdot \boldsymbol{b} = |\boldsymbol{a}|\,|\boldsymbol{b}| \cos\theta = a_x b_x + a_y b_y + a_z b_z$$

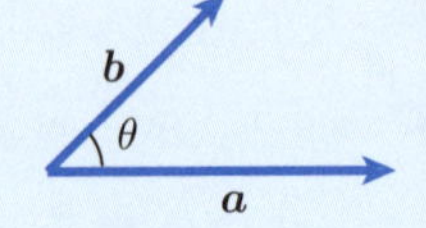

$$\cos\theta = \frac{\boldsymbol{a} \cdot \boldsymbol{b}}{|\boldsymbol{a}|\,|\boldsymbol{b}|}$$

ここで，内積の性質を復習しよう．

2.2 内積の性質

ベクトル $\boldsymbol{a}, \boldsymbol{b}, \boldsymbol{c}$ について次が成り立つ．

(1) $\boldsymbol{a} \cdot \boldsymbol{a} = |\boldsymbol{a}|^2$

(2) $\boldsymbol{a} \cdot \boldsymbol{b} = \boldsymbol{b} \cdot \boldsymbol{a}$

(3) $(k\,\boldsymbol{a}) \cdot \boldsymbol{b} = \boldsymbol{a} \cdot (k\,\boldsymbol{b}) = k(\boldsymbol{a} \cdot \boldsymbol{b})$ （k は実数）

(4) $\boldsymbol{a} \cdot (\boldsymbol{b} \pm \boldsymbol{c}) = (\boldsymbol{b} \pm \boldsymbol{c}) \cdot \boldsymbol{a} = (\boldsymbol{a} \cdot \boldsymbol{b}) \pm (\boldsymbol{a} \cdot \boldsymbol{c})$ （複号同順）

(5) ベクトルの平行条件

$\boldsymbol{a} \neq \boldsymbol{0}, \boldsymbol{b} \neq \boldsymbol{0}$ のとき $\boldsymbol{a} \parallel \boldsymbol{b} \Leftrightarrow \boldsymbol{b} = k\,\boldsymbol{a}$ となる実数 k が存在する

(6) ベクトルの垂直条件

$\boldsymbol{a} \neq \boldsymbol{0}, \boldsymbol{b} \neq \boldsymbol{0}$ のとき $\boldsymbol{a} \perp \boldsymbol{b} \Leftrightarrow \boldsymbol{a} \cdot \boldsymbol{b} = 0$

$\boldsymbol{a} = (1, 1, 0),\ \boldsymbol{b} = (0, -1, 1)$ のとき

$\boldsymbol{a} \cdot \boldsymbol{b} = 1 \cdot 0 + 1 \cdot (-1) + 0 \cdot 1 = -1,\ |\boldsymbol{a}| = |\boldsymbol{b}| = \sqrt{2}$ より，

$\cos\theta = \dfrac{\boldsymbol{a} \cdot \boldsymbol{b}}{|\boldsymbol{a}|\,|\boldsymbol{b}|} = \dfrac{-1}{\sqrt{2}\sqrt{2}} = -\dfrac{1}{2}$ である．したがって $\theta = \dfrac{2}{3}\pi$ となる． ■

Let's TRY

問 2.1 $\boldsymbol{a} = (-\sqrt{3}, 1, 1),\ \boldsymbol{b} = (0, \sqrt{2}, -\sqrt{2})$ について，次の問いに答えよ．

(1) 内積 $\boldsymbol{a} \cdot \boldsymbol{b}$ を求めよ．

(2) $\boldsymbol{a}, \boldsymbol{b}$ のなす角 θ $(0 \leqq \theta \leqq \pi)$ を求めよ．

正射影　ベクトル $\boldsymbol{a}, \boldsymbol{b}$ に関して，$\boldsymbol{a}, \boldsymbol{b}$ のなす角を θ，$\boldsymbol{b}$ から $\boldsymbol{a}$ への垂線の足を H とすると，OH の長さは，$\big||\boldsymbol{b}|\cos\theta\big|$ である．

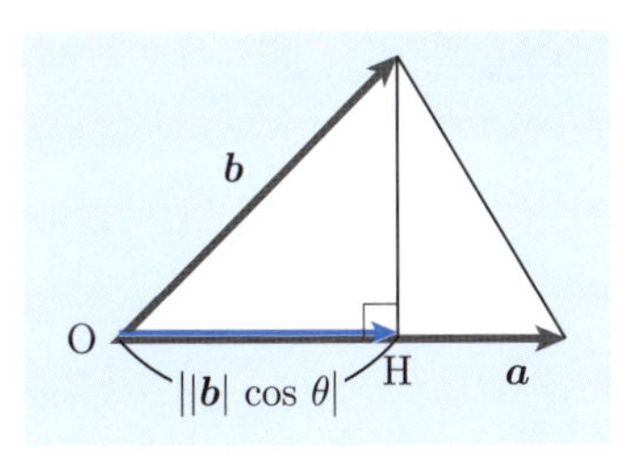

ベクトル $\overrightarrow{\mathrm{OH}}$ をベクトル $\boldsymbol{b}$ の $\boldsymbol{a}$ への**正射影**(せいしゃえい)という．

$\boldsymbol{a}$ と同じ向きの単位ベクトルは $\dfrac{\boldsymbol{a}}{|\boldsymbol{a}|}$ であるから

$$\overrightarrow{\mathrm{OH}} = |\boldsymbol{b}|\cos\theta\frac{\boldsymbol{a}}{|\boldsymbol{a}|} = \frac{|\boldsymbol{a}|}{|\boldsymbol{a}|}\left(|\boldsymbol{b}|\cos\theta\frac{\boldsymbol{a}}{|\boldsymbol{a}|}\right)$$
$$= \frac{|\boldsymbol{a}|\,|\boldsymbol{b}|\cos\theta}{|\boldsymbol{a}|^2}\boldsymbol{a} = \frac{\boldsymbol{a}\cdot\boldsymbol{b}}{\boldsymbol{a}\cdot\boldsymbol{a}}\boldsymbol{a}$$

2.3　正射影

ベクトル $\boldsymbol{a}, \boldsymbol{b}$ のなす角を θ とする．このとき

ベクトル $\boldsymbol{b}$ の $\boldsymbol{a}$ への正射影の長さは，$\big||\boldsymbol{b}|\cos\theta\big| = \left|\dfrac{\boldsymbol{a}\cdot\boldsymbol{b}}{\boldsymbol{a}\cdot\boldsymbol{a}}\right|\,|\boldsymbol{a}|$

ベクトル $\boldsymbol{b}$ の $\boldsymbol{a}$ への正射影は，$\dfrac{\boldsymbol{a}\cdot\boldsymbol{b}}{\boldsymbol{a}\cdot\boldsymbol{a}}\boldsymbol{a}$ で与えられる．

$\boldsymbol{a} = (1, 1, 0)$, $\boldsymbol{b} = (1, 2, -2)$ のとき，ベクトル $\boldsymbol{a}, \boldsymbol{b}$ のなす角を θ とする．

$|\boldsymbol{a}| = \sqrt{2}$, $|\boldsymbol{b}| = 3$, $\boldsymbol{a}\cdot\boldsymbol{b} = 3$ であるから，$\cos\theta = \dfrac{3}{3\sqrt{2}} = \dfrac{\sqrt{2}}{2}$ となる．

よってベクトル $\boldsymbol{b}$ の $\boldsymbol{a}$ への正射影の長さは，$\big||\boldsymbol{b}|\cos\theta\big| = \dfrac{3\sqrt{2}}{2}$

$\boldsymbol{a}\cdot\boldsymbol{a} = |\boldsymbol{a}|^2 = 2$ より，$\boldsymbol{b}$ の $\boldsymbol{a}$ への正射影は，$\dfrac{\boldsymbol{a}\cdot\boldsymbol{b}}{\boldsymbol{a}\cdot\boldsymbol{a}}\boldsymbol{a} = \left(\dfrac{3}{2}, \dfrac{3}{2}, 0\right)$ である．■

Let's TRY

問 2.2　ベクトル $\boldsymbol{a} = (1, 2, 2)$, $\boldsymbol{b} = (3, 0, 1)$ について，ベクトル $\boldsymbol{b}$ の $\boldsymbol{a}$ への正射影の長さを求めよ．また，ベクトル $\boldsymbol{b}$ の $\boldsymbol{a}$ への正射影を求めよ．

ベクトルの外積　ベクトル $\overrightarrow{\mathrm{OA}} = \boldsymbol{a} = (a_x, a_y, a_z)$, $\overrightarrow{\mathrm{OB}} = \boldsymbol{b} = (b_x, b_y, b_z)$ について，ベクトル

$$\left(\begin{vmatrix} a_y & a_z \\ b_y & b_z \end{vmatrix}, \begin{vmatrix} a_z & a_x \\ b_z & b_x \end{vmatrix}, \begin{vmatrix} a_x & a_y \\ b_x & b_y \end{vmatrix} \right)$$
$$= (a_y b_z - a_z b_y)\boldsymbol{i} + (a_z b_x - a_x b_z)\boldsymbol{j} + (a_x b_y - a_y b_x)\boldsymbol{k}$$

を $\boldsymbol{a}$ と $\boldsymbol{b}$ の**外積**（がいせき）（または**ベクトル積**（せき））といい，$\boldsymbol{a} \times \boldsymbol{b}$ で表す．
（テキスト『線形代数 [第 2 版]』サポートページ「空間ベクトルの外積」を参照）

2.4 ［定義］ベクトルの外積

$\overrightarrow{\mathrm{OA}} = \boldsymbol{a} = (a_x, a_y, a_z)$, $\overrightarrow{\mathrm{OB}} = \boldsymbol{b} = (b_x, b_y, b_z)$ の外積は

$$\boldsymbol{a} \times \boldsymbol{b} = \left(\begin{vmatrix} a_y & a_z \\ b_y & b_z \end{vmatrix}, \begin{vmatrix} a_z & a_x \\ b_z & b_x \end{vmatrix}, \begin{vmatrix} a_x & a_y \\ b_x & b_y \end{vmatrix} \right)$$
$$= (a_y b_z - a_z b_y)\,\boldsymbol{i} + (a_z b_x - a_x b_z)\,\boldsymbol{j} + (a_x b_y - a_y b_x)\,\boldsymbol{k}$$
$$= \begin{vmatrix} \boldsymbol{i} & \boldsymbol{j} & \boldsymbol{k} \\ a_x & a_y & a_z \\ b_x & b_y & b_z \end{vmatrix} \quad \cdots (*)$$

■**注意**　上記 $(*)$ のように，『線形代数 [第 2 版]』第 3 章に登場した行列式で形式的に表現できる．

外積の特徴は

(I)　$\boldsymbol{a} \times \boldsymbol{b} \perp \boldsymbol{a}$ かつ $\boldsymbol{a} \times \boldsymbol{b} \perp \boldsymbol{b}$,

(II)　$|\boldsymbol{a} \times \boldsymbol{b}|$ は，$\boldsymbol{a}$ と $\boldsymbol{b}$ により作られる平行四辺形の面積 S に等しい，

(III)　$\boldsymbol{a}$, $\boldsymbol{b}$ の方向は，$\boldsymbol{a}$, $\boldsymbol{b}$, $\boldsymbol{a} \times \boldsymbol{b}$ がこの順で右手系となるように定める．

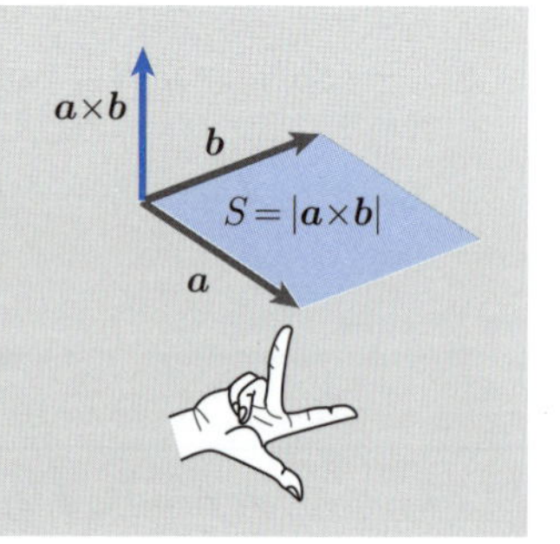

(I) について：実際に，内積を計算すると

$$\boldsymbol{a}\cdot(\boldsymbol{a}\times\boldsymbol{b}) = a_x(a_yb_z - a_zb_y) + a_y(a_zb_x - a_xb_z) + a_z(a_xb_y - a_yb_x)$$
$$= a_xa_yb_z - a_xa_zb_y + a_ya_zb_x - a_xa_yb_z - a_xa_zb_y + a_ya_zb_x = 0$$

同様に，$\boldsymbol{b}\cdot(\boldsymbol{a}\times\boldsymbol{b}) = 0$ であるから，$\boldsymbol{a}\times\boldsymbol{b}$ は，$\boldsymbol{a}$ と $\boldsymbol{b}$ に垂直である．

(II) について：

$$|\boldsymbol{a}\times\boldsymbol{b}|^2 = (a_yb_z - a_zb_y)^2 + (a_zb_x - a_xb_z)^2 + (a_xb_y - a_yb_x)^2$$
$$= (a_x^2 + a_y^2 + a_z^2)(b_x^2 + b_y^2 + b_z^2) - (a_xb_x + a_yb_y + a_zb_z)^2$$
$$= |\boldsymbol{a}|^2\,|\boldsymbol{b}|^2 - (\boldsymbol{a}\cdot\boldsymbol{b})^2$$
$$= |\boldsymbol{a}|^2\,|\boldsymbol{b}|^2 - (|\boldsymbol{a}|\,|\boldsymbol{b}|\cos\theta)^2 \quad \leftarrow \boldsymbol{a}\cdot\boldsymbol{b} = |\boldsymbol{a}|\,|\boldsymbol{b}|\cos\theta \text{ より}$$
$$= |\boldsymbol{a}|^2\,|\boldsymbol{b}|^2(1-\cos^2\theta)$$
$$= |\boldsymbol{a}|^2\,|\boldsymbol{b}|^2\sin^2\theta \qquad \therefore\quad |\boldsymbol{a}\times\boldsymbol{b}| = |\boldsymbol{a}|\,|\boldsymbol{b}|\sin\theta = S$$

2.5 外積の性質

ベクトル $\boldsymbol{a}$, $\boldsymbol{b}$, $\boldsymbol{c}$ について次が成り立つ．

(1) $\boldsymbol{a}\times\boldsymbol{a} = \boldsymbol{0}$

(2) $\boldsymbol{a}\times\boldsymbol{b} = -\boldsymbol{b}\times\boldsymbol{a}$

(3) $(k\,\boldsymbol{a})\times\boldsymbol{b} = \boldsymbol{a}\times(k\,\boldsymbol{b}) = k(\boldsymbol{a}\times\boldsymbol{b})$ （k は実数）

(4) $\boldsymbol{a}\times(\boldsymbol{b}+\boldsymbol{c}) = (\boldsymbol{a}\times\boldsymbol{b})+(\boldsymbol{a}\times\boldsymbol{c})$, $(\boldsymbol{b}+\boldsymbol{c})\times\boldsymbol{a} = (\boldsymbol{b}\times\boldsymbol{a})+(\boldsymbol{c}\times\boldsymbol{a})$

(5) ベクトルの平行条件：

$$\boldsymbol{a}\neq\boldsymbol{0},\ \boldsymbol{b}\neq\boldsymbol{0} \text{ のとき } \boldsymbol{a}\,/\!/\,\boldsymbol{b} \iff \boldsymbol{a}\times\boldsymbol{b} = \boldsymbol{0}$$

証明 (2) を示そう．$\boldsymbol{a} = (a_x, a_y, a_z)$, $\boldsymbol{b} = (b_x, b_y, b_z)$ とする．

$$(\text{右辺}) = -\boldsymbol{b}\times\boldsymbol{a} = -\left(\begin{vmatrix} b_y & b_z \\ a_y & a_z \end{vmatrix}, \begin{vmatrix} b_z & b_x \\ a_z & a_x \end{vmatrix}, \begin{vmatrix} b_x & b_y \\ a_x & a_y \end{vmatrix}\right)$$
$$= -\left\{(b_ya_z - b_za_y)\boldsymbol{i} + (b_za_x - b_xa_z)\boldsymbol{j} + (b_xa_y - b_ya_x)\boldsymbol{k}\right\}$$
$$= (a_yb_z - a_zb_y)\boldsymbol{i} + (a_zb_x - a_xb_z)\boldsymbol{j} + (a_xb_y - a_yb_x)\boldsymbol{k} = (\text{左辺}) \quad ■$$

Let's TRY

問 2.3 **2.5** の (1), (3), (4) を証明せよ．

基本ベクトル $\boldsymbol{i}, \boldsymbol{j}, \boldsymbol{k}$ について，

$$\boldsymbol{i} \times \boldsymbol{i} = \boldsymbol{0}, \quad \boldsymbol{i} \times \boldsymbol{j} = \boldsymbol{k} = -\boldsymbol{j} \times \boldsymbol{i}$$

である．■

例題 2.1 ベクトル $\boldsymbol{a} = \boldsymbol{i} + 2\boldsymbol{j} + 3\boldsymbol{k}$, $\boldsymbol{b} = -\boldsymbol{i} + \boldsymbol{j} + 2\boldsymbol{k}$ について，次を求めよ．

(1) $\boldsymbol{a} \times \boldsymbol{b}$

(2) $\boldsymbol{a}$ と $\boldsymbol{b}$ によって作られる平行四辺形の面積 S

解 (1)
$$\boldsymbol{a} \times \boldsymbol{b} = \left(\begin{vmatrix} 2 & 3 \\ 1 & 2 \end{vmatrix}, \begin{vmatrix} 3 & 1 \\ 2 & -1 \end{vmatrix}, \begin{vmatrix} 1 & 2 \\ -1 & 1 \end{vmatrix} \right)$$
$$= (4-3)\boldsymbol{i} + (-3-2)\boldsymbol{j} + (1+2)\boldsymbol{k}$$
$$= \boldsymbol{i} - 5\boldsymbol{j} + 3\boldsymbol{k}$$

(2) 面積 $S = |\boldsymbol{a} \times \boldsymbol{b}| = \sqrt{1^2 + (-5)^2 + 3^2} = \sqrt{35}$ ■

Let's TRY

問 2.4 次の2つのベクトルについて，外積 $\boldsymbol{a} \times \boldsymbol{b}$ を求めよ．また，$\boldsymbol{a}$ と $\boldsymbol{b}$ によって作られる平行四辺形の面積を求めよ．

(1) $\boldsymbol{a} = 2\boldsymbol{i} - 4\boldsymbol{j} + \boldsymbol{k}$, $\quad \boldsymbol{b} = -\boldsymbol{i} + 2\boldsymbol{j} - 3\boldsymbol{k}$

(2) $\boldsymbol{a} = 5\boldsymbol{i} + 2\boldsymbol{k}$, $\quad \boldsymbol{b} = 3\boldsymbol{i} + \boldsymbol{j} + \boldsymbol{k}$

ベクトル $\boldsymbol{a}, \boldsymbol{b}, \boldsymbol{c}$ について，$\boldsymbol{a} \cdot (\boldsymbol{b} \times \boldsymbol{c})$ を**スカラー三重積**(さんじゅうせき)という．

$\overrightarrow{\mathrm{OA}} = \boldsymbol{a} = (a_x, a_y, a_z)$, $\overrightarrow{\mathrm{OB}} = \boldsymbol{b} = (b_x, b_y, b_z)$, $\overrightarrow{\mathrm{OC}} = \boldsymbol{c} = (c_x, c_y, c_z)$ とすると

$$\boldsymbol{a} \cdot (\boldsymbol{b} \times \boldsymbol{c}) = \begin{vmatrix} a_x & a_y & a_z \\ b_x & b_y & b_z \\ c_x & c_y & c_z \end{vmatrix} \quad \cdots (*)$$

が成り立つ．実際に

$$\boldsymbol{b} \times \boldsymbol{c} = \left(\begin{vmatrix} b_y & b_z \\ c_y & c_z \end{vmatrix}, \begin{vmatrix} b_z & b_x \\ c_z & c_x \end{vmatrix}, \begin{vmatrix} b_x & b_y \\ c_x & c_y \end{vmatrix} \right)$$

より，$(*)$ は

$$
\begin{aligned}
(\text{左辺}) = \boldsymbol{a}\cdot(\boldsymbol{b}\times\boldsymbol{c}) &= a_x\begin{vmatrix} b_y & b_z \\ c_y & c_z \end{vmatrix} + a_y\begin{vmatrix} b_z & b_x \\ c_z & c_x \end{vmatrix} + a_z\begin{vmatrix} b_x & b_y \\ c_x & c_y \end{vmatrix} \\
&= a_x\begin{vmatrix} b_y & b_z \\ c_y & c_z \end{vmatrix} - a_y\begin{vmatrix} b_x & b_z \\ c_x & c_z \end{vmatrix} + a_z\begin{vmatrix} b_x & b_y \\ c_x & c_y \end{vmatrix} \\
&= \begin{vmatrix} a_x & a_y & a_z \\ b_x & b_y & b_z \\ c_x & c_y & c_z \end{vmatrix} = (\text{右辺})
\end{aligned}
$$

また，$\boldsymbol{a}\times(\boldsymbol{b}\times\boldsymbol{c})$ を**ベクトル三重積**(さんじゅうせき)という．
（『線形代数 [第 2 版]』サポートページ「平行六面体の体積」を参照）

$\boldsymbol{a}=(2,1,4)$, $\boldsymbol{b}=(1,-1,3)$, $\boldsymbol{c}=(-1,5,2)$ のとき

$$
\boldsymbol{b}\times\boldsymbol{c} = \left(\begin{vmatrix} -1 & 3 \\ 5 & 2 \end{vmatrix}, \begin{vmatrix} 3 & 1 \\ 2 & -1 \end{vmatrix}, \begin{vmatrix} 1 & -1 \\ -1 & 5 \end{vmatrix}\right) = (-17,-5,4)
$$

スカラー三重積は

$$
\boldsymbol{a}\cdot(\boldsymbol{b}\times\boldsymbol{c}) = \begin{vmatrix} 2 & 1 & 4 \\ 1 & -1 & 3 \\ -1 & 5 & 2 \end{vmatrix} = -23
$$

ベクトル三重積は

$$
\begin{aligned}
\boldsymbol{a}\times(\boldsymbol{b}\times\boldsymbol{c}) &= \left(\begin{vmatrix} 1 & 4 \\ -5 & 4 \end{vmatrix}, \begin{vmatrix} 4 & 2 \\ 4 & -17 \end{vmatrix}, \begin{vmatrix} 2 & 1 \\ -17 & -5 \end{vmatrix}\right) \\
&= (24,-76,7)
\end{aligned}
$$

■

Let's TRY

問 2.5　$\boldsymbol{a}=(1,2,3)$, $\boldsymbol{b}=(-2,6,1)$, $\boldsymbol{c}=(3,1,4)$ のとき，$\boldsymbol{a}\cdot(\boldsymbol{b}\times\boldsymbol{c})$, $\boldsymbol{a}\times(\boldsymbol{b}\times\boldsymbol{c})$ を求めよ．

ベクトル関数の微分・積分　変数 t（t は実数）の変化にともない，変化するベクトル $\boldsymbol{a}$ を**ベクトル関数**（かんすう）といい，$\boldsymbol{a} = \boldsymbol{a}(t)$ で表す．その成分は

$$\boldsymbol{a}(t) = \big(a_x(t), a_y(t), a_z(t)\big) = a_x(t)\boldsymbol{i} + a_y(t)\boldsymbol{j} + a_z(t)\boldsymbol{k}$$

と表せて，それぞれ t の関数となっている．

ここで，ベクトル関数 $\boldsymbol{a}(t)$ の微分について考えよう．変数 t の増分 Δt に対する $\boldsymbol{a}(t)$ の増分は，$\boldsymbol{a}(t+\Delta t) - \boldsymbol{a}(t)$ である．極限 $\displaystyle\lim_{\Delta t \to 0} \frac{\boldsymbol{a}(t+\Delta t) - \boldsymbol{a}(t)}{\Delta t}$ が存在するとき，$\boldsymbol{a}(t)$ は t において**微分可能**（びぶんかのう）であるといい，$\dfrac{d}{dt}\boldsymbol{a}(t)$, $\dfrac{d\boldsymbol{a}(t)}{dt}$, $\dot{\boldsymbol{a}}(t)$, $\boldsymbol{a}'(t)$ などで表す．$\boldsymbol{a}'(t_0)$ を $t = t_0$ における**微分係数**（びぶんけいすう）という．$\boldsymbol{a}'(t)$ は，t のベクトル関数と考えることができ，これを $\boldsymbol{a}(t)$ の**導関数**（どうかんすう）といい，導関数 $\boldsymbol{a}'(t)$ を求めることを，$\boldsymbol{a}(t)$ を**微分する**（びぶん）という．

微分可能なベクトル関数 $\boldsymbol{a}(t)$ の導関数を成分表示すると次のようになる．

$$\frac{d\boldsymbol{a}(t)}{dt} = \left(\frac{da_x(t)}{dt}, \frac{da_y(t)}{dt}, \frac{da_z(t)}{dt}\right)$$

ベクトル関数の微分について，次が成り立つ．

2.6　ベクトル関数の微分法

ベクトル関数 $\boldsymbol{a} = \boldsymbol{a}(t)$, $\boldsymbol{b} = \boldsymbol{b}(t)$ について次が成り立つ．

(1)　$\dfrac{d}{dt}\big(\boldsymbol{a}(t)+\boldsymbol{b}(t)\big) = \dfrac{d}{dt}\boldsymbol{a}(t) + \dfrac{d}{dt}\boldsymbol{b}(t)$

(2)　$\dfrac{d}{dt}\big(k\,\boldsymbol{a}(t)\big) = k\dfrac{d}{dt}\boldsymbol{a}(t)$　（k は実数）

(3)　$\dfrac{d}{dt}\big(\varphi\boldsymbol{a}(t)\big) = \dfrac{d\varphi}{dt}\boldsymbol{a}(t) + \varphi\dfrac{d\boldsymbol{a}(t)}{dt}$　（φ はスカラー関数）

(4)　$\dfrac{d}{dt}\big(\boldsymbol{a}(t)\cdot\boldsymbol{b}(t)\big) = \dfrac{d\boldsymbol{a}(t)}{dt}\cdot\boldsymbol{b}(t) + \boldsymbol{a}(t)\cdot\dfrac{d\boldsymbol{b}(t)}{dt}$

(5)　$\dfrac{d}{dt}\big(\boldsymbol{a}(t)\times\boldsymbol{b}(t)\big) = \dfrac{d\boldsymbol{a}(t)}{dt}\times\boldsymbol{b}(t) + \boldsymbol{a}(t)\times\dfrac{d\boldsymbol{b}(t)}{dt}$

(4), (5) 式で特に一方が定ベクトル $\boldsymbol{k}$ のときには次が成り立つ．

(6)　$\dfrac{d}{dt}\big(\boldsymbol{k}\cdot\boldsymbol{a}(t)\big) = \boldsymbol{k}\cdot\dfrac{d\boldsymbol{a}(t)}{dt}$　（$\boldsymbol{k}$ は定ベクトル）

(7)　$\dfrac{d}{dt}\big(\boldsymbol{k}\times\boldsymbol{a}(t)\big) = \boldsymbol{k}\times\dfrac{d\boldsymbol{a}(t)}{dt}$　（$\boldsymbol{k}$ は定ベクトル）

Let's TRY

問 2.6 2.6 の (1)〜(7) を証明せよ．

■**注意** ベクトル関数に対して，通常の実数（スカラー）t の関数をスカラー関数という．スカラー関数と同様に，ベクトル関数 $\boldsymbol{a}(t)$ についても，第 n 次導関数を考えることができ，$\dfrac{d^n \boldsymbol{a}(t)}{dt^n}$, $\boldsymbol{a}^{(n)}(t)$ などで表す．また，偏導関数も同様に考えることができ，例えば，ベクトル関数 $\boldsymbol{a}(s,t)$ に対して，s についての偏導関数を $\dfrac{\partial \boldsymbol{a}}{\partial s}$, $\dfrac{\partial^2 \boldsymbol{a}}{\partial s^2}$ などで表す．

例題 2.2 次のベクトル関数

$$\boldsymbol{a}(t) = 2\cos t\,\boldsymbol{i} + 2\sin t\,\boldsymbol{j} + t\,\boldsymbol{k}$$

を微分せよ．

また，$t=0$ における微分係数を求めよ．

解 $\boldsymbol{a}'(t) = -2\sin t\,\boldsymbol{i} + 2\cos t\,\boldsymbol{j} + \boldsymbol{k}$

$t=0$ のとき

$$\boldsymbol{a}'(0) = -2\sin 0\,\boldsymbol{i} + 2\cos 0\,\boldsymbol{j} + \boldsymbol{k} = 2\boldsymbol{j} + \boldsymbol{k}$$ ■

Let's TRY

問 2.7 次のベクトル関数を微分せよ．また，$t=1$ における微分係数を求めよ．

(1) $\boldsymbol{a}(t) = (3t^2+2)\boldsymbol{i} + (5t-1)\boldsymbol{j} + t^3\,\boldsymbol{k}$

(2) $\boldsymbol{a}(t) = e^{3t}\,\boldsymbol{i} + 2\log t\,\boldsymbol{j} + 4t\,\boldsymbol{k}$

ベクトル関数 $\boldsymbol{A}(t)$ の導関数が $\boldsymbol{a}(t) = a_x(t)\boldsymbol{i} + a_y(t)\boldsymbol{j} + a_z(t)\boldsymbol{k}$ とする．$\boldsymbol{A}(t)$ を $\boldsymbol{a}(t)$ の**不定積分**（ふていせきぶん）といい，$\boldsymbol{A}(t) = \int \boldsymbol{a}(t)\,dt$ で表す．また

$$\boldsymbol{A}(t) = \int \boldsymbol{a}(t)\,dt = \int a_x(t)\,dt\,\boldsymbol{i} + \int a_y(t)\,dt\,\boldsymbol{j} + \int a_z(t)\,dt\,\boldsymbol{k}$$

となる．定積分についても同様に，$t=a$ から $t=b$ までの**定積分**（ていせきぶん）を

$$\int_a^b \boldsymbol{a}(t)\,dt = \Big[\boldsymbol{A}(t)\Big]_a^b = \boldsymbol{A}(b) - \boldsymbol{A}(a)$$

と定義する．

例題 2.3　次のベクトル関数の，(1) 不定積分と，(2) 定積分の値を求めよ．

(1) $\displaystyle\int\left(2t\,\boldsymbol{i}-3t^2\boldsymbol{j}+\frac{1}{\sqrt{t}}\boldsymbol{k}\right)dt$

(2) $\displaystyle\int_0^{\frac{\pi}{2}}(\sin t\,\boldsymbol{i}+\cos t\,\boldsymbol{j}+2t\,\boldsymbol{k})\,dt$

解　(1) $\displaystyle\int\left(2t\,\boldsymbol{i}-3t^2\boldsymbol{j}+\frac{1}{\sqrt{t}}\boldsymbol{k}\right)dt=t^2\,\boldsymbol{i}-t^3\,\boldsymbol{j}+2\sqrt{t}\,\boldsymbol{k}+\boldsymbol{C}$

（$\boldsymbol{C}$ は定ベクトル）

(2) $$\int_0^{\frac{\pi}{2}}(\sin t\,\boldsymbol{i}+\cos t\,\boldsymbol{j}+2t\,\boldsymbol{k})\,dt=\Big[-\cos t\,\boldsymbol{i}+\sin t\,\boldsymbol{j}+t^2\,\boldsymbol{k}\Big]_0^{\frac{\pi}{2}}$$
$$=\boldsymbol{i}+\boldsymbol{j}+\frac{\pi^2}{4}\boldsymbol{k}$$ ■

Let's TRY

問 2.8　次のベクトル関数の定積分の値を求めよ．

(1) $\displaystyle\int_1^2\left\{(1-t^2)\boldsymbol{i}+(3t+2)\boldsymbol{j}+4t^3\boldsymbol{k}\right\}dt$

(2) $\displaystyle\int_0^3(2t\,\boldsymbol{i}+e^t\,\boldsymbol{j}-4\,\boldsymbol{k})\,dt$

曲　線　空間内で，変数 t で表される点 $\mathrm{P}(x(t),y(t),z(t))$ の運動を考えると，一般に点 P は曲線 C を描く．点 $\mathrm{P}(x(t),y(t),z(t))$ の位置ベクトル

$$\overrightarrow{\mathrm{OP}}=\boldsymbol{r}(t)=x(t)\boldsymbol{i}+y(t)\boldsymbol{j}+z(t)\boldsymbol{k}$$

はベクトル関数である．$\boldsymbol{r}=\boldsymbol{r}(t)$ を曲線 C の**ベクトル方程式**（ほうていしき），変数 t を**媒介変数**（ばいかいへんすう）（**パラメータ**）という．$\boldsymbol{r}(t)$ が微分可能で $\boldsymbol{r}'(t)$ が連続のとき，$\boldsymbol{r}(t)$ は，**滑らか**（なめ）な曲線（または $\boldsymbol{C^1}$ **級**（きゅう）曲線）という．以下，$\boldsymbol{r}=\boldsymbol{r}(t)$ $\left(\dfrac{d\boldsymbol{r}}{dt}\neq 0\right)$ は何回でも微分可能とする．

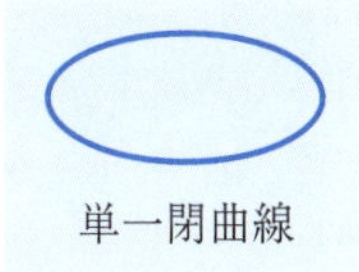

閉区間 $[a,b]$ で定義されている曲線 C について，$t_1, t_2 \in [a,b]$ のとき，t_1, t_2 に対応する点をそれぞれ $\mathrm{P}(t_1)$, $\mathrm{P}(t_2)$ とする．このとき，$t_1 \neq t_2$ で $\mathrm{P}(t_1) = \mathrm{P}(t_2)$ であるとき，この点を**重複点**という．また，始点 $\mathrm{P}(a)$ と終点 $\mathrm{P}(b)$ が一致する，つまり $\mathrm{P}(a) = \mathrm{P}(b)$ であるとき，曲線 C を**閉曲線**という．さらに，$\mathrm{P}(a) = \mathrm{P}(b)$ 以外に重複点がない閉曲線を**単一閉曲線**（または**ジョルダン曲線**）という．

$\dfrac{d\boldsymbol{r}}{dt}$ は，曲線 C の各点における接線に平行である．$\dfrac{d\boldsymbol{r}}{dt}$ を**接線ベクトル**という．$\dfrac{d\boldsymbol{r}}{dt}$ と同じ向きの単位ベクトルを**単位接線ベクトル**という．単位接線ベクトルを $\boldsymbol{t}$ で表すと

$$\boldsymbol{t} = \frac{\boldsymbol{r}'(t)}{|\boldsymbol{r}'(t)|} = \frac{\frac{d\boldsymbol{r}}{dt}}{\left|\frac{d\boldsymbol{r}}{dt}\right|} \quad \cdots①$$

となる．

t が時刻を表すとき，$\boldsymbol{v} = \dfrac{d\boldsymbol{r}}{dt}$ を**速度ベクトル**（単に**速度**）といい，その大きさ $|\boldsymbol{v}|$ を**速さ**という．①を $\boldsymbol{v}$ を用いて表すと，$\boldsymbol{t} = \dfrac{\boldsymbol{v}}{|\boldsymbol{v}|}$ となる．また，

$$\boldsymbol{a} = \frac{d\boldsymbol{v}}{dt} = \frac{d^2\boldsymbol{r}}{dt^2} \quad \cdots②$$

を**加速度ベクトル**（単に**加速度**）という．

①について，$\boldsymbol{t} \cdot \boldsymbol{t} = |\boldsymbol{t}|^2 = 1$ である．この両辺を t で微分すると，2.6 ベクトル関数の微分法より

$$(\text{左辺}) = \frac{d}{dt}\big(\boldsymbol{t}(t) \cdot \boldsymbol{t}(t)\big) = \frac{d\boldsymbol{t}}{dt} \cdot \boldsymbol{t} + \boldsymbol{t} \cdot \frac{d\boldsymbol{t}}{dt} = 2\boldsymbol{t} \cdot \frac{d\boldsymbol{t}}{dt}, \quad (\text{右辺}) = 0$$

であるから，$\boldsymbol{t} \cdot \dfrac{d\boldsymbol{t}}{dt} = 0$ を得る．つまり $\boldsymbol{t} \perp \dfrac{d\boldsymbol{t}}{dt}$ である．ここで

$$\boldsymbol{n} = \frac{\frac{d\boldsymbol{t}}{dt}}{\left|\frac{d\boldsymbol{t}}{dt}\right|} = \frac{\boldsymbol{t}'(t)}{|\boldsymbol{t}'(t)|}$$

とおくと，$\boldsymbol{n}$ は $\boldsymbol{t}$ に垂直な単位ベクトルである．$\boldsymbol{n}$ を**単位主法線ベクトル**という．

次に，$\boldsymbol{a}$ を $\boldsymbol{t}$ と $\boldsymbol{n}$ により表現することを考えよう．①より②は，$\boldsymbol{a} = \dfrac{d}{dt}(|\boldsymbol{v}|\,\boldsymbol{t})$ と表せるから

$$\begin{aligned}\boldsymbol{a} &= \frac{d}{dt}(|\boldsymbol{v}|\,\boldsymbol{t}) \\ &= \frac{d|\boldsymbol{v}|}{dt}\boldsymbol{t} + |\boldsymbol{v}|\frac{d\boldsymbol{t}}{dt} = \frac{d|\boldsymbol{v}|}{dt}\boldsymbol{t} + |\boldsymbol{v}|\left|\frac{d\boldsymbol{t}}{dt}\right|\boldsymbol{n}\end{aligned}$$

となる．よって

$$a_t = \frac{d|\boldsymbol{v}|}{dt}, \quad a_n = |\boldsymbol{v}|\left|\frac{d\boldsymbol{t}}{dt}\right|$$

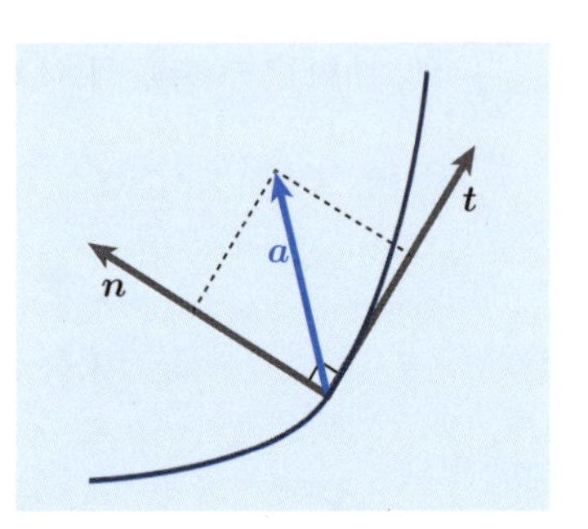

とおくと，$\boldsymbol{a} = a_t\,\boldsymbol{t} + a_n\,\boldsymbol{n}$ と表現できる．a_t を**接線成分**（せっせんせいぶん），a_n を**法線成分**（ほうせんせいぶん）という．また

$$\boldsymbol{a}\cdot\boldsymbol{t} = (a_t\,\boldsymbol{t} + a_n\,\boldsymbol{n})\cdot\boldsymbol{t} = a_t|\boldsymbol{t}|^2 = a_t$$

$$\boldsymbol{a}\cdot\boldsymbol{n} = (a_t\,\boldsymbol{t} + a_n\,\boldsymbol{n})\cdot\boldsymbol{n} = a_n|\boldsymbol{n}|^2 = a_n$$

となる．

2.7　速度・加速度

時刻を t とする．点 $\mathrm{P}(x(t), y(t), z(t))$ の位置ベクトル $\boldsymbol{r} = \boldsymbol{r}(t)$ に対して

速度ベクトル $\boldsymbol{v} = \dfrac{d\boldsymbol{r}}{dt}$

速さ $|\boldsymbol{v}| = \left|\dfrac{d\boldsymbol{r}}{dt}\right|$

加速度ベクトル $\boldsymbol{a} = \dfrac{d\boldsymbol{v}}{dt} = \dfrac{d^2\boldsymbol{r}}{dt^2} = a_t\,\boldsymbol{t} + a_n\boldsymbol{n}$

（a_t は接線成分，a_n は法線成分）

$\boldsymbol{t} = \dfrac{\boldsymbol{v}}{|\boldsymbol{v}|}$　：単位接線ベクトル

$\boldsymbol{n} = \dfrac{\boldsymbol{t}'(t)}{|\boldsymbol{t}'(t)|}$ ：単位主法線ベクトル

$a_t = \boldsymbol{a}\cdot\boldsymbol{t},\quad a_n = \boldsymbol{a}\cdot\boldsymbol{n}$

曲線 $\boldsymbol{r} = \boldsymbol{r}(t)$ の $a \leqq t \leqq b$ における長さ s は，次のように表される．

2.8 曲線の長さ

曲線 $\boldsymbol{r}=\boldsymbol{r}(t)$ 上の点 $\mathrm{P}(a)$ から点 $\mathrm{P}(b)$ までの長さ s は

$$s=\int_a^b\sqrt{\left(\frac{dx}{dt}\right)^2+\left(\frac{dy}{dt}\right)^2+\left(\frac{dz}{dt}\right)^2}\,dt=\int_a^b|\boldsymbol{v}|\,dt \quad \cdots ①$$

始点 $\mathrm{P}(a)$，終点 $\mathrm{P}(t)$ に対する曲線の長さを考える．その曲線の長さを $s=s(t)$ で表すと，①より

$$\frac{ds}{dt}=\sqrt{\left(\frac{dx}{dt}\right)^2+\left(\frac{dy}{dt}\right)^2+\left(\frac{dz}{dt}\right)^2}=|\boldsymbol{v}|=\left|\frac{d\boldsymbol{r}}{dt}\right|$$

証明 曲線 $\boldsymbol{r}=\boldsymbol{r}(t)$, $t\in[a,b]$ に対し，$a=t_0<t_1<\cdots<t_n=b$ と分割し，$\mathrm{P}(a)=\mathrm{P}(t_0),\mathrm{P}(t_1),\ldots,\mathrm{P}(t_n)=\mathrm{P}(b)$ とする．

P(a)
P(t_1)
P(t_2)
P(b)

$|\Delta\boldsymbol{r}(t_i)|=|\overrightarrow{\mathrm{P}(t_{i-1})\,\mathrm{P}(t_i)}|$, $\Delta t_i=t_i-t_{i-1}$ $(i=1,2,\ldots,n)$ とおく．図のような折れ線 $|\overrightarrow{\mathrm{P}(t_{i-1})\,\mathrm{P}(t_i)}|$ を作り，その総和 $\sum_{i=1}^{n}|\overrightarrow{\mathrm{P}(t_{i-1})\,\mathrm{P}(t_i)}|=\sum_{i=1}^{n}|\Delta\boldsymbol{r}(t_i)|$ をとると，曲線の長さ s は，分割を限りなく細かくしたときの極限値と考えられるから

$$s=\lim_{\Delta t_i\to 0}\sum_{i=1}^{n}|\Delta\boldsymbol{r}(t_i)|=\lim_{\Delta t_i\to 0}\sum_{i=1}^{n}\left|\frac{\Delta\boldsymbol{r}(t_i)}{\Delta t_i}\right|\Delta t_i$$

$$=\int_a^b\left|\frac{d\boldsymbol{r}}{dt}\right|dt=\int_a^b\sqrt{\left(\frac{dx}{dt}\right)^2+\left(\frac{dy}{dt}\right)^2+\left(\frac{dz}{dt}\right)^2}\,dt \qquad ■$$

一般に，曲線

$$\boldsymbol{r}=\boldsymbol{r}(t)=(\alpha\cos t,\alpha\sin t,\beta t) \quad (\alpha,\,\beta \text{ は正の定数})$$

を，**常螺旋**（じょうらせん）という．次の例題で計算してみよう．

例題 2.4　曲線 $\boldsymbol{r} = \boldsymbol{r}(t) = (2\cos t, 2\sin t, 3t)$ について，次の問いに答えよ．

(1)　速度 $\boldsymbol{v}$，速さ $|\boldsymbol{v}|$，加速度 $\boldsymbol{a}$ を求めよ．

(2)　単位接線ベクトル $\boldsymbol{t}$，単位主法線ベクトル $\boldsymbol{n}$ を求めよ．

(3)　加速度 $\boldsymbol{a}$ の接線成分 a_t と法線成分 a_n を求め，$\boldsymbol{a}$ を $\boldsymbol{t}$ と $\boldsymbol{n}$ を用いて表せ．

(4)　$t = 0$ から $t = 2$ までの曲線の長さ s を求めよ．

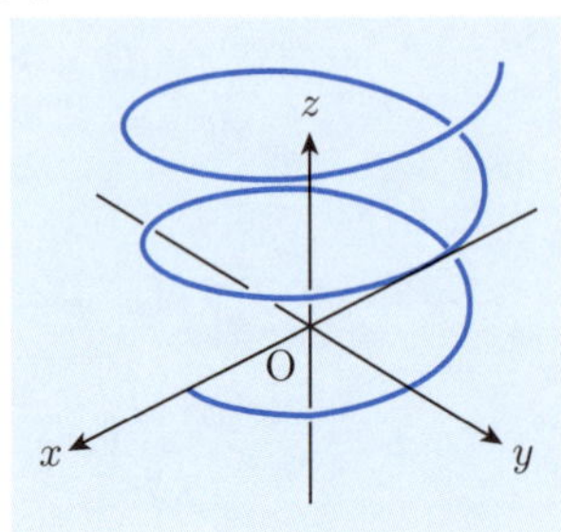

解　(1)　$\boldsymbol{v} = \dfrac{d\boldsymbol{r}}{dt} = (-2\sin t, 2\cos t, 3)$

$$|\boldsymbol{v}| = \sqrt{(-2\sin t)^2 + (2\cos t)^2 + 3^2} = \sqrt{4(\sin^2 t + \cos^2 t) + 9}$$

$$= \sqrt{4+9} = \sqrt{13}$$

$$\boldsymbol{a} = \frac{d\boldsymbol{v}}{dt} = (-2\cos t, -2\sin t, 0)$$

(2)　$\boldsymbol{t} = \dfrac{\boldsymbol{v}}{|\boldsymbol{v}|} = \dfrac{1}{\sqrt{13}}(-2\sin t, 2\cos t, 3)$

$$\boldsymbol{n} = \frac{\boldsymbol{t}'(t)}{|\boldsymbol{t}'(t)|} = \frac{1}{2}(-2\cos t, -2\sin t, 0) = (-\cos t, -\sin t, 0)$$

(3)　$a_t = \boldsymbol{a} \cdot \boldsymbol{t} = 0$, $a_n = \boldsymbol{a} \cdot \boldsymbol{n} = 2\cos^2 t + 2\sin^2 t + 0 = 2$ より

$$\boldsymbol{a} = 0\,\boldsymbol{t} + 2\,\boldsymbol{n}$$

(4)　$s = \displaystyle\int_0^2 |\boldsymbol{v}|\,dt = \int_0^2 \sqrt{13}\,dt = \Big[\sqrt{13}\,t\Big]_0^2 = 2\sqrt{13}$　■

Let's TRY

問 2.9　曲線 $\boldsymbol{r} = \boldsymbol{r}(t) = (\sqrt{2}\,t, e^t, e^{-t})$ について，次の問いに答えよ．

(1)　速度 $\boldsymbol{v}$，速さ $|\boldsymbol{v}|$，加速度 $\boldsymbol{a}$ を求めよ．

(2)　単位接線ベクトル $\boldsymbol{t}$，単位主法線ベクトル $\boldsymbol{n}$ を求めよ．

(3)　加速度 $\boldsymbol{a}$ の接線成分 a_t と法線成分 a_n を求め，$\boldsymbol{a}$ を $\boldsymbol{t}$ と $\boldsymbol{n}$ を用いて表せ．

(4)　$t = 0$ から $t = 1$ までの曲線の長さ s を求めよ．

曲 面 以前学んだ2変数関数を思い出そう（『微分積分 [第2版]』第5章参照）．空間内の2変数関数 $z = f(x, y)$ について，各座標は $\big(x, y, f(x, y)\big)$ と表せた．

空間内の点Pの位置ベクトル $\overrightarrow{\mathrm{OP}}$ が2変数 u, v を用いて $\overrightarrow{\mathrm{OP}} = \boldsymbol{r}(u, v)$ で表され，$\boldsymbol{r} = \boldsymbol{r}(u, v)$ が曲面 S を描くとき，

$$\boldsymbol{r} = \boldsymbol{r}(u, v)$$

を曲面 S の**ベクトル方程式**(ほうていしき)，変数 u, v を**媒介変数**(ばいかいへんすう)（**パラメータ**）という．以下，$\dfrac{\partial \boldsymbol{r}}{\partial u} \times \dfrac{\partial \boldsymbol{r}}{\partial v} \neq \boldsymbol{0}$ とする．$\boldsymbol{r}(u, v)$ の v をある値に固定すると，変数 u のみを媒介変数とする曲面 S 上の曲線が定まる．これを **u 曲線**(きょくせん)という．同様に，**v 曲線**(きょくせん)も定義できる．

曲面 S 上の各点において，u 曲線，v 曲線を考えると，それぞれの偏導関数 $\dfrac{\partial \boldsymbol{r}}{\partial u}, \dfrac{\partial \boldsymbol{r}}{\partial v}$ は，1変数の場合と同様に u 曲線，v 曲線に関する**接線ベクトル**(せっせん)となる．$\dfrac{\partial \boldsymbol{r}}{\partial u} \times \dfrac{\partial \boldsymbol{r}}{\partial v} \neq \boldsymbol{0}$ は，各点で $\dfrac{\partial \boldsymbol{r}}{\partial u}$ と $\dfrac{\partial \boldsymbol{r}}{\partial v}$ が平行でないことを意味する．

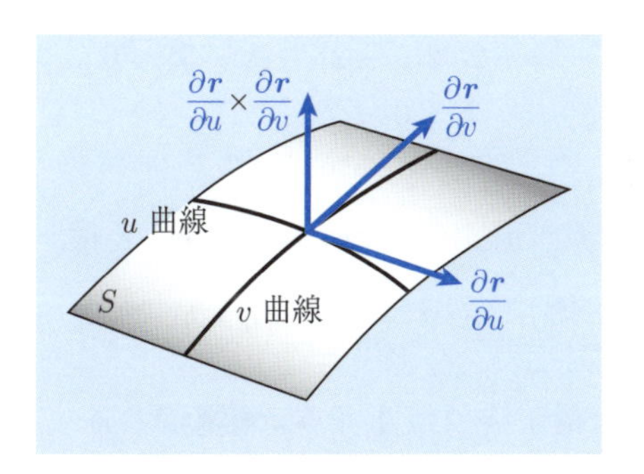

点Pを通り，$\dfrac{\partial \boldsymbol{r}}{\partial u} \times \dfrac{\partial \boldsymbol{r}}{\partial v}$ に垂直な平面を，曲面 S の点Pにおける**接平面**(せつへいめん)という．$\dfrac{\partial \boldsymbol{r}}{\partial u} \times \dfrac{\partial \boldsymbol{r}}{\partial v}$ は，接平面の法線ベクトルの1つである．

$$\boldsymbol{n} = \pm \frac{\dfrac{\partial \boldsymbol{r}}{\partial u} \times \dfrac{\partial \boldsymbol{r}}{\partial v}}{\left| \dfrac{\partial \boldsymbol{r}}{\partial u} \times \dfrac{\partial \boldsymbol{r}}{\partial v} \right|}$$

を**単位法線ベクトル**(たんいほうせん)という．

曲面 $\boldsymbol{r} = u\,\boldsymbol{i} + v\,\boldsymbol{j} + f(u,v)\boldsymbol{k}$ について，$\dfrac{\partial \boldsymbol{r}}{\partial u} = \boldsymbol{i} + \dfrac{\partial f}{\partial u}\boldsymbol{k}$, $\dfrac{\partial \boldsymbol{r}}{\partial v} = \boldsymbol{j} + \dfrac{\partial f}{\partial v}\boldsymbol{k}$ である．簡単に，$\dfrac{\partial f}{\partial u} = f_u$, $\dfrac{\partial f}{\partial v} = f_v$ とかくと，

$$\begin{cases} \dfrac{\partial \boldsymbol{r}}{\partial u} \times \dfrac{\partial \boldsymbol{r}}{\partial v} = -f_u\,\boldsymbol{i} - f_v\,\boldsymbol{j} + \boldsymbol{k} \\ \left|\dfrac{\partial \boldsymbol{r}}{\partial u} \times \dfrac{\partial \boldsymbol{r}}{\partial v}\right| = \sqrt{1 + (f_u)^2 + (f_v)^2} \end{cases}$$

であるから，単位法線ベクトルは

$$\boldsymbol{n} = \pm\frac{-f_u\,\boldsymbol{i} - f_v\,\boldsymbol{j} + \boldsymbol{k}}{\sqrt{1 + (f_u)^2 + (f_v)^2}} = \mp\frac{f_u\,\boldsymbol{i} + f_v\,\boldsymbol{j} - \boldsymbol{k}}{\sqrt{1 + (f_u)^2 + (f_v)^2}} \quad \text{（複号同順）}$$

である．特に，$u = x, v = y$ とおくと，曲面は $z = f(x, y)$ と表せる．次の例をみてみよう．

例 2.6 曲面 $z = f(x,y) = x^2 + y^2$ の点 (x, y, z) における法線ベクトルの1つは，$\dfrac{\partial f}{\partial x} = 2x$, $\dfrac{\partial f}{\partial y} = 2y$ であるから，$2x\,\boldsymbol{i} + 2y\,\boldsymbol{j} - \boldsymbol{k}$ となる．

したがって，点 $\mathrm{P}(1, 2, 5)$ における接平面の方程式は

$$2 \cdot 1(x-1) + 2 \cdot 2(y-2) - (z-5) = 0$$

$$\therefore \quad 2x + 4y - z - 5 = 0$$

■

一般に，曲面 $z = f(x, y)$ 上の点 $\mathrm{P}(a, b, c)$ における接平面の方程式は

$$\left.\frac{\partial f}{\partial x}\right|_{\substack{x=a\\y=b}} (x-a) + \left.\frac{\partial f}{\partial y}\right|_{\substack{x=a\\y=b}} (y-b) - (z-c) = 0$$

で与えられる（『微分積分 [第2版]』第5章 5.9 参照）．

Let's TRY

問 2.10 $\boldsymbol{r} = u\,\boldsymbol{i} + v\,\boldsymbol{j} + f(u,v)\boldsymbol{k}$, $f(u,v) = u^2 - v^2$ で定まる曲面について，(u, v) に対応する点における単位法線ベクトル $\boldsymbol{n}$ を求めよ．

問 2.11 曲面 $f(x,y) = x^2 - y^2$ 上の点 $(-2, 1, 3)$ における接平面の方程式を求めよ．

2変数関数 $f(u,v)$ が u, v について偏微分可能で，その偏導関数がすべて連続のとき，$f(u,v)$ は $\boldsymbol{C^1}$ **級**（きゅう）であるという．一般に $f(u,v)$ が r 回偏微分可能で，その偏導関数がすべて連続のとき，$f(u,v)$ は $\boldsymbol{C^r}$ **級**（きゅう）であるという．

媒介変数表示の主な例

(1)　中心が原点，半径 a の円は

$$\boldsymbol{r} = \boldsymbol{r}(t) = a\cos t\,\boldsymbol{i} + a\sin t\,\boldsymbol{j}$$

と表せる．（図 (a)）

(2)　中心が z 軸，半径 a の円柱面は

$$\boldsymbol{r} = \boldsymbol{r}(u,v) = a\cos u\,\boldsymbol{i} + a\sin u\,\boldsymbol{j} + v\,\boldsymbol{k}$$

と表せる．常螺旋 $\boldsymbol{r} = \boldsymbol{r}(t) = a\cos t\,\boldsymbol{i} + a\sin t\,\boldsymbol{j} + bt\,\boldsymbol{k}$（$a, b$ は正の定数）は，この円柱をとりまく螺旋となっている．（図 (b)）

(3)　中心が z 軸の円錐面は

$$\boldsymbol{r} = \boldsymbol{r}(u,v) = v\cos u\,\boldsymbol{i} + v\sin u\,\boldsymbol{j} + v\,\boldsymbol{k}$$

と表せる．（図 (c)）

(4)　原点が中心の半径 a の球面は

$$\boldsymbol{r} = \boldsymbol{r}(u,v) = a\cos u\cos v\,\boldsymbol{i} + a\sin u\cos v\,\boldsymbol{j} + a\sin v\,\boldsymbol{k}$$

と表せる．（図 (d)）

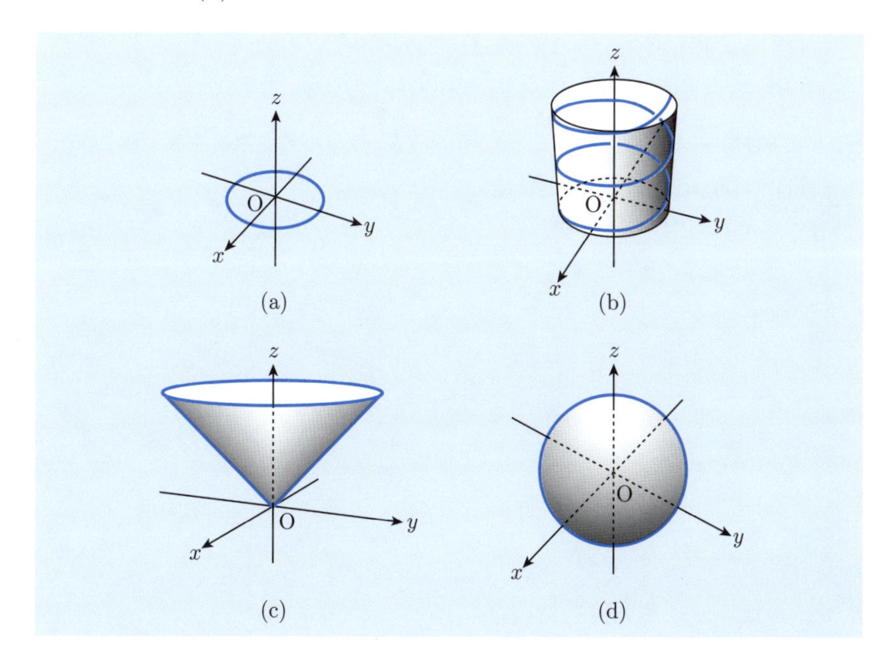

第２章 2.1 節　演習問題 A

1　ベクトル $\boldsymbol{a} = (2, \sqrt{2}, 1), \boldsymbol{b} = (-1, 1, 3), \boldsymbol{c} = (5, 0, -2)$ について，次を求めよ．

(1)　$(3\,\boldsymbol{a} + \boldsymbol{b}) \cdot (\boldsymbol{a} - 2\,\boldsymbol{b})$

(2)　$(\boldsymbol{a} - \boldsymbol{b}) \times (2\,\boldsymbol{a} + \boldsymbol{b})$

(3)　$\boldsymbol{b}, \boldsymbol{c}$ に垂直な単位ベクトル

(4)　$\boldsymbol{b}, \boldsymbol{c}$ によって作られる平行四辺形の面積

2　次の点 A を通り，外積 $\boldsymbol{a} \times \boldsymbol{b}$ に平行な方向ベクトルをもつ直線の方程式を求めよ．

(1)　$\mathrm{A}(3, -1, 5)$, $\boldsymbol{a} = -\boldsymbol{i} + 8\boldsymbol{j} + 4\,\boldsymbol{k}$, $\boldsymbol{b} = 5\,\boldsymbol{i} + \boldsymbol{k}$

(2)　$\mathrm{A}(1, 2, -1)$, $\boldsymbol{a} = -5\,\boldsymbol{i} + 2\boldsymbol{j} + 3\,\boldsymbol{k}$, $b = -\boldsymbol{i} + 4\boldsymbol{j}$

3　次の 3 点 A, B, C を通る平面の方程式を，外積を用いて求めよ．

(1)　$\mathrm{A}(3, -1, 2)$, $\mathrm{B}(2, 5, -3)$, $\mathrm{C}(1, 2, 3)$

(2)　$\mathrm{A}(0, 6, 3)$, $\mathrm{B}(-4, 1, 2)$, $\mathrm{C}(2, 3, -1)$

4　次の曲面について，与えられた点における接平面を求めよ．

(1)　$z = \log(x^2 + y^2 + 1)$，点 $(1, -2, \log 6)$

(2)　$x^2 + y^2 + z^2 = 9$（$z \leqq 0$），点 $(2, 1, -2)$

5　次の曲線 $\boldsymbol{r} = \boldsymbol{r}(t)$ について，$t = 0$ から $t = 2$ までの曲線の長さ s を求めよ．

(1)　$\boldsymbol{r}(t) = (e^{2t}, e^{-2t}, 2\sqrt{2}\,t)$

(2)　$\boldsymbol{r}(t) = (t, -2t, 5t^2)$

第2章2.1節　演習問題 B

6　次の問いに答えよ．

(1)　ベクトル $\boldsymbol{a}=\boldsymbol{i}+2\boldsymbol{j}-2\boldsymbol{k}$, $\boldsymbol{b}=7\boldsymbol{i}+2\boldsymbol{j}+\boldsymbol{k}$, $\boldsymbol{c}=-\boldsymbol{i}+3\boldsymbol{j}+2\boldsymbol{k}$ について，内積 $\boldsymbol{a}\cdot(\boldsymbol{b}\times\boldsymbol{c})$, $(\boldsymbol{c}\times\boldsymbol{a})\cdot\boldsymbol{b}$ を求めよ．

(2)　スカラー三重積について，次の等式が成り立つことを示せ．

$$\boldsymbol{a}\cdot(\boldsymbol{b}\times\boldsymbol{c})=\boldsymbol{b}\cdot(\boldsymbol{c}\times\boldsymbol{a})=\boldsymbol{c}\cdot(\boldsymbol{a}\times\boldsymbol{b})$$
$$=(\boldsymbol{a}\times\boldsymbol{b})\cdot\boldsymbol{c}=(\boldsymbol{b}\times\boldsymbol{c})\cdot\boldsymbol{a}=(\boldsymbol{c}\times\boldsymbol{a})\cdot\boldsymbol{b}$$

7　次の問いに答えよ．

(1)　ベクトル三重積について，次の等式が成り立つことを示せ．

$$\boldsymbol{a}\times(\boldsymbol{b}\times\boldsymbol{c})=(\boldsymbol{a}\cdot\boldsymbol{c})\boldsymbol{b}-(\boldsymbol{a}\cdot\boldsymbol{b})\boldsymbol{c}$$
$$(\boldsymbol{a}\times\boldsymbol{b})\times\boldsymbol{c}=(\boldsymbol{a}\cdot\boldsymbol{c})\boldsymbol{b}-(\boldsymbol{b}\cdot\boldsymbol{c})\boldsymbol{a}$$

(2)　次のベクトルについて，外積 $\boldsymbol{a}\times(\boldsymbol{b}\times\boldsymbol{c})$, $(\boldsymbol{a}\times\boldsymbol{b})\times\boldsymbol{c}$ を求めよ．

(i)　$\boldsymbol{a}=(5,-1,1)$, $\boldsymbol{b}=(0,1,2)$, $\boldsymbol{c}=(1,\sqrt{3},-4)$

(ii)　$\boldsymbol{a}=(2,1,8)$, $\boldsymbol{b}=(1,2,3)$, $\boldsymbol{c}=(3,-3,0)$

(iii)　$\boldsymbol{a}=(4,0,-1)$, $\boldsymbol{b}=(2,-1,3)$, $\boldsymbol{c}=(4,5,3)$

8　次の与えられたベクトル関数 $\boldsymbol{r}_1$, $\boldsymbol{r}_2$ について，$\dfrac{d}{dt}(\boldsymbol{r}_1\cdot\boldsymbol{r}_2)$ と $\dfrac{d}{dt}(\boldsymbol{r}_1\times\boldsymbol{r}_2)$ を求めよ．

(1)　$\boldsymbol{r}_1(t)=t\,\boldsymbol{i}+t^2\,\boldsymbol{j}+t\,\boldsymbol{k}$, $\boldsymbol{r}_2(t)=\cos t\,\boldsymbol{i}+\sin t\,\boldsymbol{j}+\boldsymbol{k}$

(2)　$\boldsymbol{r}_1=t^3\,\boldsymbol{i}+t\,\boldsymbol{j}+t^2\,\boldsymbol{k}$, $\boldsymbol{r}_2(t)=e^t\,\boldsymbol{i}+e^{-t}\,\boldsymbol{j}$

9　3 点 A$(1,2,3)$, B$(3,0,-2)$, C$(5,-2,a)$ を頂点とする三角形の面積が $30\sqrt{2}$ となるように定数 a の値を求めよ．

第2章2.1節 演習問題C

10 次の問いに答えよ．

(1) スカラー関数 $\varphi(t)$ とベクトル関数 $\boldsymbol{A}(t)$, $\boldsymbol{B}(t)$ について，次が成り立つことを示せ．

$$\int \varphi(t)\frac{d\boldsymbol{A}(t)}{dt}\,dt = \varphi(t)\frac{d\boldsymbol{A}(t)}{dt} - \int \frac{d\varphi(t)}{dt}\boldsymbol{A}(t)\,dt$$

$$\int \boldsymbol{A}(t)\cdot\frac{d\boldsymbol{B}(t)}{dt}\,dt = \boldsymbol{A}(t)\cdot\boldsymbol{B}(t) - \int \frac{d\boldsymbol{A}(t)}{dt}\cdot\boldsymbol{B}(t)\,dt$$

$$\int \boldsymbol{A}(t)\times\frac{d\boldsymbol{B}(t)}{dt}\,dt = \boldsymbol{A}(t)\times\boldsymbol{B}(t) - \int \frac{d\boldsymbol{A}(t)}{dt}\times\boldsymbol{B}(t)\,dt$$

(2) スカラー関数とベクトル関数がそれぞれ

$$\varphi(t) = 2t+1, \quad \boldsymbol{A}(t) = \cos t\,\boldsymbol{i} + \sin t\,\boldsymbol{j} + 3\,\boldsymbol{k}$$

のとき，$\displaystyle\int \varphi(t)\frac{d\boldsymbol{A}(t)}{dt}\,dt$ を求めよ．

11 次の与えられたベクトル $\boldsymbol{a}$ と $\boldsymbol{b}$ の両方に垂直で大きさが1のベクトルを求めよ．

(1) $\boldsymbol{a} = 2\,\boldsymbol{i} - \boldsymbol{j} + 2\,\boldsymbol{k}, \boldsymbol{b} = 3\boldsymbol{j} + 4\,\boldsymbol{k}$

(2) $\boldsymbol{a} = 2\,\boldsymbol{i} + \boldsymbol{j} + 5\,\boldsymbol{k}, \boldsymbol{b} = 3\,\boldsymbol{i} + 4\boldsymbol{j} - 2\,\boldsymbol{k}$

(3) $\boldsymbol{a} = \boldsymbol{i} + \boldsymbol{j} - 4\,\boldsymbol{k}, \boldsymbol{b} = 5\,\boldsymbol{i} + 2\,\boldsymbol{k}$

12 次の与えられた3つのベクトル $\boldsymbol{a}$, $\boldsymbol{b}$, $\boldsymbol{c}$ について，$\boldsymbol{c}$ の $\boldsymbol{a}\times\boldsymbol{b}$ への正射影を求めよ．

(1) $\boldsymbol{a} = \boldsymbol{i} - 2\boldsymbol{j},\ \boldsymbol{b} = \boldsymbol{i} + 2\boldsymbol{j} + 3\,\boldsymbol{k},\ \boldsymbol{c} = -\boldsymbol{i} + 3\boldsymbol{j} + 2\,\boldsymbol{k}$

(2) $\boldsymbol{a} = 4\,\boldsymbol{i} + \boldsymbol{j} + \boldsymbol{k},\ \boldsymbol{b} = 3\boldsymbol{j} - \boldsymbol{k},\ \boldsymbol{c} = 2\,\boldsymbol{i} + \boldsymbol{j} - \boldsymbol{k}$

(3) $\boldsymbol{a} = \boldsymbol{i} + 5\boldsymbol{j} - \boldsymbol{k},\ \boldsymbol{b} = 3\,\boldsymbol{i} - 2\boldsymbol{j} + \boldsymbol{k},\ \boldsymbol{c} = 3\,\boldsymbol{i} + 2\boldsymbol{j}$

13 次の4点を頂点にもつ三角錐の体積を，外積を用いて求めよ．

$$\text{原点},\ \mathrm{A}(1,-1,2),\ \mathrm{B}(-1,5,1),\ \mathrm{C}(2,7,4)$$

2.2 スカラー場・ベクトル場と積分公式

この節では，スカラー場，ベクトル場の演算について学び，重要な積分公式を与えていく．

スカラー場・ベクトル場　空間内の点集合 D の各点に実数 φ が対応しているとき，D において**スカラー場**（ば） φ が定義されたという．D を φ の**定義域**（ていぎいき）という．温度や質量，電位などの分布はスカラー場である．

定義域 D の各点に対して，ベクトルが対応しているとき，**ベクトル場**（ば） $\boldsymbol{A}$ が定義されたという．例えば，重力場や流体の速度，電場などはベクトル場である．

スカラー場 $\varphi(x, y, z)$ について

$$\nabla\varphi\ (= \mathrm{grad}\,\varphi) = \frac{\partial\varphi}{\partial x}\boldsymbol{i} + \frac{\partial\varphi}{\partial y}\boldsymbol{j} + \frac{\partial\varphi}{\partial z}\boldsymbol{k}$$

によって定義されるベクトル場 $\nabla\varphi$ をスカラー場 φ の**勾配**（こうばい）という．

$\nabla = \boldsymbol{i}\dfrac{\partial}{\partial x} + \boldsymbol{j}\dfrac{\partial}{\partial y} + \boldsymbol{k}\dfrac{\partial}{\partial z}$ を**ハミルトン演算子**（えんざんし）（ナブラとよむ）という．$\nabla\varphi$ はベクトル ∇ とスカラー φ の形式的な積といえる．

点 P における φ の勾配を，$(\nabla\varphi)_{\mathrm{P}} = \left(\dfrac{\partial\varphi}{\partial x}\Big|_{\mathrm{P}}, \dfrac{\partial\varphi}{\partial y}\Big|_{\mathrm{P}}, \dfrac{\partial\varphi}{\partial z}\Big|_{\mathrm{P}}\right)$ で表す．

例 2.7　スカラー場 $\varphi = x^2 + y^2 + z^2$ について

$$\nabla\varphi = \boldsymbol{i}\frac{\partial}{\partial x}(x^2+y^2+z^2) + \boldsymbol{j}\frac{\partial}{\partial y}(x^2+y^2+z^2) + \boldsymbol{k}\frac{\partial}{\partial z}(x^2+y^2+z^2)$$

$$= 2x\,\boldsymbol{i} + 2y\,\boldsymbol{j} + 2z\,\boldsymbol{k} = (2x, 2y, 2z)$$

点 $\mathrm{P}(3, -1, 2)$ における φ の勾配は

$$(\nabla\varphi)_{\mathrm{P}} = 6\,\boldsymbol{i} - 2\,\boldsymbol{j} + 4\,\boldsymbol{k} = (6, -2, 4)$$ ■

Let's TRY

問 2.12　スカラー場 $\varphi = xy^2 + 3z^2$ について，次を求めよ．

(1) $\nabla\varphi$　　(2) 点 $\mathrm{P}(1, 2, -1)$ における φ の勾配

勾配について，次が成り立つ．

2.9 勾配

スカラー場 φ, ψ について，次が成り立つ．

(1) $\nabla(\varphi+\psi)=\nabla\varphi+\nabla\psi$

(2) $\nabla(c\varphi)=c\nabla\varphi$ （c は実数）

(3) $\nabla(\varphi\psi)=(\nabla\varphi)\psi+\varphi(\nabla\psi)$

(4) $\nabla\left(\dfrac{\varphi}{\psi}\right)=\dfrac{(\nabla\varphi)\psi-\varphi(\nabla\psi)}{\psi^2}$

(5) $\nabla f(\varphi)=f'(\varphi)\nabla\varphi$ （f はスカラー関数）

証明 (3) を示そう．

$\dfrac{\partial}{\partial x}(\varphi\psi)=\dfrac{\partial\varphi}{\partial x}\psi+\varphi\dfrac{\partial\psi}{\partial x}$ $\left(\dfrac{\partial}{\partial y}(\varphi\psi), \dfrac{\partial}{\partial z}(\varphi\psi)\text{ も同様}\right)$ であるから

$$\begin{aligned}\nabla(\varphi\psi)&=\left(\frac{\partial\varphi}{\partial x}\psi+\varphi\frac{\partial\psi}{\partial x},\ \frac{\partial\varphi}{\partial y}\psi+\varphi\frac{\partial\psi}{\partial y},\ \frac{\partial\varphi}{\partial z}\psi+\varphi\frac{\partial\psi}{\partial z}\right)\\&=\left(\frac{\partial\varphi}{\partial x},\frac{\partial\varphi}{\partial y},\frac{\partial\varphi}{\partial z}\right)\psi+\varphi\left(\frac{\partial\psi}{\partial x},\frac{\partial\psi}{\partial y},\frac{\partial\psi}{\partial z}\right)\\&=(\nabla\varphi)\psi+\varphi(\nabla\psi)\end{aligned}$$

■

Let's TRY

問 2.13 2.9 の (1), (2), (4), (5) を証明せよ．

等位面 スカラー場 $\varphi(x,y,z)$ について，$\nabla\varphi\neq\mathbf{0}$ とする．このとき

$$\varphi(x,y,z)=c \quad (c\text{ は定数})$$

は曲面 S を表す．これを φ の**等位面**（とういめん）という．c の値をいろいろ変えると，等位面の群をなす．これを φ の**等位面群**（とういめんぐん）という．$\nabla\varphi$ について，次が成り立つ．

2.10 等位面の性質

点 P を通る等位面を $\varphi(x,y,z)=c$ とすると，$\nabla\varphi$ は，この等位面の各点で等位面に垂直である．

証明　曲面上の点 P を通る任意の曲線を $\boldsymbol{r}(t) = x(t)\boldsymbol{i} + y(t)\boldsymbol{j} + z(t)\boldsymbol{k}$ とすると，$\varphi(x(t), y(t), z(t)) = c$ である．この両辺を t で微分すると

$$\frac{\partial\varphi}{\partial x}\frac{dx}{dt} + \frac{\partial\varphi}{\partial y}\frac{dy}{dt} + \frac{\partial\varphi}{\partial z}\frac{dz}{dt} = 0$$

を得る．したがって，$\nabla\varphi \cdot \dfrac{d\boldsymbol{r}}{dt} = 0 \Leftrightarrow \nabla\varphi \perp \dfrac{d\boldsymbol{r}}{dt}$ となり，$(\nabla\varphi)_{\mathrm{P}}$ は点 P における接線ベクトルに垂直である．

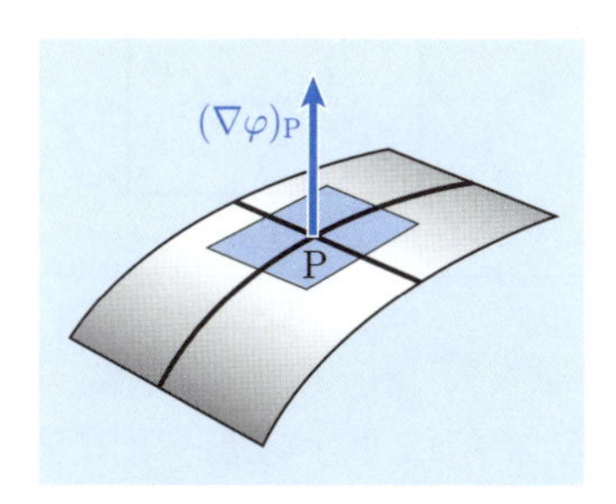

■

発散・回転　ある定義域上のベクトル場 $\boldsymbol{A} = a_x\,\boldsymbol{i} + a_y\,\boldsymbol{j} + a_z\,\boldsymbol{k}$ に対して，次のような形式的な内積 $\nabla \cdot \boldsymbol{A}$ をベクトル場 $\boldsymbol{A}$ の**発散**（はっさん）といい，$\mathrm{div}\,\boldsymbol{A}$ で表す．

$$\mathrm{div}\,\boldsymbol{A} = \nabla \cdot \boldsymbol{A} = \frac{\partial}{\partial x}a_x + \frac{\partial}{\partial y}a_y + \frac{\partial}{\partial z}a_z$$

■**注意**　$\mathrm{div}\,\boldsymbol{A}$ の div は，発散という意味の英語 divergence に由来する．

発散はスカラーであり，その物理的意味は流体の湧き出す度合いを表している．

$\mathrm{div}\,\boldsymbol{A} > 0$	$\mathrm{div}\,\boldsymbol{A} = 0$	$\mathrm{div}\,\boldsymbol{A} < 0$
湧き出しあり	湧き出しなし	吸い込みあり

流体内の微小な立体の単位時間あたりの湧き出す量 ΔU をみてみよう．図のように，点 P を頂点にもち，各辺の長さが $\Delta x, \Delta y, \Delta z$ の微小な直方体を考える．

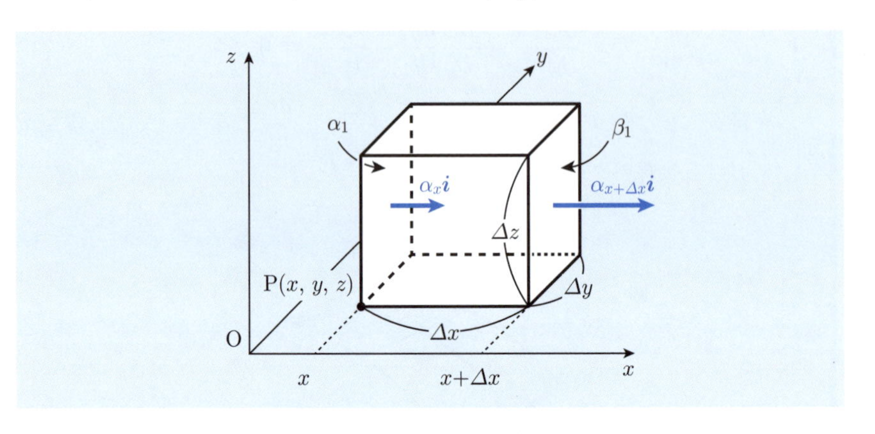

直方体の各面は3つの座標平面に平行で，yz 平面に平行な面をそれぞれ α_1, β_1，zx 平面（xy 平面）に平行な面をそれぞれ α_2, β_2（α_3, β_3）とする．流体の速度を $\boldsymbol{A} = a_x\,\boldsymbol{i} + a_y\,\boldsymbol{j} + a_z\,\boldsymbol{k}$ とする．このとき，面 α_i, β_i（$i = 1, 2, 3$）からの湧き出す量 ΔU_i（$i = 1, 2, 3$）は

$$\begin{aligned}\Delta U_1 &= \{a_x(x + \Delta x, y, z) - a_x(x, y, z)\}\,\Delta y \Delta z \\ &= \frac{a_x(x + \Delta x, y, z) - a_x(x, y, z)}{\Delta x}\Delta x \Delta y \Delta z \\ &\fallingdotseq \frac{\partial a_x}{\partial x}\Delta x \Delta y \Delta z \quad (\Delta x \Delta y \Delta z \text{ は直方体の体積})\end{aligned}$$

と近似できる．同様に

$$\Delta U_2 \fallingdotseq \frac{\partial a_y}{\partial y}\Delta x \Delta y \Delta z, \quad \Delta U_3 \fallingdotseq \frac{\partial a_z}{\partial z}\Delta x \Delta y \Delta z$$

であるから，湧き出し量 ΔU は

$$\begin{aligned}\Delta U &= \Delta U_1 + \Delta U_2 + \Delta U_3 \\ &= \left(\frac{\partial a_x}{\partial x} + \frac{\partial a_y}{\partial y} + \frac{\partial a_z}{\partial z}\right)\Delta x \Delta y \Delta z \\ &= (\mathrm{div}\,\boldsymbol{A})\Delta x \Delta y \Delta z\end{aligned}$$

↑ $\boldsymbol{A}$ の発散

となる．

ベクトル場 $\boldsymbol{A} = a_x \boldsymbol{i} + a_y \boldsymbol{j} + a_z \boldsymbol{k}$ に対して，次のような形式的な外積 $\nabla \times \boldsymbol{A}$ をベクトル場 $\boldsymbol{A}$ の**回転**（かいてん）といい，rot $\boldsymbol{A}$ で表す．

$$\begin{aligned}\mathrm{rot}\ \boldsymbol{A} &= \nabla \times \boldsymbol{A} \\ &= \left(\frac{\partial}{\partial y}a_z - \frac{\partial}{\partial z}a_y\right)\boldsymbol{i} + \left(\frac{\partial}{\partial z}a_x - \frac{\partial}{\partial x}a_z\right)\boldsymbol{j} + \left(\frac{\partial}{\partial x}a_y - \frac{\partial}{\partial y}a_x\right)\boldsymbol{k} \\ &= \begin{vmatrix} \boldsymbol{i} & \boldsymbol{j} & \boldsymbol{k} \\ \frac{\partial}{\partial x} & \frac{\partial}{\partial y} & \frac{\partial}{\partial z} \\ a_x & a_y & a_z \end{vmatrix}\end{aligned}$$

■**注意**　rot $\boldsymbol{A}$ の rot は，回転という意味の英語 rotation に由来する．curl $\boldsymbol{A}$ と表すこともある．

2.11　［定義］発散・回転

ベクトル場 $\boldsymbol{A} = a_x \boldsymbol{i} + a_y \boldsymbol{j} + a_z \boldsymbol{k}$ について，

発散：　$\mathrm{div}\ \boldsymbol{A} = \nabla \cdot \boldsymbol{A} = \frac{\partial}{\partial x}a_x + \frac{\partial}{\partial y}a_y + \frac{\partial}{\partial z}a_z$

回転：　$\mathrm{rot}\ \boldsymbol{A} = \nabla \times \boldsymbol{A} = \begin{vmatrix} \boldsymbol{i} & \boldsymbol{j} & \boldsymbol{k} \\ \frac{\partial}{\partial x} & \frac{\partial}{\partial y} & \frac{\partial}{\partial z} \\ a_x & a_y & a_z \end{vmatrix}$

例題 2.5　次のベクトル場について，発散と回転を求めよ．

$$\boldsymbol{A} = xz^2\,\boldsymbol{i} - 3yz\,\boldsymbol{j} + 5z^2y\,\boldsymbol{k}$$

解　発散：$\mathrm{div}\ \boldsymbol{A} = \frac{\partial}{\partial x}xz^2 + \frac{\partial}{\partial y}(-3yz) + \frac{\partial}{\partial z}5z^2y = z^2 - 3z + 10yz$

回転：$\frac{\partial}{\partial y}5z^2y - \frac{\partial}{\partial z}(-3yz) = 5z^2 - (-3y) = 5z^2 + 3y$

$\frac{\partial}{\partial z}xz^2 - \frac{\partial}{\partial x}5z^2y = 2zx$, $\frac{\partial}{\partial x}(-3yz) - \frac{\partial}{\partial y}xz^2 = 0$ より

$$\mathrm{rot}\ \boldsymbol{A} = \begin{vmatrix} \boldsymbol{i} & \boldsymbol{j} & \boldsymbol{k} \\ \frac{\partial}{\partial x} & \frac{\partial}{\partial y} & \frac{\partial}{\partial z} \\ xz^2 & -3yz & 5z^2y \end{vmatrix} = (5z^2 + 3y)\boldsymbol{i} + 2zx\,\boldsymbol{j}$$

■

Let's TRY

問 2.14　次のベクトル場について，発散と回転を求めよ．

(1)　$\boldsymbol{A} = y^2 z\,\boldsymbol{i} + 2zx\,\boldsymbol{j} - 3xy\,\boldsymbol{k}$

(2)　$\boldsymbol{A} = x^2\,\boldsymbol{i} + y^2\,\boldsymbol{j} + z^2\,\boldsymbol{k}$

(3)　$\boldsymbol{A} = z\,\boldsymbol{i} + x\,\boldsymbol{j} + y\,\boldsymbol{k}$

2.12　発散の公式

ベクトル場 $\boldsymbol{A}, \boldsymbol{B}$ について

(1)　$\nabla \cdot (\boldsymbol{A} + \boldsymbol{B}) = \nabla \cdot \boldsymbol{A} + \nabla \cdot \boldsymbol{B}$

(2)　$\nabla \cdot (c\,\boldsymbol{A}) = c\nabla \cdot \boldsymbol{A}$　（c は実数）

(3)　$\nabla \cdot (\varphi\,\boldsymbol{A}) = (\nabla\varphi) \cdot \boldsymbol{A} + \varphi(\nabla \cdot \boldsymbol{A})$　（φ はスカラー場）

証明　ベクトル場 $\boldsymbol{A} = a_x\,\boldsymbol{i} + a_y\,\boldsymbol{j} + a_z\,\boldsymbol{k}$ について，(3) が成り立つことを示す．

$$
\begin{aligned}
(\text{左辺}) &= \nabla \cdot (\varphi \boldsymbol{A}) = \left(\boldsymbol{i}\,\frac{\partial}{\partial x} + \boldsymbol{j}\,\frac{\partial}{\partial y} + \boldsymbol{k}\,\frac{\partial}{\partial z}\right) \cdot (\varphi \boldsymbol{A}) \\
&= \frac{\partial}{\partial x}(\varphi a_x) + \frac{\partial}{\partial y}(\varphi a_y) + \frac{\partial}{\partial z}(\varphi a_z) \\
&= \left(\frac{\partial \varphi}{\partial x}a_x + \varphi\frac{\partial a_x}{\partial x}\right) + \left(\frac{\partial \varphi}{\partial y}a_y + \varphi\frac{\partial a_y}{\partial y}\right) + \left(\frac{\partial \varphi}{\partial z}a_z + \varphi\frac{\partial a_z}{\partial z}\right) \\
&= \left(\frac{\partial \varphi}{\partial x}a_x + \frac{\partial \varphi}{\partial y}a_y + \frac{\partial \varphi}{\partial z}a_z\right) + \left(\varphi\frac{\partial a_x}{\partial x} + \varphi\frac{\partial a_y}{\partial y} + \varphi\frac{\partial a_z}{\partial z}\right) \\
&= (\nabla\varphi) \cdot \boldsymbol{A} + \varphi(\nabla \cdot \boldsymbol{A}) = (\text{右辺})
\end{aligned}
$$

■

Let's TRY

問 2.15　2.12 の (1), (2) を証明せよ．

2.13　回転の公式

ベクトル場 $\boldsymbol{A}, \boldsymbol{B}$ について

(1)　$\nabla \times (\boldsymbol{A} + \boldsymbol{B}) = \nabla \times \boldsymbol{A} + \nabla \times \boldsymbol{B}$

(2)　$\nabla \times (c\,\boldsymbol{A}) = c\nabla \times \boldsymbol{A}$　（c は実数）

(3)　$\nabla \times (\varphi\,\boldsymbol{A}) = \varphi(\nabla \times \boldsymbol{A}) + (\nabla\varphi) \times \boldsymbol{A}$　（φ はスカラー場）

証明 ベクトル場 $\boldsymbol{A} = a_x\boldsymbol{i} + a_y\boldsymbol{j} + a_z\boldsymbol{k}$ について，(3) が成り立つことを示す．

$$(\text{左辺}) = \nabla\times(\varphi\boldsymbol{A}) = \begin{vmatrix} \boldsymbol{i} & \boldsymbol{j} & \boldsymbol{k} \\ \dfrac{\partial}{\partial x} & \dfrac{\partial}{\partial y} & \dfrac{\partial}{\partial z} \\ \varphi a_x & \varphi a_y & \varphi a_z \end{vmatrix}$$

$$= \left(\frac{\partial\varphi a_z}{\partial y} - \frac{\partial\varphi a_y}{\partial z}\right)\boldsymbol{i} + \left(\frac{\partial\varphi a_x}{\partial z} - \frac{\partial\varphi a_z}{\partial x}\right)\boldsymbol{j} + \left(\frac{\partial\varphi a_y}{\partial x} - \frac{\partial\varphi a_x}{\partial y}\right)\boldsymbol{k}$$

$$= \varphi\left(\frac{\partial a_z}{\partial y} - \frac{\partial a_y}{\partial z}\right)\boldsymbol{i} + \varphi\left(\frac{\partial a_x}{\partial z} - \frac{\partial a_z}{\partial x}\right)\boldsymbol{j} + \varphi\left(\frac{\partial a_y}{\partial x} - \frac{\partial a_x}{\partial y}\right)\boldsymbol{k}$$

$$+ \left(\frac{\partial\varphi}{\partial y}a_z - \frac{\partial\varphi}{\partial z}a_y\right)\boldsymbol{i} + \left(\frac{\partial\varphi}{\partial z}a_x - \frac{\partial\varphi}{\partial x}a_z\right)\boldsymbol{j} + \left(\frac{\partial\varphi}{\partial x}a_y - \frac{\partial\varphi}{\partial y}a_x\right)\boldsymbol{k}$$

$$= \varphi(\nabla\times\boldsymbol{A}) + (\nabla\varphi)\times\boldsymbol{A} = (\text{右辺})$$

■

Let's TRY

問 2.16 **2.13** の (1), (2) を証明せよ．

スカラー場 φ に対して，$\nabla\varphi$ の発散 $\mathrm{div}(\nabla\varphi) = \nabla\cdot(\nabla\varphi)$ について考えよう．

$$\nabla\cdot(\nabla\varphi) = \left(\boldsymbol{i}\frac{\partial}{\partial x} + \boldsymbol{j}\frac{\partial}{\partial y} + \boldsymbol{k}\frac{\partial}{\partial z}\right)\cdot\left(\frac{\partial\varphi}{\partial x}\boldsymbol{i} + \frac{\partial\varphi}{\partial y}\boldsymbol{j} + \frac{\partial\varphi}{\partial z}\boldsymbol{k}\right)$$

$$= \frac{\partial^2\varphi}{\partial x^2} + \frac{\partial^2\varphi}{\partial y^2} + \frac{\partial^2\varphi}{\partial z^2}$$

ここで内積 $\nabla\cdot\nabla$ を形式的に ∇^2 で表し，$\nabla^2 = \dfrac{\partial^2}{\partial x^2} + \dfrac{\partial^2}{\partial y^2} + \dfrac{\partial^2}{\partial z^2}$ とおくと

$$\nabla\cdot(\nabla\varphi) = \nabla^2\varphi = \frac{\partial^2\varphi}{\partial x^2} + \frac{\partial^2\varphi}{\partial y^2} + \frac{\partial^2\varphi}{\partial z^2}$$

となる．∇^2 を**ラプラシアン**という．Δ で表すこともある．

$$\nabla^2\varphi = \frac{\partial^2\varphi}{\partial x^2} + \frac{\partial^2\varphi}{\partial y^2} + \frac{\partial^2\varphi}{\partial z^2} = 0$$

を**ラプラスの方程式**(ほうていしき)という．

また，この方程式 $\nabla^2\varphi = 0$ を満たすとき，関数 φ を**調和関数**(ちょうわかんすう)という．

例 2.8 スカラー場 $\varphi = 3xy^2z + yz^2$ について

$$\frac{\partial\varphi}{\partial x} = 3y^2z, \quad \frac{\partial\varphi}{\partial y} = 6xyz + z^2, \quad \frac{\partial\varphi}{\partial z} = 3xy^2 + 2yz$$

であるから

$$\frac{\partial^2\varphi}{\partial x^2} = 0, \quad \frac{\partial^2\varphi}{\partial y^2} = 6xz, \quad \frac{\partial^2\varphi}{\partial z^2} = 2y$$

$$\therefore \quad \nabla^2\varphi = 6xz + 2y$$

■

Let's TRY

問 2.17 スカラー場 $\varphi = x^3y^2z - 2xyz$ について，$\nabla^2\varphi$ を求めよ．

スカラー場の線積分 スカラー場 φ が定義されている定義域 D 内の曲線 C を考える．

$$曲線\ C : \boldsymbol{r} = \boldsymbol{r}(t) = x(t)\boldsymbol{i} + y(t)\boldsymbol{j} + z(t)\boldsymbol{k} \quad (a \leqq t \leqq b)$$

上の点 A を始点，点 B を終点とし，図のように $\mathrm{A} = \mathrm{P}_0, \mathrm{P}_1, \ldots, \mathrm{B} = \mathrm{P}_n$ によって，C を n 個に分割する．

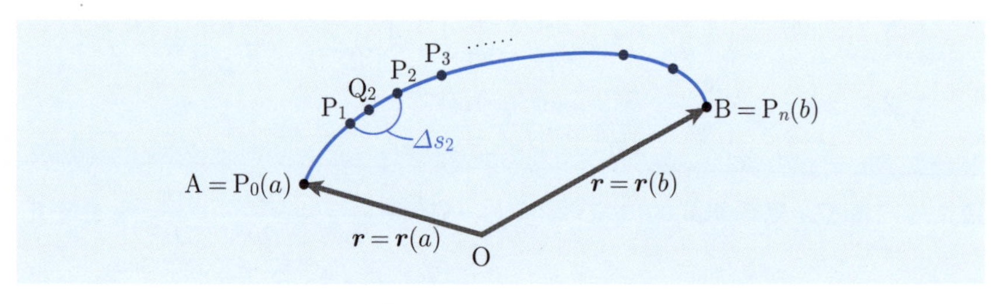

$1 \leqq i \leqq n$ に対して，弧 $\overset{\frown}{\mathrm{P}_{i-1}\mathrm{P}_i}$ の長さを Δs_i, P_{i-1}, P_i 間の任意の点を Q_i とする．このとき，$\displaystyle\lim_{n\to\infty}\sum_{i=1}^{n}\varphi(\mathrm{Q}_i)\Delta s_i$ の極限値が存在するとき，この極限値を**曲線(きょくせん) C に沿(そ)うスカラー場(ば) φ の線積分(せんせきぶん)**といい，$\displaystyle\int_C \varphi\, ds$ で表す．**2.8** より，次が成り立つ．

積 $\varphi(\mathrm{Q}_i)\Delta s_i$ について $\Delta s_i \to 0$ となるように，$n \to \infty$ とすることを考える．

2.14 スカラー場の線積分

曲線 $C : \boldsymbol{r} = \boldsymbol{r}(t)$ $(a \leqq t \leqq b)$ に沿うスカラー場 φ の線積分は

$$\int_C \varphi\, ds = \int_a^b \varphi \frac{ds}{dt}\, dt = \int_a^b \varphi \left| \frac{d\boldsymbol{r}}{dt} \right| dt = \int_a^b \varphi \sqrt{\left(\frac{dx}{dt}\right)^2 + \left(\frac{dy}{dt}\right)^2 + \left(\frac{dz}{dt}\right)^2}\, dt$$

特に $\varphi = 1$ のとき，これは曲線 C の長さとなる．

■注意　$\displaystyle\lim_{n\to\infty} \sum_{i=1}^{n} \varphi(\mathrm{Q}_i) \Delta s_i$ について，Δs_i のところを，$\Delta x_i = x_i - x_{i-1}$ ととることにより，曲線 C に沿う x 成分に関するスカラー場 φ の線積分 $\displaystyle\int_C \varphi\, dx$ を定義することができ，次のように計算される：$\displaystyle\int_C \varphi\, dx = \int_a^b \varphi\Big(x(t), y(t), z(t)\Big) \frac{dx}{dt}\, dt$

y 成分に関する線積分 $\displaystyle\int_C \varphi\, dy$，$z$ 成分に関する線積分 $\displaystyle\int_C \varphi\, dz$ も同様である．

例題 2.6　曲線 $C : \boldsymbol{r} = \boldsymbol{r}(t) = (t, 2, 0)$ $(0 \leqq t \leqq 1)$ に沿う次の線積分の値を求めよ．

$$\int_C (x^2 + y)\, ds$$

解　$\displaystyle\frac{ds}{dt} = \left| \frac{d\boldsymbol{r}}{dt} \right| = \sqrt{1+0+0} = 1$ より

$$\int_C (x^2 + y)\, ds = \int_0^1 (t^2 + 2)\, dt = \left[\frac{1}{3} t^3 + 2t \right]_0^1 = \frac{7}{3}$$

■

Let's TRY

問 2.18　曲線 $C : \boldsymbol{r} = \boldsymbol{r}(t) = (\cos t, \sin t, t)$ $(0 \leqq t \leqq 2\pi)$ に沿う次の線積分の値を求めよ．

$$\int_C (xy + 2z)\, ds$$

図のように，2 つの曲線 C_1, C_2 をつなげてできる 1 つの曲線を $C_1 + C_2$ で表し，曲線 C について，逆向きの曲線を $-C$ で表すと，次が成り立つ．

$$\int_{C_1+C_2} \varphi\, ds = \int_{C_1} \varphi\, ds + \int_{C_2} \varphi\, ds, \qquad \int_{-C} \varphi\, ds = \int_C \varphi\, ds$$

↑C の向きに関係ないことに注意．

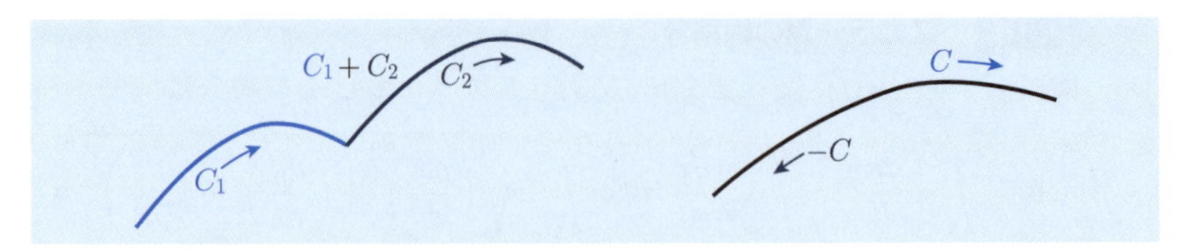

また，x 成分（y または z）に関する線積分については

負号に注意

$$\int_{C_1+C_2}\varphi\,dx=\int_{C_1}\varphi\,dx+\int_{C_2}\varphi\,dx,\quad \int_{-C}\varphi\,dx=-\int_{C}\varphi\,dx$$

が成り立つ．このことは後で登場するグリーンの定理（p.79 参照）で用いる．

例題 2.7　原点 O(0, 0, 0), A(1, 0, 0), B(1, 1, 0) によってできる折れ線 C に沿う次の線積分の値を求めよ．

$$\int_C (xy+z)\,ds$$

解　線分 OA を C_1，AB を C_2 とする．

y　B(1, 1, 0)　C_2　C_1　O　A(1, 0, 0)　x

※ z軸を省略

$C_1:(t,0,0)$（$0\leqq t\leqq 1$）と表せて

$\dfrac{ds}{dt}=\left|\dfrac{d\boldsymbol{r}}{dt}\right|=\sqrt{1+0+0}=1$ である．

よって $\displaystyle\int_{C_1}(xy+z)\,ds=0$

$C_2:(1,t,0)$（$0\leqq t\leqq 1$）と表せて

$\dfrac{ds}{dt}=\left|\dfrac{d\boldsymbol{r}}{dt}\right|=\sqrt{0+1+0}=1$ である．

よって $\displaystyle\int_{C_2}(xy+z)\,ds=\int_0^1 t\,dt=\left[\frac{1}{2}t^2\right]_0^1=\frac{1}{2}$

ゆえに $\displaystyle\int_C (xy+z)\,ds=\int_{C_1}(xy+z)\,ds+\int_{C_2}(xy+z)\,ds=0+\frac{1}{2}=\frac{1}{2}$　■

Let's TRY

問 2.19　原点 O(0, 0, 0), A(1, 0, 0), B(1, 1, 1) によってできる折れ線 C に沿う線積分 $\displaystyle\int_C (xy+yz+zx)\,ds$ の値を求めよ．

ベクトル場の線積分　重力場や電場など，力の場がする仕事量の計算には線積分が用いられる．ベクトル場 $\boldsymbol{A} = a_x\,\boldsymbol{i} + a_y\,\boldsymbol{j} + a_z\,\boldsymbol{k}$ 内の曲線 $C : \boldsymbol{r} = \boldsymbol{r}(t) = x(t)\,\boldsymbol{i} + y(t)\,\boldsymbol{j} + z(t)\,\boldsymbol{k}$ $(a \leqq t \leqq b)$ を考える．このとき**曲線**（きょくせん）C **に沿う**（そ）**ベクトル場**（ば）$\boldsymbol{A}$ **の線積分**（せんせきぶん）を

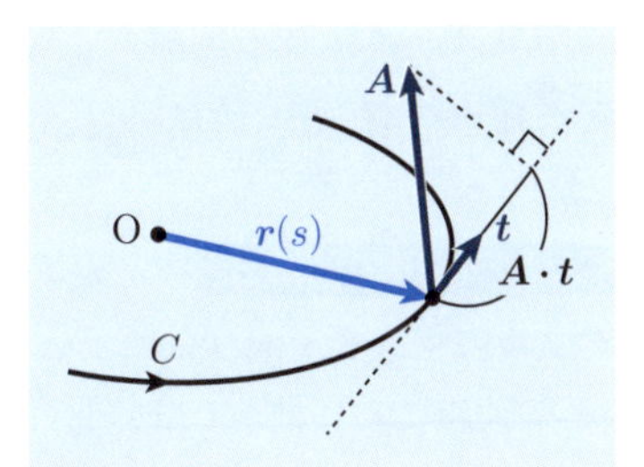

$$\int_C \boldsymbol{A} \cdot d\boldsymbol{r} = \int_a^b \boldsymbol{A} \cdot \frac{d\boldsymbol{r}}{dt} dt$$

で定義する．ここで単位接線ベクトル

$$\boldsymbol{t} = \frac{\frac{d\boldsymbol{r}}{dt}}{\left|\frac{d\boldsymbol{r}}{dt}\right|} = \frac{1}{\left|\frac{d\boldsymbol{r}}{dt}\right|}\left(\frac{dx(t)}{dt}\boldsymbol{i} + \frac{dy(t)}{dt}\boldsymbol{j} + \frac{dz(t)}{dt}\boldsymbol{k}\right)$$

と，$\dfrac{ds}{dt} = \left|\dfrac{d\boldsymbol{r}}{dt}\right|$ を用いると，$\displaystyle\int_C \boldsymbol{A} \cdot d\boldsymbol{r} = \int_C \boldsymbol{A} \cdot \boldsymbol{t}\, ds$ と表せる．

2 つの曲線 C_1, C_2 をつなげてできる 1 つの曲線を $C_1 + C_2$ で表し，曲線 C について，逆向きの曲線を $-C$ で表すと，ベクトル場の線積分について

$$\int_{C_1+C_2} \boldsymbol{A} \cdot d\boldsymbol{r} = \int_{C_1} \boldsymbol{A} \cdot d\boldsymbol{r} + \int_{C_2} \boldsymbol{A} \cdot d\boldsymbol{r}, \quad \int_{-C} \boldsymbol{A} \cdot d\boldsymbol{r} = -\int_C \boldsymbol{A} \cdot d\boldsymbol{r}$$

が成り立つ．また $\displaystyle\int_C \boldsymbol{A} \cdot d\boldsymbol{r} = \int_C (a_x\,\boldsymbol{i} + a_y\,\boldsymbol{j} + a_z\,\boldsymbol{k}) \cdot d\boldsymbol{r} = \int_C a_x dx + \int_C a_y dy + \int_C a_z dz$ が成り立つ．ここで $a_x = a_x(x, y, z)$（a_y, a_z も同様）である．

例題 2.8　曲線 $\boldsymbol{r} = \boldsymbol{r}(t) = (t, 2, 1-t)$（$0 \leqq t \leqq 1$）に沿うベクトル場 $\boldsymbol{A} = y\,\boldsymbol{i} + z\,\boldsymbol{j} - 3x\,\boldsymbol{k}$ の線積分の値を求めよ．

解　$\boldsymbol{A} = y\,\boldsymbol{i} + z\,\boldsymbol{j} - 3x\,\boldsymbol{k} = 2\,\boldsymbol{i} + (1-t)\boldsymbol{j} - 3t\,\boldsymbol{k}$, $\dfrac{d\boldsymbol{r}}{dt} = \boldsymbol{i} - \boldsymbol{k}$ より

$$\int_C \boldsymbol{A} \cdot \boldsymbol{t}\, ds = \int_C \boldsymbol{A} \cdot \frac{d\boldsymbol{r}}{dt}\, dt = \int_0^1 (2 + 3t)\, dt = \left[2t + \frac{3}{2}t^2\right]_0^1 = \frac{7}{2}$$ ■

Let's TRY

問 2.20　曲線 $\boldsymbol{r} = \boldsymbol{r}(t) = (\cos t, \sin t, 0)$（$0 \leqq t \leqq \pi$）に沿うベクトル場 $\boldsymbol{A} = -z\,\boldsymbol{i} + x\,\boldsymbol{j} + y\,\boldsymbol{k}$ の線積分の値を求めよ．

始点A，終点Bの曲線Cに沿って，質点Mが力$\boldsymbol{F}$を受けながら移動するときの仕事量Wは，線積分によって$W=\displaystyle\int_C \boldsymbol{F}\cdot d\boldsymbol{r}$と表される．

スカラー場の面積分　定義域D上のスカラー場をφとし，D内の曲面Sのベクトル方程式を$\boldsymbol{r}=\boldsymbol{r}(u,v)$とする．図のように，曲面$S$を多くの曲線群，$u$曲線，$v$曲線により細かく分割し，点$\mathrm{P}_1(u,v)$, $\mathrm{P}_2(u,v+\varDelta v)$, $\mathrm{P}_3(u+\varDelta u,v+\varDelta v)$, $\mathrm{P}_4(u+\varDelta u,v)$による微小な曲面$\mathrm{P}_1\mathrm{P}_2\mathrm{P}_3\mathrm{P}_4$を考える．$\mathrm{P}_1\mathrm{P}_2\mathrm{P}_3\mathrm{P}_4$の面積を$\varDelta S$とする．

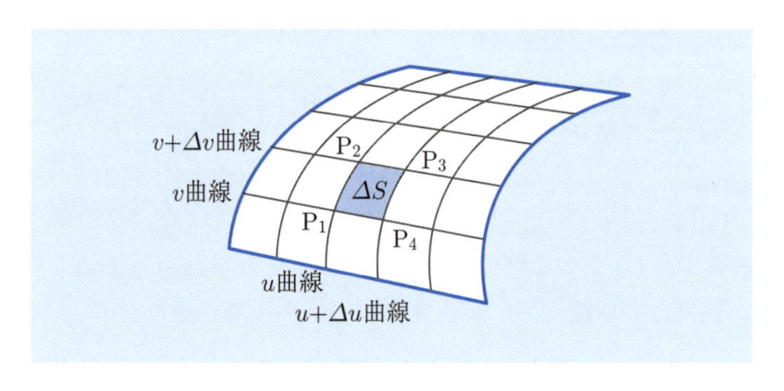

このとき十分小さい$\varDelta u$, $\varDelta v$を考えると，近似式

$$\overrightarrow{\mathrm{P}_1\mathrm{P}_4}=\boldsymbol{r}(u+\varDelta u,v)-\boldsymbol{r}(u,v)\fallingdotseq\frac{\partial\boldsymbol{r}}{\partial u}\varDelta u$$

$$\overrightarrow{\mathrm{P}_1\mathrm{P}_2}=\boldsymbol{r}(u,v+\varDelta v)-\boldsymbol{r}(u,v)\fallingdotseq\frac{\partial\boldsymbol{r}}{\partial v}\varDelta v$$

が成り立つ．したがって$\varDelta S\fallingdotseq\left|\overrightarrow{\mathrm{P}_1\mathrm{P}_4}\times\overrightarrow{\mathrm{P}_1\mathrm{P}_2}\right|=\left|\dfrac{\partial\boldsymbol{r}}{\partial u}\times\dfrac{\partial\boldsymbol{r}}{\partial v}\right|\varDelta u\varDelta v$となる．

↑（右図）平行四辺形の面積

$\displaystyle\iint_D\varphi\left|\frac{\partial\boldsymbol{r}}{\partial u}\times\frac{\partial\boldsymbol{r}}{\partial v}\right|dudv$をスカラー場$\varphi$の**曲面$S$に沿う面積分**といい，$\displaystyle\iint_S\varphi\,dS$で表す．特に$\varphi=1$のとき，これは曲面$S$の面積となる．

例題 2.9　曲面 $S : \boldsymbol{r} = \boldsymbol{r}(u, v) = (\cos u, \sin u, 2v)$ $(D : 0 \leqq u \leqq 2\pi,\ 0 \leqq v \leqq 5)$ について，次を求めよ．

(1)　曲面 S の面積

(2)　スカラー場 $\varphi = x + y + z$ の S に沿う面積分の値

解　(1)　$\dfrac{\partial \boldsymbol{r}}{\partial u} = (-\sin u, \cos u, 0)$, $\dfrac{\partial \boldsymbol{r}}{\partial v} = (0, 0, 2)$ より

$$\frac{\partial \boldsymbol{r}}{\partial u} \times \frac{\partial \boldsymbol{r}}{\partial v} = (2\cos u, 2\sin u, 0) \qquad \therefore \quad \left| \frac{\partial \boldsymbol{r}}{\partial u} \times \frac{\partial \boldsymbol{r}}{\partial v} \right| = 2$$

したがって，面積は

$$\iint_S dS = \iint_D 2\,dudv = \int_0^{2\pi} \left(\int_0^5 2\,dv \right) du = \int_0^{2\pi} \Big[2v \Big]_0^5 du$$

$$= \int_0^{2\pi} 10\,du = 10 \Big[u \Big]_0^{2\pi} = 20\pi$$

(2)　$$\iint_S \varphi\,dS = \iint_D 2(\cos u + \sin u + 2v)\,dudv$$

$$= 2\int_0^{2\pi} \Big[(\cos u + \sin u)v + v^2 \Big]_0^5 du = 2\int_0^{2\pi} \big\{ 5(\cos u + \sin u) + 25 \big\}\,du$$

$$= 2\Big[5(\sin u - \cos u) + 25u \Big]_0^{2\pi} = 100\pi$$

■

Let's TRY

問 2.21　曲面 $S : \boldsymbol{r} = \boldsymbol{r}(u, v) = (\cos u, \sin u, v)$ $(D : 0 \leqq u \leqq 2\pi,\ 0 \leqq v \leqq 4)$ について，次を求めよ．

(1)　曲面 S の面積　　(2)　スカラー場 $\varphi = x + 2y + 3z$ の S に沿う面積分の値

ベクトル場の面積分　曲面 $S : \boldsymbol{r} = \boldsymbol{r}(u, v)$ 上のベクトル場 $\boldsymbol{A}$ を考える．単位法線ベクトルを $\boldsymbol{n}$ とし，$\boldsymbol{n}$ は曲面 S 上の各点において，連続的に変化するものとする．また，図のような向きの単位法線ベクトルを外向きと決める．$\boldsymbol{A}$ の $\boldsymbol{n}$ への正射影を考えると，$\boldsymbol{A} \cdot \boldsymbol{n}$ は正射影の長さ

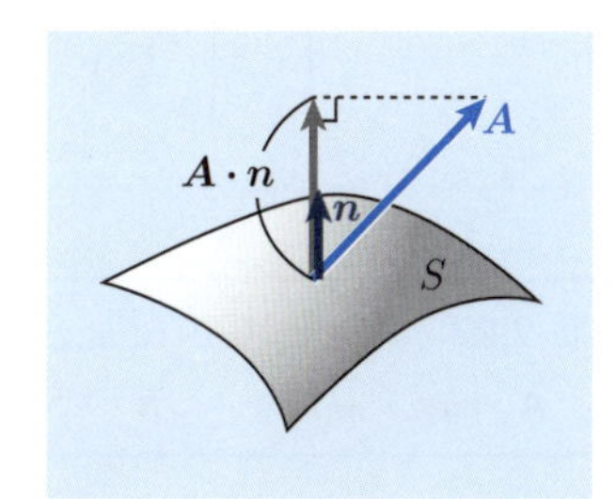

であり，スカラーとなる．このとき

$$\iint_S \boldsymbol{A}\cdot\boldsymbol{n}\,dS = \iint_D \boldsymbol{A}\cdot\boldsymbol{n}\left|\frac{\partial \boldsymbol{r}}{\partial u}\times\frac{\partial \boldsymbol{r}}{\partial v}\right| dudv$$
$$= \iint_D \boldsymbol{A}\cdot\left(\frac{\partial \boldsymbol{r}}{\partial u}\times\frac{\partial \boldsymbol{r}}{\partial v}\right) dudv$$

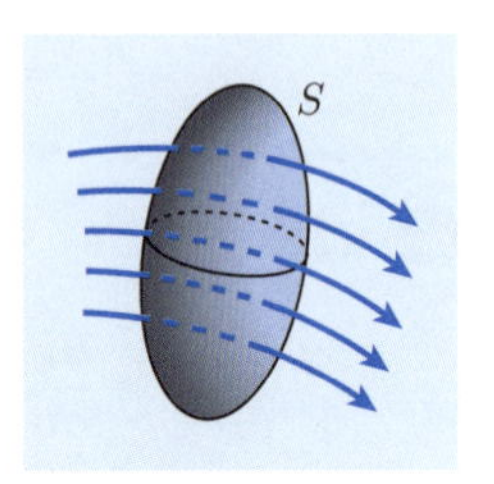

を**ベクトル場**(ば) $\boldsymbol{A}$ **の曲面**(きょくめん) S **に沿**(そ)**う面積分**(めんせきぶん)という．

面積分 $\iint_S \boldsymbol{A}\cdot\boldsymbol{n}\,dS$ は流体を考えると，曲面 S を通過する流体の総量と考えられる．

例題 2.10　曲面 $S : \boldsymbol{r} = \boldsymbol{r}(u, v) = (u, v, 1-u^2)$ $(D : 0 \leqq u \leqq 1,\ 0 \leqq v \leqq 4)$ について，S の単位法線ベクトル $\boldsymbol{n}$ は，外向きにとるとする．このときベクトル場 $\boldsymbol{A} = y\,\boldsymbol{i} + z\,\boldsymbol{j} - 3x\,\boldsymbol{k}$ の S に沿う面積分の値を求めよ．

解　$\dfrac{\partial \boldsymbol{r}}{\partial u} = (1, 0, -2u)$, $\dfrac{\partial \boldsymbol{r}}{\partial v} = (0, 1, 0)$ より

$$\frac{\partial \boldsymbol{r}}{\partial u}\times\frac{\partial \boldsymbol{r}}{\partial v} = (2u, 0, 1)$$

よって

$$\iint_S \boldsymbol{A}\cdot\boldsymbol{n}\,dS = \iint_D \boldsymbol{A}\cdot\left(\frac{\partial \boldsymbol{r}}{\partial u}\times\frac{\partial \boldsymbol{r}}{\partial v}\right) dudv$$
$$= \iint_D (v, 1-u^2, -3u)\cdot(2u, 0, 1)\,dudv$$
$$= \iint_D (2uv - 3u)\,dudv = \int_0^1 \left\{\int_0^4 (2uv-3u)\,dv\right\} du$$
$$= \int_0^1 \Big[uv^2 - 3uv\Big]_0^4 du = \int_0^1 4u\,du$$
$$= \Big[2u^2\Big]_0^1 = 2$$

■

Let's TRY

問 2.22　例題 2.10 の曲面 S，単位法線ベクトル $\boldsymbol{n}$ とする．このときベクトル場 $\boldsymbol{A} = xy\,\boldsymbol{i} + 2x\,\boldsymbol{j} + z\,\boldsymbol{k}$ の S に沿う面積分の値を求めよ．

グリーンの定理　図のような，単一閉曲線 C について，C で囲まれた領域を D とする．D を左側にみる向きを正の向きとする．

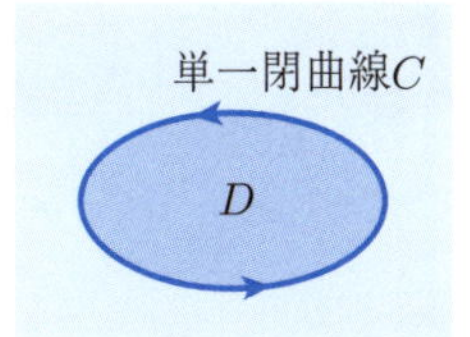

xy 平面上に，正の向きをもつ単一閉曲線 C を考え，C で囲まれた領域を D とする．このとき D で関数 $F(x,y)$, $G(x,y)$ が C^1 級であるならば，次が成り立つ．

$$\int_C (F\,dx + G\,dy) = \iint_D \left(\frac{\partial G}{\partial x} - \frac{\partial F}{\partial y}\right) dxdy$$

これを**グリーンの定理**(ていり)という．

証明　図のように，正の向きをもつ閉曲線 C を考える．閉曲線 C で囲まれた領域を D, 閉曲線 C をわけて $C_1 = \overset{\frown}{\mathrm{AB}}$, $C_2 = \overset{\frown}{\mathrm{BA}}$, $C_1 : y = f_1(x)$, $C_2 : y = f_2(x)$ $(a \leqq x \leqq b)$ とすると $C = C_1 + C_2$ である．

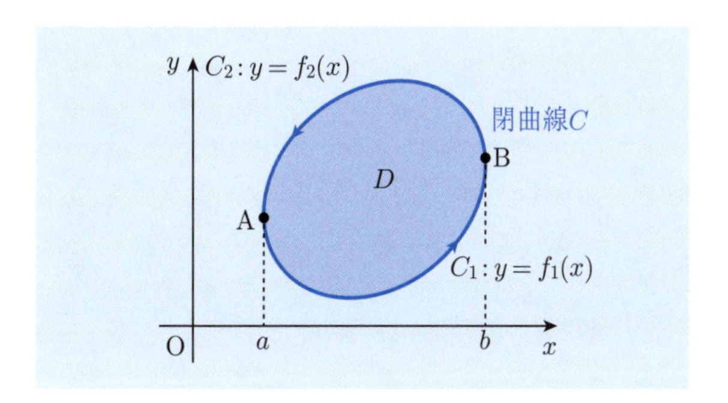

$$\iint_D \frac{\partial F}{\partial y}\,dxdy = \int_a^b \left(\int_{f_1(x)}^{f_2(x)} \frac{\partial F}{\partial y}\,dy\right) dx$$

$$= \int_a^b \Big[F(x,y)\Big]_{f_1(x)}^{f_2(x)} dx$$

$$= \int_a^b \{F(x, f_2(x)) - F(x, f_1(x))\}\,dx$$

$$= \int_a^b F\big(x, f_2(x)\big)\,dx - \int_a^b F\big(x, f_1(x)\big)\,dx$$

$$= -\int_b^a F\bigl(x, f_2(x)\bigr)\,dx - \int_a^b F\bigl(x, f_1(x)\bigr)\,dx$$

$$= -\int_{C_2} F\,dx - \int_{C_1} F\,dx$$

$$= -\int_C F\,dx$$

← $C = C_1 + C_2$ より $\int_C F\,dx = \int_{C_1} F\,dx + \int_{C_2} F\,dx$

$$\therefore \quad \int_C F\,dx = -\iint_D \frac{\partial F}{\partial y}\,dxdy \quad \cdots ①$$

同様にして，$\displaystyle\int_C G\,dy = \iint_D \frac{\partial G}{\partial x}\,dxdy \cdots$ ② も示せる．

したがって ①＋② より

$$\int_C (F\,dx + G\,dy) = \iint_D \left(\frac{\partial G}{\partial x} - \frac{\partial F}{\partial y}\right) dxdy$$

■

$\displaystyle\int_C \{(x^3 - y)\,dx + 2x^2\,dy\}$（$C : 0 \leqq x \leqq 2, 0 \leqq y \leqq 3$ の境界）を グリーンの定理を用いて計算すると

$$\int_C \{(x^3 - y)\,dx + 2x^2\,dy\}$$

$$= \iint_D (4x+1)\,dxdy = \int_0^2 \left\{\int_0^3 (4x+1)\,dy\right\} dx$$

$$= \int_0^2 \Bigl[(4x+1)y\Bigr]_0^3 dx = 3\Bigl[2x^2 + x\Bigr]_0^2 = 30$$

■

Let's TRY

問 2.23 グリーンの定理を用いて，次の線積分の値を求めよ．

$$\int_C \{(xy - y^2)\,dx + (x^2 + y)\,dy\} \quad (C : 0 \leqq x \leqq 1, x^2 \leqq y \leqq x \text{ の境界})$$

グリーンの定理により，線積分の値を面積分の計算により求めることができる．グリーンの定理は平面上における定理であったが，空間において，同様に考えたものが，次のガウスの発散定理である．

ベクトル場の体積分　スカラー場 φ の定義域内に立体 V を考える．立体 V は球面などのように閉じた曲面 S（これを**閉曲面**(へいきょくめん)という）に囲まれているとする．このとき

$$\iiint_V \varphi\, dV = \iiint_V \varphi\, dxdydz \quad (dV = dxdxydz)$$

を**スカラー場**(ば) φ **の** V **に沿**(そ)**う体積分**(たいせきぶん)という．特に $\varphi = 1$ のときは，立体 V の体積となる．

ガウスの発散定理　閉曲面 S に囲まれた立体 V を考える．S の単位法線ベクトル $\boldsymbol{n}$ の向きは，図のように外向きとする．

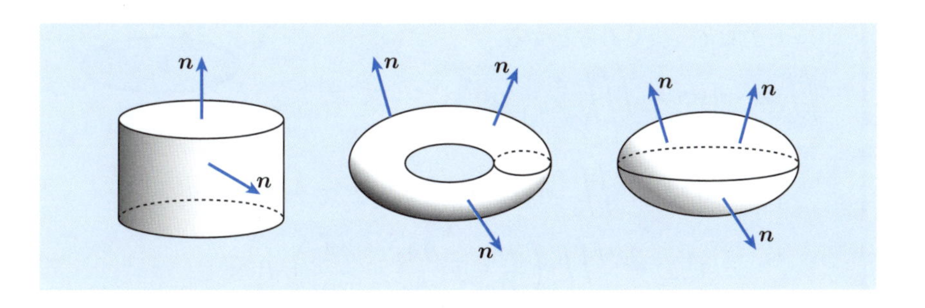

■**注意**　無限に続くようなフタのない円柱面は閉曲面ではない．

このとき立体 V を含む領域のベクトル場 $\boldsymbol{A}$ について，次が成り立つ．

$$\iint_S \boldsymbol{A} \cdot \boldsymbol{n}\, dS = \iiint_V \nabla \cdot \boldsymbol{A}\, dV \quad \cdots (*)$$

これを**ガウスの発散定理**(はっさんていり)という．

発散 $\nabla \cdot \boldsymbol{A}$ はスカラーであり，その物理的意味は，流体の湧き出す度合いであった．ガウスの発散定理は，ベクトル場 $\boldsymbol{A}$ を流体速度とすると，閉曲面 S を通過する流体の総量（$(*)$ の左辺）が，閉曲面の内部 V から湧き出す流体の総量（$(*)$ の右辺）に等しいことを意味している．

証明　閉曲面 S に囲まれた図のような立体 V を考える．つまり，z 軸に平行な直線は閉曲面 S とちょうど2点で交わる場合について示そう．

S は，図のように，3つの曲面 S_1, S_2, S_3 からなるとする．$\boldsymbol{A} = \bigl(A_1(x,y,z), A_2(x,y,z), A_3(x,y,z)\bigr)$ とおく．

$$V = \bigl\{(x,y,z) \mid (x,y) \in D,\ z_1(x,y) \leqq z \leqq z_2(x,y)\bigr\}$$

と表せたとする．ここで定義域 D において $S_1 : z = z_1(x,y)$, $S_2 : z = z_2(x,y)$, $z_i(x,y)$ $(i{=}1,2)$ は C^1 級であるとする．

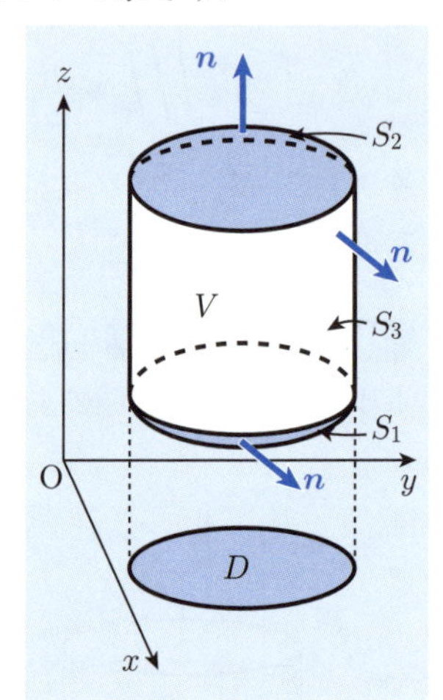

$\displaystyle\iint_S \boldsymbol{A} \cdot \boldsymbol{n}\, dS = \iiint_V \nabla \cdot \boldsymbol{A}\, dV$ について

$$(\text{左辺}) = \iint_S (A_1\, \boldsymbol{i} \cdot \boldsymbol{n} + A_2\, \boldsymbol{j} \cdot \boldsymbol{n} + A_3\, \boldsymbol{k} \cdot \boldsymbol{n})\, dS$$

$$(\text{右辺}) = \iiint_V \left(\frac{\partial A_1}{\partial x} + \frac{\partial A_2}{\partial y} + \frac{\partial A_3}{\partial z} \right) dV$$

である．A_1, A_2, A_3 に関するそれぞれの部分が等しいことを示せばよいので，ここでは $\displaystyle\iint_S A_3\, \boldsymbol{k} \cdot \boldsymbol{n}\, dS = \iiint_V \frac{\partial A_3}{\partial z}\, dV$　…♦ を示そう．

S_1 上の単位法線ベクトル（p.59 参照）は

$$\boldsymbol{n} = \frac{(z_1)_x \boldsymbol{i} + (z_1)_y \boldsymbol{j} - \boldsymbol{k}}{\sqrt{1 + \{(z_1)_x\}^2 + \{(z_1)_y\}^2}}$$

であり，z 成分は負である．また，ベクトル場の面積分より

$$\iint_S \boldsymbol{A} \cdot \boldsymbol{n}\, dS = \iint_D \boldsymbol{A} \cdot \left(\frac{\partial \boldsymbol{r}}{\partial x} \times \frac{\partial \boldsymbol{r}}{\partial y} \right) dxdy$$

であるから，S_1 において

$$\iint_{S_1} A_3\,\boldsymbol{k}\cdot\boldsymbol{n}\,dS$$
$$=\iint_{S_1}\big(0,0,A_3(x,y,z_1(x,y))\big)\cdot\big((z_1)_x,(z_1)_y,-1\big)\,dxdy$$
$$=-\iint_D A_3\big(x,y,z_1(x,y)\big)\,dxdy \quad \cdots ①$$

同様に，S_2 上の単位法線ベクトルは，$\boldsymbol{n}=\dfrac{-(z_2)_x\boldsymbol{i}-(z_2)_y\boldsymbol{j}+\boldsymbol{k}}{\sqrt{1+\{(z_2)_x\}^2+\{(z_2)_y\}^2}}$ であり，z 成分は正であるから，S_2 において

$$\iint_{S_2} A_3\,\boldsymbol{k}\cdot\boldsymbol{n}\,dS$$
$$=\iint_{S_2}\big(0,0,A_3(x,y,z_2(x,y))\big)\cdot\big(-(z_2)_x,-(z_2)_y,1\big)\,dxdy$$
$$=\iint_D A_3(x,y,z_2(x,y))\,dxdy \quad \cdots ②$$

S_3 上では，その単位法線ベクトルの z 成分は0であるから

$$\iint_{S_3} A_3\,\boldsymbol{k}\cdot\boldsymbol{n}\,dS=0 \quad \cdots ③$$

となる．①, ②, ③より

（♦ の左辺）＝①＋②＋③

$$=\iint_D\{A_3(x,y,z_2(x,y))-A_3(x,y,z_1(x,y))\}\,dxdy$$
$$=\iint_D\left\{\Big[A_3(x,y,z)\Big]_{z=z_1(x,y)}^{z=z_2(x,y)}\right\}dxdy=\iint_D\left\{\int_{z=z_1(x,y)}^{z=z_2(x,y)}\frac{\partial A_3}{\partial z}\,dz\right\}dxdy$$
$$=\iiint_V\frac{\partial A_3}{\partial z}\,dxdydz=\iiint_V\frac{\partial A_3}{\partial z}\,dV=(\text{♦ の右辺})$$

同様にして，次も示せる．

$$\iint_S A_1\boldsymbol{i}\cdot\boldsymbol{n}\,dS=\iiint_V\frac{\partial A_1}{\partial x}\,dV,\quad \iint_S A_2\boldsymbol{j}\cdot\boldsymbol{n}\,dS=\iiint_V\frac{\partial A_2}{\partial y}\,dV$$

以上より，$\displaystyle\iint_S\boldsymbol{A}\cdot\boldsymbol{n}\,dS=\iiint_V\nabla\cdot\boldsymbol{A}\,dV$ が成り立つ．■

例題 2.11　立方体 $V = \{(x,y,z)\,|\,0 \leqq x \leqq 1, 0 \leqq y \leqq 1, 0 \leqq z \leqq 1\}$ について，その表面を S とする．ベクトル場

$$\boldsymbol{A} = xy\,\boldsymbol{i} + 2yz\,\boldsymbol{j} + zx^2\,\boldsymbol{k}$$

の S における面積分の値を求めよ．

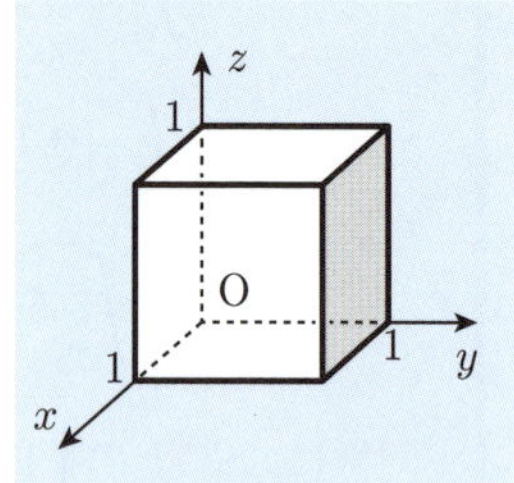

解　$\displaystyle\iint_S \boldsymbol{A}\cdot\boldsymbol{n}\,dS = \iiint_V \nabla\cdot\boldsymbol{A}\,dV$

$$= \iiint_V (y + 2z + x^2)\,dxdydz$$

$$= \int_0^1 \left\{\int_0^1 \left\{\int_0^1 (y + 2z + x^2)\,dz\right\} dy\right\} dx$$

$$= \int_0^1 \left\{\int_0^1 (y + x^2 + 1)\,dy\right\} dx = \int_0^1 \left[\frac{1}{2}y^2 + (x^2+1)y\right]_0^1 dx$$

$$= \int_0^1 \left(x^2 + \frac{3}{2}\right) dx = \left[\frac{1}{3}x^3 + \frac{3}{2}x\right]_0^1 = \frac{11}{6}$$

■

Let's TRY

問 2.24　球 $V = \{(x,y,z)\,|\,x^2 + y^2 + z^2 \leqq 4\}$ について，その表面（球面）を S とする．ベクトル場 $\boldsymbol{A} = x\,\boldsymbol{i} + 2y\,\boldsymbol{j} + 5z\,\boldsymbol{k}$ の S における面積分の値を求めよ．

ストークスの定理　単一閉曲線 $C : \boldsymbol{r} = \boldsymbol{r}(t)$ を曲面 S の境界であるとする．図のように，単位法線ベクトルの向き $\boldsymbol{n}$ は，曲面 S の外向きとする．曲面 S を含む領域のベクトル場 $\boldsymbol{A}$ について，次が成り立つ．

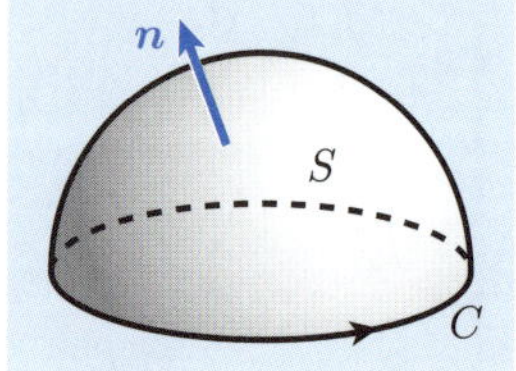

$$\iint_S (\nabla\times\boldsymbol{A})\cdot\boldsymbol{n}\,dS = \int_C \boldsymbol{A}\cdot d\boldsymbol{r}$$

これを**ストークスの定理**（ていり）という．グリーンの定理はストークスの定理の系としても求めることができる．

例題 2.12　球面 $S = \left\{(x, y, z) \mid x^2 + y^2 + z^2 = 4, z \geqq 0\right\}$ について，単位法線ベクトル $\boldsymbol{n}$ の向きは，S の外向きであるとする．

　また，その境界は

$$C : \boldsymbol{r} = \boldsymbol{r}(t) = 2\cos t\,\boldsymbol{i} + 2\sin t\,\boldsymbol{j} \quad (0 \leqq t \leqq 2\pi)$$

とする．ベクトル場

$$\boldsymbol{A} = (x - y)\boldsymbol{i} + yz\,\boldsymbol{j} + zx\,\boldsymbol{k}$$

について，$\displaystyle\iint_S (\nabla \times \boldsymbol{A}) \cdot \boldsymbol{n}\, dS$ の値を求めよ．

解　C において，$\boldsymbol{A} = 2(\cos t - \sin t)\boldsymbol{i}$ である．また

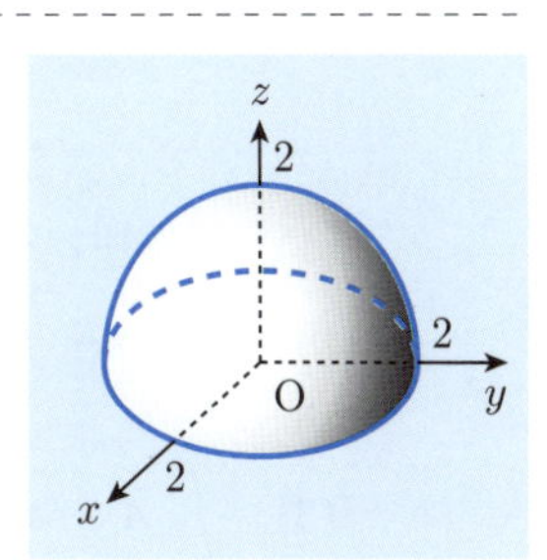

$$\frac{d}{dt}\boldsymbol{r}(t) = -2\sin t\,\boldsymbol{i} + 2\cos t\,\boldsymbol{j}$$

であるから

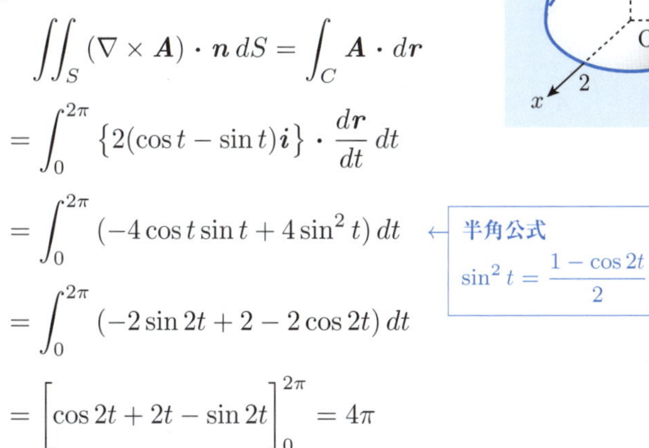

$$\iint_S (\nabla \times \boldsymbol{A}) \cdot \boldsymbol{n}\, dS = \int_C \boldsymbol{A} \cdot d\boldsymbol{r}$$

$$= \int_0^{2\pi} \left\{2(\cos t - \sin t)\boldsymbol{i}\right\} \cdot \frac{d\boldsymbol{r}}{dt}\, dt$$

$$= \int_0^{2\pi} (-4\cos t \sin t + 4\sin^2 t)\, dt$$

← **半角公式**　$\sin^2 t = \dfrac{1 - \cos 2t}{2}$

$$= \int_0^{2\pi} (-2\sin 2t + 2 - 2\cos 2t)\, dt$$

$$= \Big[\cos 2t + 2t - \sin 2t\Big]_0^{2\pi} = 4\pi$$

■

Let's TRY

問 2.25　球面 $S = \left\{(x, y, z) \mid x^2 + y^2 + z^2 = 1, z \geqq 0\right\}$ について，単位法線ベクトルの向き $\boldsymbol{n}$ は，S の外向きであるとする．また，その境界は

$$C : \boldsymbol{r} = \boldsymbol{r}(t) = \cos t\,\boldsymbol{i} + \sin t\,\boldsymbol{j} \quad (0 \leqq t \leqq 2\pi)$$

とする．ベクトル場

$$\boldsymbol{A} = (y + z)\boldsymbol{i} + (z + x)\boldsymbol{j} + (x + y)\boldsymbol{k}$$

について，$\displaystyle\iint_S (\nabla \times \boldsymbol{A}) \cdot \boldsymbol{n}\, dS$ の値を求めよ．

次の例題の (2), (3) により，2通りの計算をすることで，ストークスの定理が成り立つことを確かめてみよう．

例題 2.13

曲面

$$S = \left\{(x, y, z) \mid z = 4 - x^2 - y^2, z \geqq 0\right\}$$

について，単位法線ベクトル $\boldsymbol{n}$ の向きは，S の外向きであるとする．また，その境界は

$$C : \boldsymbol{r} = \boldsymbol{r}(t) = 2\cos t\,\boldsymbol{i} + 2\sin t\,\boldsymbol{j} \quad (0 \leqq t \leqq 2\pi)$$

とする．このとき，ベクトル場

$$A = (x + y)\boldsymbol{i} + 2\boldsymbol{j} + z\,\boldsymbol{k}$$

について，次を求めよ．

(1) 単位法線ベクトル $\boldsymbol{n}$

(2) $\displaystyle\iint_S (\nabla \times \boldsymbol{A}) \cdot \boldsymbol{n}\,dS$

(3) $\displaystyle\int_C \boldsymbol{A} \cdot d\boldsymbol{r}$

解 (1) S 上の任意の位置ベクトルを $\boldsymbol{r}$ とすると

$$\boldsymbol{r} = (x, y, 4 - x^2 - y^2)$$

となる．

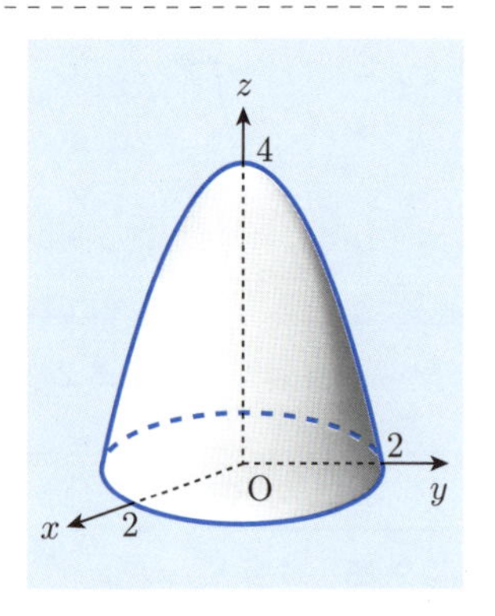

$$\frac{\partial \boldsymbol{r}}{\partial x} = \boldsymbol{i} - 2x\,\boldsymbol{k}, \quad \frac{\partial \boldsymbol{r}}{\partial y} = \boldsymbol{j} - 2y\,\boldsymbol{k}$$

であるから（p.59 参照）

$$\frac{\partial \boldsymbol{r}}{\partial x} \times \frac{\partial \boldsymbol{r}}{\partial y} = 2x\,\boldsymbol{i} + 2y\,\boldsymbol{j} + \boldsymbol{k}$$

$$\left|\frac{\partial \boldsymbol{r}}{\partial x} \times \frac{\partial \boldsymbol{r}}{\partial y}\right| = \sqrt{1 + 4x^2 + 4y^2}$$

よって z 成分が正になるようにとると

$$\boldsymbol{n} = \frac{2x\,\boldsymbol{i} + 2y\,\boldsymbol{j} + \boldsymbol{k}}{\sqrt{1 + 4x^2 + 4y^2}}$$

である．

(2)　xy 平面上で $x^2+y^2 \leqq 4$ で表される領域を D とする．
$\nabla \times \boldsymbol{A} = -\boldsymbol{k}$ より

$$(\nabla \times \boldsymbol{A}) \cdot \boldsymbol{n} = \frac{-1}{\sqrt{1+4x^2+4y^2}}$$

$$\begin{aligned}\iint_S (\nabla \times \boldsymbol{A}) \cdot \boldsymbol{n}\, dS &= \iint_S \frac{-1}{\sqrt{1+4x^2+4y^2}}\, dS \\ &= \iint_D \frac{-1}{\sqrt{1+4x^2+4y^2}} \sqrt{1+4x^2+4y^2}\, dxdy \\ &= -\iint_D dxdy = -4\pi \quad \leftarrow \because D \text{ は半径 2 の円}\end{aligned}$$

(3)

$$C : \boldsymbol{r} = \boldsymbol{r}(t) = 2\cos t\, \boldsymbol{i} + 2\sin t\, \boldsymbol{j} \quad (0 \leqq t \leqq 2\pi)$$

の向きは反時計回りとする．

$$\int_C \boldsymbol{A} \cdot d\boldsymbol{r} = \int_C \{(x+y)\,dx + 2\,dy + z\,dz\}$$

$$= \int_C \left\{(x+y)\frac{dx}{dt} + 2\frac{dy}{dt} + z\frac{dz}{dt}\right\} dt$$

$$= \int_0^{2\pi} \{(2\cos t + 2\sin t)(-2\sin t) + 4\cos t\}\, dt$$

$$= \int_0^{2\pi} (-4\cos t \sin t - 4\sin^2 t + 4\cos t)\, dt$$

半角公式 $\sin^2 t = \dfrac{1-\cos 2t}{2}$

2 倍角公式 $\sin 2t = 2\cos t \sin t$

$$= \int_0^{2\pi} \{(-2\sin 2t - 2(1-\cos 2t) + 4\cos t\}\, dt$$

$$= \Big[\cos 2t - 2t + \sin 2t + 4\sin t\Big]_0^{2\pi}$$

$$= -4\pi$$

■

第2章2.2節 演習問題A

14 与えられたスカラー場 $\varphi = \varphi(x, y, z)$ について，勾配 $\nabla\varphi$ とラプラシアン $\nabla^2\varphi$ を求めよ．

(1) $\varphi = x - y + e^{xy}$

(2) $\varphi = xy + yz + zx$

(3) $\varphi = x^3 - y^3$

(4) $\varphi = x^2y + xy + y^2 - 12z^2$

(5) $\varphi = x^2yz + xy^2z + xyz^2$

15 次のベクトル場 $\boldsymbol{A}$ について，発散および回転を求めよ．

(1) $\boldsymbol{A} = x^2\,\boldsymbol{i} + \cos(2xy)\,\boldsymbol{j} + \log(x - z)\,\boldsymbol{k}$

(2) $\boldsymbol{A} = xy^3\,\boldsymbol{i} - 5e^{3y}\,\boldsymbol{j} + \sin(z - x)\,\boldsymbol{k}$

16 ベクトル場

$$\boldsymbol{A} = e^{xy}\,\boldsymbol{i} + e^{yz}\,\boldsymbol{j} + e^{zx}\,\boldsymbol{k}, \quad \boldsymbol{B} = z\,\boldsymbol{i} + x\,\boldsymbol{j} + y\,\boldsymbol{k}$$

について，$\nabla(\boldsymbol{A}\cdot\boldsymbol{B})$, $\nabla^2(\boldsymbol{A}\cdot\boldsymbol{B})$, $\nabla\cdot(\boldsymbol{A}\times\boldsymbol{B})$ を求めよ．

17 次の曲線 C に沿う線積分 $\displaystyle\int_C (xy + yz + zx)\,ds$ の値を求めよ．

(1) $C : \boldsymbol{r} = \boldsymbol{r}(t) = (2t, t - 1, t) \quad (0 \leqq t \leqq 2)$

(2) $C : \boldsymbol{r} = \boldsymbol{r}(t) = (\cos 3t, \sin 3t, 3t) \quad (0 \leqq t \leqq \pi)$

第2章2.2節　演習問題B

18 スカラー場 φ とベクトル場 $\boldsymbol{A}$ について，次の等式が成り立つことを証明せよ．

(1) $\nabla \times (\nabla \varphi) = \boldsymbol{0}$

(2) $\nabla \cdot (\nabla \times \boldsymbol{A}) = 0$

19 ベクトル場 $\boldsymbol{A}$, $\boldsymbol{B}$ について，次の等式を証明せよ．

(1) $\nabla(\boldsymbol{A} \cdot \boldsymbol{B}) = (\boldsymbol{B} \cdot \nabla)\,\boldsymbol{A} + (\boldsymbol{A} \cdot \nabla)\,\boldsymbol{B} + \boldsymbol{B} \times (\nabla \times \boldsymbol{A}) + \boldsymbol{A} \times (\nabla \times \boldsymbol{B})$

(2) $\nabla \cdot (\boldsymbol{A} \times \boldsymbol{B}) = \boldsymbol{B} \cdot (\nabla \times \boldsymbol{A}) - \boldsymbol{A} \cdot (\nabla \times \boldsymbol{B})$

(3) $\nabla \times (\nabla \times \boldsymbol{A}) = \nabla(\nabla \cdot \boldsymbol{A}) - \nabla^2 \boldsymbol{A}$

(4) $\nabla \times (\boldsymbol{A} \times \boldsymbol{B}) = (\boldsymbol{B} \cdot \nabla)\,\boldsymbol{A} - (\boldsymbol{A} \cdot \nabla)\,\boldsymbol{B} + \boldsymbol{A}(\nabla \cdot \boldsymbol{B}) - \boldsymbol{B}(\nabla \cdot \boldsymbol{A})$

20 スカラー場

$$\varphi = 2xy - z$$

について，次の与えられた曲線 C に沿う線積分 $\displaystyle\int_C \varphi\, ds$ の値を求めよ．

(1) $C : \boldsymbol{r}(t) = 3t\,\boldsymbol{i} + 2t\,\boldsymbol{j} + t\,\boldsymbol{k}$　$(0 \leqq t \leqq 3)$

(2) $C : \boldsymbol{r}(t) = t^2\,\boldsymbol{i} + t\,\boldsymbol{j} + t\,\boldsymbol{k}$　$(0 \leqq t \leqq 1)$

(3) $C : \boldsymbol{r}(t) = \cos 2t\,\boldsymbol{i} + \sin 2t\,\boldsymbol{j}$　$\left(0 \leqq t \leqq \dfrac{\pi}{6}\right)$

(4) $C : \boldsymbol{r}(t) = 2\cos t\,\boldsymbol{i} + 2\sin t\,\boldsymbol{j} + t\,\boldsymbol{k}$　$\left(0 \leqq t \leqq \dfrac{\pi}{4}\right)$

21 ベクトル場

$$\boldsymbol{A} = 2x\,\boldsymbol{i} + y\,\boldsymbol{j} + zx^2\,\boldsymbol{k}$$

について，次の与えられた曲線 C に沿う線積分 $\displaystyle\int_C \boldsymbol{A} \cdot d\boldsymbol{r}$ の値を求めよ．

(1) $C : \boldsymbol{r}(t) = t\,\boldsymbol{i} + 2t\,\boldsymbol{j} + 3t\,\boldsymbol{k}$　$(0 \leqq t \leqq 1)$

(2) $C : \boldsymbol{r}(t) = \cos t\,\boldsymbol{i} + \sin t\,\boldsymbol{j} + t\,\boldsymbol{k}$　$\left(0 \leqq t \leqq \dfrac{\pi}{2}\right)$

(3) $C : \boldsymbol{r}(t) = 2\cosh t\,\boldsymbol{i} + 2\sinh t\,\boldsymbol{j} + 4\,\boldsymbol{k}$　$(0 \leqq t \leqq 1)$

第2章2.2節　演習問題C

22 中心が原点，半径 a の球面を S とし，原点に関する位置ベクトルを

$$\boldsymbol{r} = x\,\boldsymbol{i} + y\,\boldsymbol{j} + z\,\boldsymbol{k}, \quad r = |\boldsymbol{r}|$$

とする．また，$\boldsymbol{n}$ は S の外向きの単位法線ベクトルとする．このとき次が成り立つことを示せ．

$$\iint_S \frac{\boldsymbol{r}}{r^3} \cdot \boldsymbol{n}\,dS = 4\pi$$

23 ベクトル場

$$A = y\,\boldsymbol{i} + z\,\boldsymbol{j} - x\,\boldsymbol{k}$$

について，次の曲面 S に沿う面積分の値を求めよ．

(1) $S : z = 3 - x - y,\ \{(x, y) \mid 0 \leqq x \leqq 3, 0 \leqq y \leqq 3 - x\}$

(2) $S : z = 4 - y^2,\ \{(x, y) \mid 0 \leqq x \leqq 3, 0 \leqq y \leqq 2\}$

24 3点 O$(0, 0, 0)$, A$(2, 0, 0)$, B$(0, 2, 0)$ によってできる三角形の周を C，三角形で囲まれた曲面を S とする．このとき，次のベクトル場の $\displaystyle\iint_S (\nabla \times \boldsymbol{A}) \cdot \boldsymbol{n}\,dS$ の値を求めよ．

(1) $\boldsymbol{A} = z^2\,\boldsymbol{i} + y^2\,\boldsymbol{j} + x^2\,\boldsymbol{k}$

(2) $\boldsymbol{A} = y\,\boldsymbol{i} - z\,\boldsymbol{j} + x\,\boldsymbol{k}$

(3) $\boldsymbol{A} = xz^2\,\boldsymbol{i} + 3y^2\,\boldsymbol{j} - yz\,\boldsymbol{k}$

25 円柱 $x^2 + y^2 \leqq 9$ $(0 \leqq z \leqq 4)$ について，その表面を S とする．このとき，ベクトル場 $\boldsymbol{A} = xy^2\,\boldsymbol{i} + y^3\,\boldsymbol{j} + y^2 z\,\boldsymbol{k}$ の S における面積分の値を求めよ．

3 ラプラス変換

第1章で学んだように，1階，2階の定数係数線形微分方程式は比較的簡単に解くことができるが，微分方程式の階数ごとに解法が異なっていた．実は，本章で学ぶラプラス変換により，定数係数線形微分方程式であれば，階数によらず同じ方法によって解くことができる．ここではこの便利なラプラス変換を学び，応用としていろいろな微分方程式とある種の積分方程式を同じテクニックで解けるようになることを目指す．

3.1 ラプラス変換と逆ラプラス変換

本節ではまず，微分方程式を簡単に解くための道具であるラプラス変換と逆ラプラス変換の計算法について学ぶ．

ラプラス変換の定義 $f(t)$ を定義域が $t > 0$ である関数とする．このとき $f(t)$ のラプラス変換を次のように定める．

3.1 [定義] ラプラス変換

関数 $f(t)$（$t>0$）に対して広義積分

$$F(s) = \int_0^{\infty} f(t)e^{-st}\,dt = \lim_{\substack{M\to\infty \\ \varepsilon\to+0}} \int_{\varepsilon}^{M} f(t)e^{-st}\,dt$$

が存在するとき，$F(s)$ を $f(t)$ の**ラプラス変換**（へんかん）といい，

$$F(s) = \mathscr{L}[f(t)]$$

ともかく．

ここで，$F(s)$ を $f(t)$ の**像関数**（ぞうかんすう）といい，これに対して $f(t)$ を $F(s)$ の**原関数**（げんかんすう）という．ラプラス変換は通常 s を複素数として定義するのであるが，本章では s は実数のある範囲で扱うものとする．

例 3.1　$f(t)=1\ (t>0)$ に対して $\mathscr{L}[f(t)]=\dfrac{1}{s}\ (s>0)$ となる．

(i)　$s>0$ のとき

$$F(s)=\int_0^\infty e^{-st}\,dt=\left[-\frac{1}{s}e^{-st}\right]_0^\infty$$

$$=-\frac{1}{s}\lim_{M\to\infty}e^{-sM}+\frac{1}{s}=\frac{1}{s}\quad \leftarrow \lim_{M\to\infty}e^{-sM}=0$$

(ii)　$s\leqq 0$ のとき，$\displaystyle\int_0^\infty e^{-st}\,dt$ は存在しない．

$\therefore\quad \mathscr{L}[1]=\dfrac{1}{s}\quad (s>0)$　■

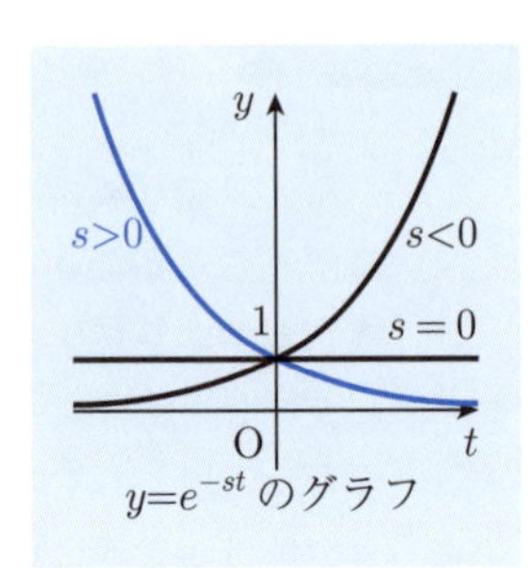

例題 3.1　次の関数のラプラス変換を定義にしたがって求めよ．

(1)　$f(t)=e^t$　　(2)　$g(t)=\sin t$

解　(1)　$\displaystyle\mathscr{L}[f(t)]=\int_0^\infty e^t\cdot e^{-st}\,dt=\int_0^\infty e^{-(s-1)t}\,dt$

$$=\left[-\frac{1}{s-1}e^{-(s-1)t}\right]_0^\infty=\frac{1}{s-1}$$

$\uparrow\ \displaystyle\lim_{M\to\infty}e^{-(s-1)M}=0\ (s>1)$

また $s\leqq 1$ のとき $\displaystyle\int_0^\infty e^{-(s-1)t}\,dt$ は存在しない．　$\therefore\ \mathscr{L}[e^t]=\dfrac{1}{s-1}\ (s>1)$

(2)　$G(s)=\mathscr{L}[g(t)]$ とおくと

$$G(s)=\int_0^\infty \sin t\cdot e^{-st}\,dt=\left[\sin t\left(-\frac{1}{s}e^{-st}\right)\right]_0^\infty+\frac{1}{s}\int_0^\infty \cos t\cdot e^{-st}\,dt$$

ここで，$s\leqq 0$ のとき，$G(s)$ は存在しないので $s>0$ の場合を考える．

$$G(s)=\frac{1}{s}\int_0^\infty \cos t\cdot e^{-st}\,dt=\frac{1}{s}\left\{\left[\cos t\left(-\frac{1}{s}e^{-st}\right)\right]_0^\infty-\frac{1}{s}\int_0^\infty \sin t\cdot e^{-st}\,dt\right\}$$

$$=\frac{1}{s^2}-\frac{1}{s^2}G(s)$$

よって，$\left(1+\dfrac{1}{s^2}\right)G(s)=\dfrac{1}{s^2}$ となり，$\mathscr{L}[\sin t]=\dfrac{1}{s^2+1}\quad (s>0)$　■

Let's TRY

問 3.1　$\mathscr{L}[\cos t] = \dfrac{s}{s^2+1}$ を定義にしたがって証明せよ．

例題 3.2　次の関数のラプラス変換を定義にしたがって求めよ．

$$f(t) = \begin{cases} 1-t & (0 < t < 1) \\ 0 & (t \geqq 1) \end{cases}$$

解　$\mathscr{L}[f(t)] = \displaystyle\int_0^\infty f(t)\cdot e^{-st}\,dt = \int_0^1 (1-t)e^{-st}\,dt + \int_1^\infty 0\cdot e^{-st}\,dt$

$$= \int_0^1 (1-t)e^{-st}\,dt = \left[(1-t)\left(-\frac{1}{s}e^{-st}\right)\right]_0^1 - \frac{1}{s}\int_0^1 e^{-st}\,dt$$

$$= \frac{1}{s} - \frac{1}{s}\left[-\frac{1}{s}e^{-st}\right]_0^1 = \frac{s+e^{-s}-1}{s^2}$$

$$\therefore\quad \mathscr{L}[f(t)] = \frac{s+e^{-s}-1}{s^2}$$ ■

Let's TRY

問 3.2　次の関数の (i) グラフをかき，(ii) ラプラス変換を定義にしたがって求めよ．

$$f(t) = \begin{cases} t & (0 < t < 1) \\ 2-t & (1 \leqq t < 2) \\ 0 & (t \geqq 2) \end{cases}$$

■注意　ラプラス変換は広義積分で定義されるため，必ず存在するわけではない．例えば，（区分的に）連続（p.100）な関数 $f(t)$ が，ある定数 $M > 0, \lambda > 0, T > 0$ が存在して，$t > T$ であるとき $|f(t)| \leqq Me^{\lambda t}$ を満たすものとする．このとき，$s > \lambda$ について $F(s) = \mathscr{L}[f(t)]$ は存在し，$\displaystyle\lim_{s\to\infty} F(s) = 0$ となる．実際

$$|F(s)| = \left|\int_0^\infty f(t)e^{-st}\,dt\right| \leqq \int_0^\infty |f(t)|e^{-st}\,dt \leqq \int_0^\infty Me^{\lambda t}e^{-st}\,dt$$

$$= \int_0^\infty Me^{-(s-\lambda)t}\,dt = \left[-\frac{M}{s-\lambda}e^{-(s-\lambda)t}\right]_0^\infty = \frac{M}{s-\lambda}$$

となり収束する．また，$\displaystyle\lim_{s\to\infty}|F(s)| \leqq \lim_{s\to\infty}\frac{M}{s-\lambda} = 0$ より，$\displaystyle\lim_{s\to\infty}F(s) = 0$

今後は，ラプラス変換は存在する範囲で考え，s の範囲は特に断らないものとする．

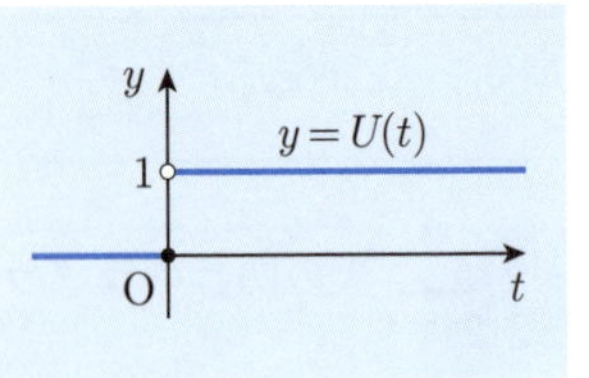

ラプラス変換の公式　関数 $U(t)$ を次のように定め，**単位ステップ関数**（たんいステップかんすう）（あるいは**ヘビサイド関数**（かんすう））という．

$$U(t)=\begin{cases}0 & (t\leqq 0)\\ 1 & (t>0)\end{cases}$$

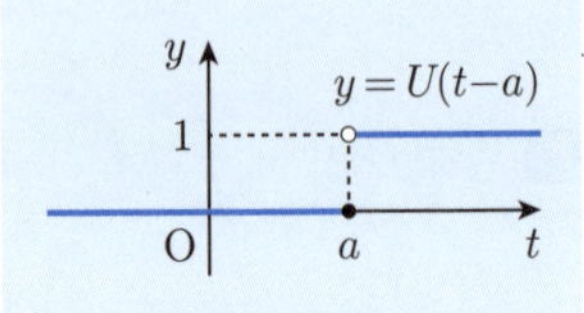

また，$a\geqq 0$ なる定数 a に対し，$U(t-a)$ は $U(t)$ を t 軸方向に a だけ平行移動した関数である．すなわち

$$U(t-a)=\begin{cases}0 & (t\leqq a)\\ 1 & (t>a)\end{cases}$$

3.2　ラプラス変換の公式 I

$F(s)=\mathscr{L}[f(t)]$, $G(s)=\mathscr{L}[g(t)]$ のとき，以下が成立する．

(L1)　$\mathscr{L}\left[\alpha f(t)+\beta g(t)\right]=\alpha F(s)+\beta G(s)$　（α,β は実数）　**（線形性）**

(L2)　$\mathscr{L}\left[f(at)\right]=\dfrac{1}{a}F\left(\dfrac{s}{a}\right)$　　（$a>0$）　**（相似性）**

(L3)　$\mathscr{L}\left[e^{\alpha t}f(t)\right]=F(s-\alpha)$　（α は実数）　**（像関数の移動法則）**

(L4)　$\mathscr{L}\left[f(t-\mu)U(t-\mu)\right]=e^{-\mu s}F(s)$　（$\mu\geqq 0$）　**（原関数の移動法則）**

証明　(L1)　$\mathscr{L}\left[\alpha f(t)+\beta g(t)\right]=\displaystyle\int_0^\infty(\alpha f(t)+\beta g(t))e^{-st}\,dt$

$$=\alpha\int_0^\infty f(t)e^{-st}\,dt+\beta\int_0^\infty g(t)e^{-st}\,dt=\alpha F(s)+\beta G(s)$$

(L2)　$\mathscr{L}\left[f(at)\right]=\displaystyle\int_0^\infty f(at)e^{-st}\,dt\overset{\tau=at}{=}\frac{1}{a}\int_0^\infty f(\tau)e^{-\frac{s}{a}\tau}\,d\tau=\frac{1}{a}F\left(\frac{s}{a}\right)$

(L3)　$\mathscr{L}\left[e^{\alpha t}f(t)\right]=\displaystyle\int_0^\infty e^{\alpha t}f(t)e^{-st}\,dt=\int_0^\infty f(t)e^{-(s-\alpha)t}\,dt=F(s-\alpha)$

(L4)　$\mathscr{L}\left[f(t-\mu)U(t-\mu)\right]=\displaystyle\int_0^\mu 0\cdot e^{-st}\,dt+\int_\mu^\infty f(t-\mu)e^{-st}\,dt$

$$=\int_\mu^\infty f(t-\mu)e^{-st}\,dt\overset{\nu=t-\mu}{=}\int_0^\infty f(\nu)e^{-s(\nu+\mu)}\,d\nu$$

$$=e^{-\mu s}\int_0^\infty f(\nu)e^{-s\nu}\,d\nu=e^{-\mu s}F(s)$$

■

例題 3.3　$\mathscr{L}[1] = \dfrac{1}{s}$, $\mathscr{L}[\sin t] = \dfrac{1}{s^2+1}$，および公式 (L1)～(L4) から，次の関数のラプラス変換を求めよ．ただし α, ω $(\neq 0)$ は実数である．

(1)　$e^{\alpha t}$　　(2)　$U(t-a)$　$(a \geqq 0)$

(3)　$\sin \omega t$　　(4)　$e^{\alpha t} \sin \omega t$

解　(1)　$\mathscr{L}[e^{\alpha t}] = \mathscr{L}[e^{\alpha t} \cdot 1] \overset{\text{(L3)}}{=} \dfrac{1}{s-\alpha}$

(2)　$\mathscr{L}[U(t-a)] = \mathscr{L}[1 \cdot U(t-a)] \overset{\text{(L4)}}{=} e^{-as}\mathscr{L}[1] = \dfrac{e^{-as}}{s}$

(3)　(i)　$\omega > 0$ のとき，$\mathscr{L}[\sin t] = \dfrac{1}{s^2+1}$ と (L2) より

$$\mathscr{L}[\sin \omega t] \overset{\text{(L2)}}{=} \frac{1}{\omega} \frac{1}{\left(\frac{s}{\omega}\right)^2 + 1} = \frac{\omega}{s^2+\omega^2}$$

(ii)　$\omega < 0$ のとき，$\sin \omega t = -\sin(-\omega t)$ より (i) の結果と (L1) より

$$\mathscr{L}[\sin \omega t] = \mathscr{L}[-\sin(-\omega t)] = -\frac{-\omega}{s^2+(-\omega)^2} = \frac{\omega}{s^2+\omega^2}$$

(4)　(3) より $\mathscr{L}[e^{\alpha t} \sin \omega t] \overset{\text{(L3)}}{=} \dfrac{\omega}{(s-\alpha)^2+\omega^2}$　■

Let's TRY

問 3.3　$\mathscr{L}[e^{\alpha t}] = \dfrac{1}{s-\alpha}$, $\mathscr{L}[\cos t] = \dfrac{s}{s^2+1}$，および公式 (L1)～(L4) から，次の関数のラプラス変換を求めよ．ただし α, ω $(\neq 0)$ は実数である．

(1)　$1 + 2e^t$　　(2)　$\cos \omega t$　　(3)　$e^{\alpha t} \cos \omega t$　　(4)　$\cos(t-\pi)U(t-\pi)$

3.3　ラプラス変換の公式 II

$F(s) = \mathscr{L}[f(t)]$ のとき，以下が成立する．

(L5)　$\mathscr{L}[tf(t)] = -F'(s)$　　**（像関数の微分法則（1階））**

(L6)　$\mathscr{L}[t^2 f(t)] = (-1)^2 F''(s)$　　**（像関数の微分法則（2階））**

(L7)　$\mathscr{L}[t^n f(t)] = (-1)^n F^{(n)}(s)$　　**（像関数の微分法則（n階））**

証明 ここでは，微分と積分の順序交換は可能として証明する．

(L5) $$\mathscr{L}[tf(t)] = \int_0^\infty tf(t)e^{-st}\,dt = \int_0^\infty \frac{\partial}{\partial s}\left(-f(t)e^{-st}\right)dt = -\frac{\partial}{\partial s}\int_0^\infty f(t)e^{-st}\,dt = -F'(s)$$

(L6) $$\mathscr{L}\left[t^2 f(t)\right] = \mathscr{L}[t\cdot tf(t)] \overset{\text{(L5)}}{=} -(-F'(s))' = (-1)^2F''(s)$$ ■

Let's TRY

問 3.4 公式 (L7) を数学的帰納法により示せ．

例題 3.4 $\mathscr{L}[e^{\alpha t}] = \dfrac{1}{s-\alpha}$, $\mathscr{L}[\sin\omega t] = \dfrac{\omega}{s^2+\omega^2}$, および公式 (L5)〜(L7) から，次の関数のラプラス変換を求めよ．ただし α, ω $(\neq 0)$ は実数である．

(1) t (2) $te^{\alpha t}$ (3) $t\sin\omega t$

解 (1) $\mathscr{L}[1] = \mathscr{L}[e^{0\cdot t}] = \dfrac{1}{s}$ より

$$\mathscr{L}[t] = \mathscr{L}[t\cdot 1] \overset{\text{(L5)}}{=} -\left(\frac{1}{s}\right)' = \frac{1}{s^2}$$

(2) $$\mathscr{L}\left[te^{\alpha t}\right] = \mathscr{L}\left[t\cdot e^{\alpha t}\right] \overset{\text{(L5)}}{=} -\left(\frac{1}{s-\alpha}\right)' = \frac{1}{(s-\alpha)^2}$$

(2) の別解：(1) の結果より $\mathscr{L}\left[te^{\alpha t}\right] = \mathscr{L}\left[e^{\alpha t}\cdot t\right] \overset{\text{(L3)}}{=} \dfrac{1}{(s-\alpha)^2}$

(3) $$\mathscr{L}[t\sin\omega t] = \mathscr{L}[t\cdot\sin\omega t] \overset{\text{(L5)}}{=} -\left(\frac{\omega}{s^2+\omega^2}\right)' = -\left\{-\omega(s^2+\omega^2)^{-2}\cdot 2s\right\} = \frac{2\omega s}{(s^2+\omega^2)^2}$$ ■

Let's TRY

問 3.5 $\mathscr{L}[e^{\alpha t}] = \dfrac{1}{s-\alpha}$, $\mathscr{L}[\cos\omega t] = \dfrac{s}{s^2+\omega^2}$, および公式 (L5)〜(L7) から，次の関数のラプラス変換を求めよ．ただし α, ω $(\neq 0)$ は実数とし，n を自然数とする．

(1) t^n (2) $t^n e^{\alpha t}$ (3) $t\cos\omega t$

3.4　ラプラス変換の公式 III

$F(s) = \mathscr{L}[f(t)]$ のとき，以下が成立する．

(L8)　$\mathscr{L}\left[f'(t)\right] = sF(s) - f(0)$　**（原関数の微分法則（1階））**

(L9)　$\mathscr{L}\left[f''(t)\right] = s^2F(s) - f(0)s - f'(0)$　**（原関数の微分法則（2階））**

(L10)　$\mathscr{L}\left[f^{(n)}(t)\right] = s^nF(s) - f(0)s^{n-1} - f'(0)s^{n-2} - \cdots - f^{(n-1)}(0)$

（原関数の微分法則（n階））

注意　上記の公式で $f^{(k)}(0)$ は $\displaystyle\lim_{t\to+0} f^{(k)}(t)$（$k = 0, 1, \ldots, n-1$）を意味する．

証明　(L8)　$\displaystyle\lim_{t\to\infty} f(t)e^{-st} = 0$ を仮定して示す．

$$\mathscr{L}\left[f'(t)\right] = \int_0^\infty f'(t)e^{-st}\,dt = \left[f(t)e^{-st}\right]_0^\infty + s\int_0^\infty f(t)e^{-st}\,dt$$

$$= sF(s) - f(0)$$

(L9)　$\displaystyle\lim_{t\to\infty} f'(t)e^{-st} = \lim_{t\to\infty} f(t)e^{-st} = 0$ を仮定して示す．

$$\mathscr{L}\left[f''(t)\right] = \mathscr{L}\left[(f'(t))'\right] = s\{sF(s) - f(0)\} - f'(0)$$

$$= s^2F(s) - f(0)s - f'(0)$$

■

Let's TRY

問 3.6　公式 (L10) を数学的帰納法により示せ．

例題 3.5　$\mathscr{L}[\sin\omega t] = \dfrac{\omega}{s^2+\omega^2}$ と公式 (L8) を用いて $\mathscr{L}[\cos\omega t]$ を求めよ．ただし $\omega \neq 0$ である．

解　(L8) と $\left(\dfrac{1}{\omega}\sin\omega t\right)' = \cos\omega t$ より

$$\mathscr{L}[\cos\omega t] = \mathscr{L}\left[\left(\frac{1}{\omega}\sin\omega t\right)'\right] = s\left(\frac{1}{\omega}\frac{\omega}{s^2+\omega^2}\right) - \frac{1}{\omega}\sin 0 = \frac{s}{s^2+\omega^2}$$

$$\therefore\quad \mathscr{L}[\cos\omega t] = \frac{s}{s^2+\omega^2}$$

■

Let's TRY

問 3.7 $\mathscr{L}[\cos\omega t] = \dfrac{s}{s^2+\omega^2}$ と公式 (L8) を用いて $\mathscr{L}[\sin\omega t]$ を求めよ．ただし $\omega \neq 0$ である．

3.5 ラプラス変換の公式 IV

$F(s) = \mathscr{L}[f(t)]$ のとき，以下が成立する．

(L11) $\mathscr{L}\left[\dfrac{f(t)}{t}\right] = \displaystyle\int_s^\infty F(\sigma)\,d\sigma$ （**像関数の積分法則**）

(L12) $\mathscr{L}\left[\displaystyle\int_0^t f(\tau)\,d\tau\right] = \dfrac{F(s)}{s}$ （**原関数の積分法則**）

証明 (L11) $\displaystyle\lim_{s\to\infty}\mathscr{L}\left[\frac{f(t)}{t}\right] = 0$ の条件の下で証明する（p.93 参照）．まず

$G(s) = \mathscr{L}\left[\dfrac{f(t)}{t}\right]$ とおくと $F(s) = \mathscr{L}[f(t)] = \mathscr{L}\left[t\dfrac{f(t)}{t}\right] = -\dfrac{d}{ds}G(s)$

$$\therefore\quad \int_s^\infty F(\sigma)\,d\sigma = -\int_s^\infty \frac{d}{d\sigma}G(\sigma)\,d\sigma = G(s) - \lim_{\sigma\to\infty}G(\sigma) = G(s)$$

(L12) $g(t) = \displaystyle\int_0^t f(\tau)\,d\tau$ とおくと $g'(t) = f(t)$ より

$$\mathscr{L}[f(t)] = \mathscr{L}[g'(t)] \overset{\text{(L8)}}{=} s\mathscr{L}[g(t)] - g(0) = s\mathscr{L}[g(t)]$$

$$\therefore\quad \mathscr{L}\left[\int_0^t f(\tau)\,d\tau\right] = \frac{\mathscr{L}[f(t)]}{s} = \frac{F(s)}{s}$$

$g(0) = \displaystyle\int_0^0 f(\tau)\,d\tau = 0$ ■

例題 3.6 $\mathscr{L}[\sin\omega t] = \dfrac{\omega}{s^2+\omega^2}$, $\mathscr{L}[\cos\omega t] = \dfrac{s}{s^2+\omega^2}$, および公式 (L11), (L12) から，次の関数のラプラス変換を求めよ．

(1) $\dfrac{\sin t}{t}$ (2) $\displaystyle\int_0^t \cos\tau\,d\tau$

解 (1) $\mathscr{L}\left[\dfrac{\sin t}{t}\right] \overset{\text{(L11)}}{=} \displaystyle\int_s^\infty \frac{1}{\sigma^2+1}\,d\sigma = \left[\mathrm{Tan}^{-1}\,\sigma\right]_s^\infty = \frac{\pi}{2} - \mathrm{Tan}^{-1}\,s$

(2) $\mathscr{L}\left[\displaystyle\int_0^t \cos\tau\,d\tau\right] \overset{\text{(L12)}}{=} \dfrac{1}{s}\mathscr{L}[\cos t] = \dfrac{1}{s}\dfrac{s}{s^2+1} = \dfrac{1}{s^2+1}$ ■

■**注意**　$\dfrac{\pi}{2} - \mathrm{Tan}^{-1} s = \theta$ とおくと $\mathrm{Tan}^{-1} s = \dfrac{\pi}{2} - \theta$ より $s = \tan\left(\dfrac{\pi}{2} - \theta\right) = \dfrac{1}{\tan\theta}$ となる．よって，$\tan\theta = \dfrac{1}{s}$ となり $\theta = \mathrm{Tan}^{-1}\dfrac{1}{s}$ である．これより，

$$\mathscr{L}\left[\frac{\sin t}{t}\right] = \mathrm{Tan}^{-1}\frac{1}{s}$$

と簡易化できる．

Let's TRY

問 3.8　$\mathscr{L}[e^{\alpha t}] = \dfrac{1}{s-\alpha}$, $\mathscr{L}[\sin\omega t] = \dfrac{\omega}{s^2+\omega^2}$，および公式 (L11), (L12) から，次の関数のラプラス変換を求めよ．

(1)　$\dfrac{e^{2t} - e^{-2t}}{t}$　　(2)　$\displaystyle\int_0^t \sin\tau\, d\tau$

これまでの例，例題や問いの結果から，以下のラプラス変換表が得られる．

3.6　具体的な関数のラプラス変換の公式

α, ω $(\neq 0)$ は実数のとき，以下が成立する．

(1)　$\mathscr{L}[1] = \dfrac{1}{s}$　　(2)　$\mathscr{L}[t] = \dfrac{1}{s^2}$

(3)　$\mathscr{L}[t^n] = \dfrac{n!}{s^{n+1}}$　　(4)　$\mathscr{L}[e^{\alpha t}] = \dfrac{1}{s-\alpha}$

(5)　$\mathscr{L}\left[te^{\alpha t}\right] = \dfrac{1}{(s-\alpha)^2}$　　(6)　$\mathscr{L}\left[t^n e^{\alpha t}\right] = \dfrac{n!}{(s-\alpha)^{n+1}}$

(7)　$\mathscr{L}[\sin\omega t] = \dfrac{\omega}{s^2+\omega^2}$　　(8)　$\mathscr{L}[\cos\omega t] = \dfrac{s}{s^2+\omega^2}$

(9)　$\mathscr{L}\left[e^{\alpha t}\sin\omega t\right] = \dfrac{\omega}{(s-\alpha)^2+\omega^2}$　　(10)　$\mathscr{L}\left[e^{\alpha t}\cos\omega t\right] = \dfrac{s-\alpha}{(s-\alpha)^2+\omega^2}$

(11)　$\mathscr{L}[t\sin\omega t] = \dfrac{2\omega s}{(s^2+\omega^2)^2}$　　(12)　$\mathscr{L}[t\cos\omega t] = \dfrac{s^2-\omega^2}{(s^2+\omega^2)^2}$

(13)　$\mathscr{L}[U(t-a)] = \dfrac{e^{-as}}{s}$　$(a \geqq 0)$

■**注意**　上記の公式 (1), (3), (7), (8) を覚えると，残りの公式は (L3), (L4), (L5) から導ける．

例題 3.7 次の関数のラプラス変換を求めよ．

(1) $f(t) = (t-1)^2 e^t$

(2) $g(t) = 2\sin^2 t + 2\cos 3t \cos t$

解 (1)
$$\mathscr{L}[f(t)] = \mathscr{L}\left[(t-1)^2 e^t\right] = \mathscr{L}\left[t^2 e^t - 2te^t + e^t\right]$$
$$= \mathscr{L}\left[t^2 e^t\right] - 2\mathscr{L}\left[te^t\right] + \mathscr{L}\left[e^t\right]$$
$$= \frac{2}{(s-1)^3} - \frac{2}{(s-1)^2} + \frac{1}{s-1} = \frac{s^2-4s+5}{(s-1)^3}$$

(2) $\sin^2 \dfrac{\theta}{2} = \dfrac{1-\cos\theta}{2}$ と $\cos\alpha\cos\beta = \dfrac{1}{2}\{\cos(\alpha+\beta)+\cos(\alpha-\beta)\}$ より

$$\mathscr{L}[g(t)] = \mathscr{L}\left[2\sin^2 t + 2\cos 3t\cos t\right]$$
$$= \mathscr{L}\left[1-\cos 2t + \cos 4t + \cos 2t\right]$$
$$= \mathscr{L}[1] + \mathscr{L}[\cos 4t]$$
$$= \frac{1}{s} + \frac{s}{s^2+16} = \frac{2(s^2+8)}{s(s^2+16)}$$ ■

Let's TRY

問 3.9 次の関数のラプラス変換を求めよ．

(1) $(2t+1)^2$ (2) $\cos^2 t$ (3) $\sin t\cos 3t$

(4) $(\sin 2t + \cos 2t)^2$ (5) $(e^t\sin t + e^t\cos t)^2$ (6) $(e^t + e^{-t})^2$

逆ラプラス変換 閉区間 $[a,b]$ で定義された関数 $f(x)$ が**区分的に連続**（くぶんてきにれんぞく）であるとは，有限個の点 $a = a_0 < a_1 < \cdots < a_{n-1} < a_n = b$ があって，$f(x)$ は開区間 (a_j, a_{j+1}) で連続であり，片側極限値

$$\lim_{x\to a_j+0} f(x) = f(a_j+0), \quad \lim_{x\to a_j-0} f(x) = f(a_j-0)$$

が存在して有限なことである（図参照）．

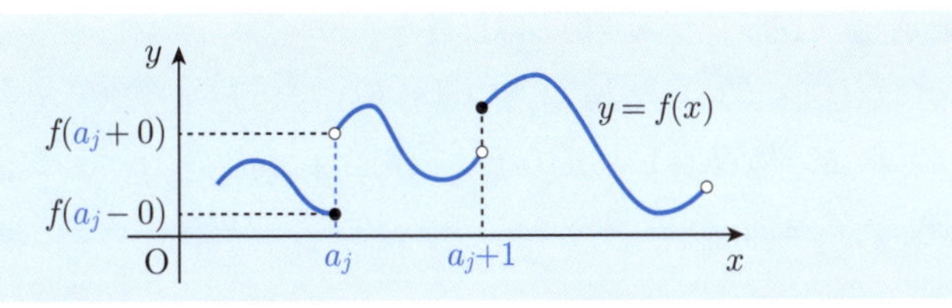

このとき，次の関数のラプラス変換を考えてみる．

$$f(t)=\begin{cases}1 & (t>0,\ t\neq 5)\\ 3 & (t=5)\end{cases}$$

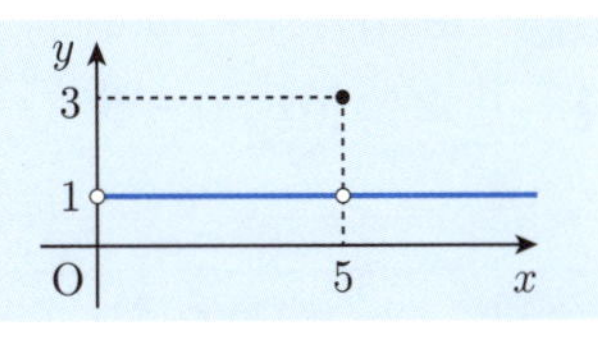

ここで，区分的に連続な関数の積分は各小区間での広義積分の和として定義され，$\mathscr{L}[f(t)]$ は次のように計算できる．

$$\mathscr{L}[f(t)]=\int_0^{\infty}f(t)e^{-st}\,dt=\lim_{\varepsilon\to+0}\int_0^{5-\varepsilon}1\cdot e^{-st}\,dt+\lim_{\varepsilon\to+0}\int_{5+\varepsilon}^{\infty}1\cdot e^{-st}\,dt$$

$$=\lim_{\varepsilon\to+0}\left[-\frac{1}{s}e^{-st}\right]_0^{5-\varepsilon}+\lim_{\varepsilon\to+0}\left[-\frac{1}{s}e^{-st}\right]_{5+\varepsilon}^{\infty}=\frac{1}{s}\quad(s>0)$$

この結果，$\mathscr{L}[f(t)]=\frac{1}{s}=\mathscr{L}[1]$ であるが $f(t)\neq 1$ である．これに対して一般には次の定理が成り立つことが知られている．

3.7　[定理] 原関数の一致

$f(t)$, $g(t)$ を区分的に連続な関数とする．このとき $\mathscr{L}[f(t)]=\mathscr{L}[g(t)]$ であれば，ともに連続な区間において $f(t)$ と $g(t)$ は一致する．

上の定理によれば，$F(s)$ を与えたとき，$\mathscr{L}[f(t)]=F(s)$ となる $f(t)$ が存在する場合には，不連続な点における違いを除いて一意的に定まる．この $f(t)$ を $F(s)$ の**逆ラプラス変換**といい，$\mathscr{L}^{-1}[F(s)]$ とかく．3.6 のラプラス変換表を逆向きに見ることで逆ラプラス変換を得ることができる．$\mathscr{L}$ の線形性より $\mathscr{L}^{-1}$ も線形性をもつ．

■注意　一般に逆ラプラス変換は**ブロムウィッチ積分**

$$f(t)=\mathscr{L}^{-1}[F(s)]=\frac{1}{2\pi i}\int_{c-i\infty}^{c+i\infty}F(s)e^{st}\,ds$$

により求めることができる．また，この積分は第 5 章で習う留数定理を用いて計算できることが知られている．

3.8 逆ラプラス変換の線形性

$\mathscr{L}[f(t)] = F(s)$, $\mathscr{L}[g(t)] = G(s)$ のとき，以下が成立する．

$$\mathscr{L}^{-1}[\alpha F(s) + \beta G(s)] = \alpha f(t) + \beta g(t) \quad (\alpha, \beta \text{ は定数})$$

証明 $\mathscr{L}[\alpha f(t) + \beta g(t)] = \alpha F(s) + \beta G(s)$ だから，逆ラプラス変換の定義より $\mathscr{L}^{-1}[\alpha F(s) + \beta G(s)] = \alpha f(t) + \beta g(t)$ がしたがう． ■

例題 3.8 次の関数の逆ラプラス変換を求めよ．

(1) $\dfrac{2}{s} + \dfrac{3}{s^4}$ (2) $\dfrac{5}{(s+1)^4}$ (3) $\dfrac{e^{-3s}}{(s-1)^2}$ (4) $\dfrac{2s-1}{s^2+4s+5}$

解

(1) $$\mathscr{L}^{-1}\left[\frac{2}{s} + \frac{3}{s^4}\right] = \mathscr{L}^{-1}\left[2\frac{1}{s} + \frac{1}{2}\frac{3!}{s^4}\right] = 2 + \frac{1}{2}t^3$$

$\mathscr{L}^{-1}\left[\dfrac{n!}{s^{n+1}}\right] = t^n$ が使える式に変形

(2) $$\mathscr{L}^{-1}\left[\frac{5}{(s+1)^4}\right] = \mathscr{L}^{-1}\left[\frac{5}{6}\frac{3!}{(s+1)^4}\right] = \frac{5}{6}t^3 e^{-t}$$

(3) $$\mathscr{L}^{-1}\left[e^{-3s}\frac{1}{(s-1)^2}\right] = (t-3)e^{t-3}U(t-3)$$

$\mathscr{L}^{-1}[e^{-as}F(s)] = (\mathscr{L}^{-1}[F(s)]$ を右に a 平行移動$) \times U(t-a)$ が使える式に変形

$\mathscr{L}^{-1}\left[\dfrac{1}{(s-1)^2}\right] = te^t$ を右に 3 平行移動すると $(t-3)e^{t-3}$

(4) $$\begin{aligned}\mathscr{L}^{-1}\left[\frac{2s-1}{s^2+4s+5}\right] &= \mathscr{L}^{-1}\left[\frac{2(s+2)-5}{(s+2)^2+1}\right] \\ &= \mathscr{L}^{-1}\left[2\frac{s+2}{(s+2)^2+1} - 5\frac{1}{(s+2)^2+1}\right] \\ &= 2e^{-2t}\cos t - 5e^{-2t}\sin t \\ &= e^{-2t}(2\cos t - 5\sin t)\end{aligned}$$ ■

Let's TRY

問 3.10 次の関数の逆ラプラス変換を求めよ.

(1) $\dfrac{3s^3 - 2s^2 + 4s + 6}{s^4}$ (2) $\dfrac{3(s+1)^2 + 3(s+1) - 2}{(s+1)^3}$

(3) $\dfrac{4s + 9}{s^2 + 9}$ (4) $\dfrac{3s - 7}{s^2 + 6s + 13}$

有理関数の逆ラプラス変換を求めるためには，部分分数分解ができればよい．ここでは部分分数分解するときに便利な**ヘビサイド法**(ほう)を紹介する．

3.9 ヘビサイド法による部分分数分解 I

$G(s) = \dfrac{F(s)}{(s-\alpha_1)(s-\alpha_2)\cdots(s-\alpha_n)}$ は，実数 α_k $(k = 1, 2, \ldots, n)$ がすべて異なりかつ $F(s)$ の次数が n 未満のとき，$(*)$ のように部分分数分解できる．

$$G(s) = \sum_{k=1}^{n} \frac{c_k}{s-\alpha_k} = \frac{c_1}{s-\alpha_1} + \cdots + \frac{c_k}{s-\alpha_k} + \cdots + \frac{c_n}{s-\alpha_n} \quad \cdots (*)$$

ただし，実数 c_k $(k = 1, 2, \ldots, n)$ は次のように計算できる．

$$c_k = G(s)(s-\alpha_k)\big|_{s=\alpha_k} \quad (k = 1, 2, \ldots, n)$$

■**注意** $\varphi(x)$ に $x = a$ を代入することを $\varphi(x)|_{x=a}$ と表す．

■**注意** ヘビサイド（Oliver Heaviside, 1850-1925）は英国の電気技師で部分分数分解を用いて逆ラプラス変換の見通しを良くする定理，いわゆる「ヘビサイドの展開定理」を示し，ラプラス変換の発展に貢献した人物として知られている．

証明♣ $(*)$ のように部分分数分解できることはよく知られた事実であるので，ここでは $c_k = G(s)(s-\alpha_k)|_{s=\alpha_k}$ を示せばよい．まず

$$G(s) = \frac{c_k}{s-\alpha_k} + \sum_{j \neq k} \frac{c_j}{s-\alpha_j}$$

と変形し，両辺に $s - \alpha_k$ を掛けると次のように変形できる．

$$G(s)(s-\alpha_k) = c_k + \left(\sum_{j \neq k} \frac{c_j}{s-\alpha_j} \right)(s-\alpha_k)$$

$$\therefore \quad c_k = G(s)(s-\alpha_k)\big|_{s=\alpha_k} \quad (k = 1, 2, \ldots, n)$$

■

$F(s) = \dfrac{5s-1}{(s+1)(s-2)}$ の部分分数分解は次のように計算できる．

$$\frac{5s-1}{(s+1)(s-2)} = \frac{a}{s+1} + \frac{b}{s-2}$$

と表せ，a,b いずれからでも計算できる．まず，a を求めてみると 3.9 から

$$a = F(s)(s+1)|_{s=-1} = \left.\frac{5s-1}{s-2}\right|_{s=-1} \left(= \left.\frac{5s-1}{\blacksquare(s-2)}\right|_{s=-1} \right) = 2$$

a を求めるには，与式の $\dfrac{5s-1}{(s+1)(s-2)}$ において a の下にある分母の式 $s+1$ を指で隠し（指で隠すしぐさを ■ で表記している．）上記のように計算できる．

同様に b は次のように計算できる．

$$b = F(s)(s-2)|_{s=2} = \left.\frac{5s-1}{s+1}\right|_{s=2} \left(= \left.\frac{5s-1}{(s+1)\blacksquare}\right|_{s=2} \right) = 3$$

$$\therefore \quad \frac{5s-1}{(s+1)(s-2)} = \frac{2}{s+1} + \frac{3}{s-2}$$

■

例題 3.9 関数 $F(s) = \dfrac{s-1}{s^2-5s+6}$ の逆ラプラス変換を求めよ．

解 $F(s) = \dfrac{s-1}{(s-2)(s-3)}$ より，部分分数分解すると

$$F(s) = \frac{a}{s-2} + \frac{b}{s-3}$$

ここで，3.9 から

$$a = F(s)(s-2)|_{s=2} = \left.\frac{s-1}{s-3}\right|_{s=2} = -1, \quad b = F(s)(s-3)|_{s=3} = \left.\frac{s-1}{s-2}\right|_{s=3} = 2$$

$$\therefore \quad \mathscr{L}^{-1}[F(s)] = \mathscr{L}^{-1}\left[\frac{-1}{s-2} + \frac{2}{s-3}\right] = -e^{2t} + 2e^{3t}$$

■

Let's TRY

問 3.11 次の関数の逆ラプラス変換を求めよ．

(1) $\dfrac{2}{s(s-2)}$ (2) $\dfrac{3}{(s+1)(s-2)}$ (3) $\dfrac{4s+2}{s^2-4s+3}$ (4) $\dfrac{2s-1}{s^2-s-12}$

例題 3.10　関数 $F(s) = \dfrac{s+17}{s^3 - 2s^2 - 5s + 6}$ の逆ラプラス変換を求めよ．

解く前に　分母を因数定理（あるいは組立除法）により因数分解し，部分分数分解することでラプラス変換表が使える形に帰着させればよい．

解　$s^3 - 2s^2 - 5s + 6 = (s-1)(s^2 - s - 6) = (s-1)(s+2)(s-3)$ より

$$F(s) = \frac{s+17}{(s-1)(s+2)(s-3)}$$
$$= \frac{a}{s-1} + \frac{b}{s+2} + \frac{c}{s-3}$$

	1	−2	−5	6
1		1	−1	−6
	1	−1	−6	0

組立除法

ここで 3.9 から

$$a = F(s)(s-1)|_{s=1} = \left.\frac{s+17}{(s+2)(s-3)}\right|_{s=1} = -3$$

$$b = F(s)(s+2)|_{s=-2} = \left.\frac{s+17}{(s-1)(s-3)}\right|_{s=-2} = 1$$

$$c = F(s)(s-3)|_{s=3} = \left.\frac{s+17}{(s-1)(s+2)}\right|_{s=3} = 2$$

ゆえに

$$\mathscr{L}^{-1}[F(s)] = \mathscr{L}^{-1}\left[\frac{-3}{s-1} + \frac{1}{s+2} + \frac{2}{s-3}\right]$$
$$= -3e^t + e^{-2t} + 2e^{3t}$$

■

Let's TRY

問 3.12　次の関数の逆ラプラス変換を求めよ．

(1) $\dfrac{8}{s^3 - 4s}$　　(2) $\dfrac{5s-2}{s^3 + s^2 - 2s}$

(3) $\dfrac{3s+1}{s^3 - 6s^2 + 11s - 6}$　　(4) $\dfrac{1-5s}{s^3 - 2s^2 - s + 2}$

3.10 ヘビサイド法による部分分数分解 II

$G(s) = \dfrac{F(s)}{(s-\alpha)^n}$（$\alpha$ は実数）は，$F(s)$ の次数が n 未満であるとき，$(*)$ のように部分分数分解できる．

$$G(s)=\sum_{k=0}^{n-1}\frac{c_k}{(s-\alpha)^{n-k}} \quad \cdots(*)$$

$$=\frac{c_{n-1}}{s-\alpha}+\frac{c_{n-2}}{(s-\alpha)^2}+\cdots+\frac{c_k}{(s-\alpha)^{n-k}}+\cdots+\frac{c_1}{(s-\alpha)^{n-1}}+\frac{c_0}{(s-\alpha)^n}$$

ただし，実数 c_k（$k=0,1,2,\ldots,n-1$）は次のように計算できる．

$$c_k=\frac{1}{k!}\left(\frac{d^k}{ds^k}G(s)(s-\alpha)^n\right)\bigg|_{s=\alpha}=\frac{1}{k!}F^{(k)}(s)\bigg|_{s=\alpha} \qquad (k=0,1,2,\ldots,n-1)$$

証明♣ $(*)$ のように部分分数分解できることはよく知られた事実であるので

$$c_k=\frac{1}{k!}\left(\frac{d^k}{ds^k}G(s)(s-\alpha)^n\right)\bigg|_{s=\alpha}=\frac{1}{k!}F^{(k)}(s)\bigg|_{s=\alpha}$$

を示せばよい．まず

$$G(s)=\sum_{l=0}^{n-1}\frac{c_l}{(s-\alpha)^{n-l}}=\sum_{l=0}^{k-1}\frac{c_l}{(s-\alpha)^{n-l}}+\underbrace{\frac{c_k}{(s-\alpha)^{n-k}}}_{l=k}+\sum_{l=k+1}^{n-1}\frac{c_l}{(s-\alpha)^{n-l}}$$

これより

$$G(s)(s-\alpha)^n=\sum_{l=0}^{k-1}c_l(s-\alpha)^l+c_k(s-\alpha)^k+\sum_{l=k+1}^{n-1}c_l(s-\alpha)^l$$

ここで，両辺 s に関して k 回微分すると第1項は0になるので

$$\{G(s)(s-\alpha)^n\}^{(k)}=k!\,c_k+\sum_{l=k+1}^{n-1}c_l l(l-1)\cdots(l-k+1)(s-\alpha)^{l-k}$$

$$=k!\,c_k+\left(\sum_{l=k+1}^{n-1}c_l\frac{l!}{(l-k)!}(s-\alpha)^{l-k-1}\right)(s-\alpha)$$

$$\therefore\quad c_k=\frac{1}{k!}\{G(s)(s-\alpha)^n\}^{(k)}\bigg|_{s=\alpha}=\frac{1}{k!}F^{(k)}(s)\bigg|_{s=\alpha}$$

$$(k=0,1,2,\ldots,n-1)$$

■

例題 3.11　関数 $F(s) = \dfrac{3s^2+4s+1}{(s-1)^3}$ の逆ラプラス変換を求めよ．

解　$F(s)$ を部分分数分解すると

$$F(s) = \frac{c_2}{s-1} + \frac{c_1}{(s-1)^2} + \frac{c_0}{(s-1)^3}$$

ここで，**3.10** と $F(s)(s-1)^3 = 3s^2+4s+1$ より

$$c_0 = F(s)(s-1)^3|_{s=1} = (3s^2+4s+1)\big|_{s=1} = 8$$

$$c_1 = \frac{d}{ds}\left(F(s)(s-1)^3\right)|_{s=1} = \frac{d}{ds}(3s^2+4s+1)|_{s=1} = (6s+4)\big|_{s=1} = 10$$

$$c_2 = \frac{1}{2!}\frac{d^2}{ds^2}\left(F(s)(s-1)^3\right)|_{s=1} = \frac{1}{2!}\frac{d^2}{ds^2}(3s^2+4s+1)|_{s=1} = \frac{1}{2!}\,6\big|_{s=1} = 3$$

$$\begin{aligned}
\therefore\quad \mathscr{L}^{-1}[F(s)] &= \mathscr{L}^{-1}\left[\frac{3}{s-1} + \frac{10}{(s-1)^2} + \frac{8}{(s-1)^3}\right] \\
&= \mathscr{L}^{-1}\left[\frac{3}{s-1} + \frac{10}{(s-1)^2} + 4\frac{2!}{(s-1)^3}\right] \\
&= 3e^t + 10te^t + 4t^2e^t \\
&= e^t(3+10t+4t^2)
\end{aligned}$$

■

■注意　例題 3.11 において計算したように c_0, c_1, c_2 の順に計算でき，計算方法は与式で $(s-1)^3$ を“指で隠して残った式”を c_0 から数えて前に進んだ回数微分して，前に進んだ回数の階乗で割ったものに分母が 0 となる値 $s=1$ を代入すればよい．すなわち，

$$c_0 = \left.\frac{3s^2+4s+1}{\blacksquare}\right|_{s=1},\quad c_1 = \frac{1}{1!}\left.\left(\frac{3s^2+4s+1}{\blacksquare}\right)'\right|_{s=1},\quad c_2 = \frac{1}{2!}\left.\left(\frac{3s^2+4s+1}{\blacksquare}\right)''\right|_{s=1}$$

Let's TRY

問 3.13　次の関数の逆ラプラス変換を求めよ．

(1) $\dfrac{s^2-3s+4}{s^3}$　(2) $\dfrac{s+1}{(s-2)^2}$　(3) $\dfrac{s^2+5s+6}{(s+1)^3}$　(4) $\dfrac{s^3-6s^2+7s+18}{(s-3)^4}$

3.9, 3.10 は次のように一般化できる．

3.11 ヘビサイド法による部分分数分解 III

$G(s) = \dfrac{F(s)}{(s-\alpha)^n H(s)}$ は，$(F(s)$ の次数$) - (H(s)$ の次数$)$ が n 未満でかつ $H(\alpha) \neq 0$ のとき，$(*)$ のように部分分数分解できる．ただし $I(s)$ は $H(s)$ の次数未満の多項式である．

$$G(s) = \sum_{k=0}^{n-1} \frac{c_k}{(s-\alpha)^{n-k}} + \frac{I(s)}{H(s)} \quad \cdots (*)$$

ここで，実数 c_k は次のように計算できる．

$$c_k = \frac{1}{k!}\left(\frac{d^k}{ds^k} G(s)(s-\alpha)^n\right)\Bigg|_{s=\alpha} \qquad (k = 0, 1, 2, \ldots, n-1)$$

特に $n = 1$ であれば $c_0 = G(s)(s-\alpha)|_{s=\alpha}$

例 3.3 $\dfrac{1}{(s-1)s^3}$ は次のように部分分数分解できる．

$$\frac{1}{(s-1)s^3} = \underbrace{\frac{a}{s-1}}_{\text{ヘビサイド法 I の適用}} + \underbrace{\frac{c_2}{s} + \frac{c_1}{s^2} + \frac{c_0}{s^3}}_{\text{ヘビサイド法 II の適用}}$$

すなわち，3.11 は 3.9 と 3.10 を組み合わせて適用できることを保証している．これより，$a = \left.\dfrac{1}{\blacksquare s^3}\right|_{s=1} = 1$．次に，$c_0$, c_1, c_2 も 3.11 から

$$c_0 = \left.\frac{1}{(s-1)\blacksquare}\right|_{s=0} = -1$$

$$c_1 = \frac{1}{1!}\left(\frac{1}{(s-1)\blacksquare}\right)'\Bigg|_{s=0} = -\left.\frac{1}{(s-1)^2}\right|_{s=0} = -1$$

$$c_2 = \frac{1}{2!}\left(\frac{1}{(s-1)\blacksquare}\right)''\Bigg|_{s=0} = \left.\frac{1}{2!}\frac{2}{(s-1)^3}\right|_{s=0} = -1$$

$$\therefore \quad \frac{1}{(s-1)s^3} = \frac{1}{s-1} - \frac{1}{s} - \frac{1}{s^2} - \frac{1}{s^3}$$

■

例題 3.12　関数 $F(s)=\dfrac{2s+2}{(s-3)(s-1)^3}$ の逆ラプラス変換を求めよ．

解　まず，$F(s)$ は次のように部分分数分解できる．

$$F(s)=\frac{a}{s-3}+\frac{I(s)}{(s-1)^3}$$
$$=\frac{a}{s-3}+\frac{c_2}{s-1}+\frac{c_1}{(s-1)^2}+\frac{c_0}{(s-1)^3}$$

ただし $I(s)$ は高々 2 次式である．ここで **3.11** から

$$a=G(s)(s-3)|_{s=3}=\left.\frac{2s+2}{(s-1)^3}\right|_{s=3}=1$$

さらに，**3.11** から

$$c_0=F(s)(s-1)^3|_{s=1}=\left.\frac{2s+2}{s-3}\right|_{s=1}=-2$$

$$c_1=\frac{d}{ds}\left(F(s)(s-1)^3\right)|_{s=1}=\left.\frac{d}{ds}\left(\frac{2s+2}{s-3}\right)\right|_{s=1}=\left.\frac{-8}{(s-3)^2}\right|_{s=1}=-2$$

$$c_2=\frac{1}{2!}\frac{d^2}{ds^2}\left(F(s)(s-1)^3\right)|_{s=1}=\left.\frac{1}{2!}\frac{d}{ds}\left(\frac{-8}{(s-3)^2}\right)\right|_{s=1}=\left.\frac{1}{2!}\frac{16}{(s-3)^3}\right|_{s=1}=-1$$

$$\therefore\quad \mathscr{L}^{-1}[F(s)]=\mathscr{L}^{-1}\left[\frac{1}{s-3}+\frac{-1}{s-1}+\frac{-2}{(s-1)^2}+\frac{-2}{(s-1)^3}\right]$$
$$=\mathscr{L}^{-1}\left[\frac{1}{s-3}+\frac{-1}{s-1}+\frac{-2}{(s-1)^2}-\frac{2!}{(s-1)^3}\right]$$
$$=e^{3t}-e^t-2te^t-t^2e^t$$

■

Let's TRY

問 3.14　次の関数の逆ラプラス変換を求めよ．

(1) $\dfrac{s^2+9}{s^2(s-3)}$　　(2) $\dfrac{s^3+4}{s^2(s+1)^2}$

(3) $\dfrac{8s+4}{s^3-s^2-s+1}$　　(4) $\dfrac{8}{s^4-2s^3+2s-1}$

例題 3.13 関数 $F(s) = \dfrac{2}{(s-1)(s^2+1)}$ の逆ラプラス変換を求めよ.

解 3.11 より次のように部分分数分解できる.

$$F(s) = \frac{a}{s-1} + \frac{bs+c}{s^2+1} \quad \cdots ① \qquad \text{ただし} \quad a = \left. \frac{2}{\blacksquare(s^2+1)} \right|_{s=1} = 1$$

さらに①の両辺に s^2+1 を掛けると次式が得られる.

$$\frac{2}{s-1} = \frac{a}{s-1}(s^2+1) + bs + c \quad \cdots ②$$

$s^2+1=0$ の解は $s=\pm i$ であるので, b, c を決定するには ② に例えば $s=i$ を代入して両辺が複素数として等しくなるように定めればよい.

すなわち $\dfrac{2}{-1+i} = \dfrac{2(-1-i)}{(-1+i)(-1-i)} = -1-i = c+bi$ より $b=-1$, $c=-1$

$$\therefore \quad \mathscr{L}^{-1}[F(s)] = \mathscr{L}^{-1}\left[\frac{1}{s-1} + \frac{-s-1}{s^2+1}\right] = e^t - \cos t - \sin t \qquad ■$$

先の例題の部分分数分解の方法をまとめると次のようになる.

3.12 ヘビサイド法による部分分数分解 IV

$G(s) = \dfrac{F(s)}{(s^2+as+b)H(s)}$ に対し, $s^2+as+b=0$ が虚数解 $s=p\pm qi$ をもち, $H(p\pm qi) \neq 0$, ($F(s)$ の次数) − ($H(s)$ の次数) が 2 未満であるとする. このとき $G(s)$ は $(*)$ のように部分分数分解できる.

$$G(s) = \frac{\alpha s+\beta}{s^2+as+b} + \frac{I(s)}{H(s)} \quad \cdots (*) \quad (I(s) \text{ の次数} < H(s) \text{ の次数})$$

ここで, α, β は次式が複素数として等しくなるように定めればよい.

$$G(s)(s^2+as+b)\big|_{s=p+qi} = (\alpha s+\beta)\big|_{s=p+qi} \quad \cdots (\sharp)$$

■**注意** $(\sharp)$ において $s=p-qi$ を両辺に代入してもよい.

Let's TRY

問 3.15 次の関数の逆ラプラス変換を求めよ.

(1) $\dfrac{4s+2}{(s-1)(s^2+1)}$ (2) $\dfrac{8s-4}{s^2(s^2+4)}$

第３章3.1節　演習問題Ａ

1　次の関数 $f(t)$ に関して以下の問いに答えよ．

$$f(t) = \begin{cases} 1 & (0 < t \leqq 1) \\ -2 & (1 < t \leqq 2) \\ 3 & (t > 2) \end{cases}$$

(1)　$f(t)$ のグラフをかき，$\mathscr{L}[f(t)]$ を定義にしたがって求めよ．

(2)　$f(t)$ を単位ステップ関数 $U(t-a)$（$a \geqq 0$）を用いて表せ．

(3)　(2) の結果と公式 $\mathscr{L}\left[U(t-a)\right] = \dfrac{e^{-as}}{s}$ を用いて $\mathscr{L}[f(t)]$ を求めよ．

2　次の関数 $f(t)$，$g(t)$ のグラフをかき，$f(t)$，$g(t)$ のラプラス変換を求めよ．

(1)　$f(t) = \begin{cases} t(1-t) & (0 < t \leqq 1) \\ 0 & (t > 1) \end{cases}$　　(2)　$g(t) = \begin{cases} t^2 & (0 < t \leqq 1) \\ 1 & (t > 1) \end{cases}$

3　次の関数のラプラス変換を求めよ．

(1)　$e^{-t} + 3te^{2t}$　　(2)　$(t+3)^2$

(3)　$(t-1)^2 e^{2t}$　　(4)　$\sin t \cos 2t$

(5)　$\sin^2 t + \cos \dfrac{3}{2}t \cos \dfrac{1}{2}t$　　(6)　$(e^t \sin t + e^t \cos t)^2$

(7)　$t^2 \sin 2t$　　(8)　$\displaystyle\int_0^t \tau e^{\tau}\, d\tau$

(9)　$\dfrac{e^{-2t} - e^{-t}}{t}$　　(10)　$(t-1)^3\, U(t-1)$

4　次の関数の逆ラプラス変換を求めよ．

(1)　$\dfrac{1}{s^3} + \dfrac{3}{s^5}$　　(2)　$\dfrac{12}{(s+2)^4}$

(3)　$\dfrac{6e^{-5s}}{(s-1)^4}$　　(4)　$\dfrac{6}{s^2 - 4s + 8}$

(5)　$\dfrac{3s+1}{s^2 + 2s + 5}$　　(6)　$\dfrac{3s+1}{(s-1)(s-2)}$

(7)　$\dfrac{2s^2 - 5s + 4}{s(s-1)(s-2)}$　　(8)　$\dfrac{3s^2 - 4s - 2}{(s-2)^3}$

(9)　$\dfrac{s-6}{s^2(s-2)}$　　(10)　$\dfrac{4s-3}{s(s^2+1)}$

第3章3.1節 演習問題B

5

$$\sinh t = \frac{e^t - e^{-t}}{2}, \quad \cosh t = \frac{e^t + e^{-t}}{2}$$

を**双曲線関数**(そうきょくせんかんすう)という．このとき，次の関数のラプラス変換を求めよ．ただし，a ($\neq 0$) は実数とする．

(1) $\sinh at$　(2) $t \sinh at$　(3) $t^2 \sinh at$

(4) $\cosh at$　(5) $t \cosh at$　(6) $t^2 \cosh at$

6 次の関数の逆ラプラス変換を求めよ．

(1) $\dfrac{4s^2 - s + 1}{s^3 - 7s + 6}$　(2) $\dfrac{s^3 + 9s^2 + 8}{s^4 - 3s^3 - 6s^2 + 8s}$

(3) $\dfrac{s^3 - 5s^2 + 5s + 5}{(s-1)^4}$　(4) $\dfrac{s^2 - 6s + 12}{s^3 - 6s^2 + 12s - 8}$

(5) $\dfrac{3s - 1}{s^2(s-1)(s+1)}$　(6) $\dfrac{s^2 - 3s + 1}{(s-2)(s-1)^2}$

(7) $\dfrac{3s - 4}{(s-1)^2(s-2)^2}$　(8) $\dfrac{s^2 - 6s + 4}{s^3(s-1)^2}$

(9) $\dfrac{10}{(s-1)(s^2+4)}$　(10) $\dfrac{5}{s(s^2 - 4s + 5)}$

(11) $\dfrac{2s - 10}{(s-1)^2(s^2+1)}$　(12) $\dfrac{2s^3 - s^2 - 4s + 6}{s^2(s^2 - 2s + 2)}$

7 $F(s) = \dfrac{1}{(s^2+1)^2}$ に対して，以下の問いにしたがい求めよ．

(1) 次の恒等式が成り立つように実数 a, b, c, d の値を求めよ．

$$\frac{1}{(s^2+1)^2} = \frac{as+b}{s^2+1} + \frac{c(s^2-1)+ds}{(s^2+1)^2}$$

(2) $\mathscr{L}^{-1}[F(s)]$ を求めよ．

8 次の関数の逆ラプラス変換を求めよ．

(1) $\dfrac{6s + 3}{(s^2+1)(s^2+4)}$

(2) $\dfrac{2s^3 - 2s^2 + 8s - 4}{(s^2+1)^2}$

第 3 章 3.1 節　演習問題 C

9　$\mathscr{L}[f(t)] = F(s)$ とするとき，次の関数のラプラス変換を求めよ．ただし，$a > 0$ とし λ, b は実数とする．

(1)　$\varphi(t) = e^{\lambda t} f''(t)$

(2)　$\psi(t) = f(at - b)U\left(t - \dfrac{b}{a}\right)$

10　$f(t) = \displaystyle\int_0^\infty \frac{\sin^2 tx}{x^2}\,dx$（$t > 0$）とするとき，以下の問いに答えよ．

(1)　$f(t)$ のラプラス変換を求めよ．

(2)　広義積分 $\displaystyle\int_0^\infty \frac{\sin^2 ax}{x^2}\,dx$（$a > 0$）の値を求めよ．

11　$f(t)$（$t > 0$）を周期 l（$l > 0$）の周期関数とする．このとき，次を示せ．

$$\mathscr{L}[f(t)] = \frac{1}{1 - e^{-sl}} \int_0^l f(t)e^{-st}\,dt$$

12　次の周期関数のラプラス変換を求めよ．

(1)　$f(t) = \begin{cases} 1 & (0 < t \leqq 1), \\ -1 & (1 < t \leqq 2), \end{cases}$　$f(t + 2) = f(t)$

(2)　$g(t) = \begin{cases} 3 - t & (0 < t \leqq 3), \\ 0 & (3 < t \leqq 6), \end{cases}$　$g(t + 6) = g(t)$

13　$\alpha > 0$ に対して，$\Gamma(\alpha) = \displaystyle\int_0^\infty x^{\alpha-1}e^{-x}\,dx$ で定義される関数 $\Gamma(\alpha)$ を**ガンマ関数**（かんすう）という．このとき，以下の問いに答えよ．

(1)　次の等式を示せ．

(i)　$\Gamma(\alpha + 1) = \alpha\Gamma(\alpha)$　　(ii)　$\Gamma(n + 1) = n!$　　(iii)　$\Gamma\left(\dfrac{1}{2}\right) = \sqrt{\pi}$

(2)　$\mathscr{L}[t^\alpha] = \dfrac{\Gamma(\alpha + 1)}{s^{\alpha+1}}$（$\alpha > -1,\ s > 0$）を示せ．

(3)　次の関数のラプラス変換を求めよ．

(i)　$\sqrt{t}$　　(ii)　$e^{-t}t\sqrt{t}$　　(iii)　$\dfrac{3t + 2}{\sqrt{t}}$

3.2 ラプラス変換の応用

定数係数線形微分方程式はラプラス変換を用いて，1階，2階だけでなく3階以上の高階微分方程式も同じ手法により解くことができることを学ぶ．

常微分方程式への応用 まず，1階定数係数微分方程式をラプラス変換により解いてみよう．

例題 3.14 次の $y = y(t)$ に関する微分方程式の初期値問題を解け．

$$y'(t) + 3y(t) = 3, \quad y(0) = 0$$

解 **Step 1.** $Y(s) = \mathscr{L}[y(t)]$ とおき，微分方程式の両辺をラプラス変換すると

$$\underbrace{sY(s) - y(0)}_{= \mathscr{L}[y'(t)]} + 3Y(s) = \frac{3}{s} \quad \text{より} \quad sY(s) + 3Y(s) = \frac{3}{s}$$

Step 2. $Y(s)$ に関して解くと，$Y(s)$ を次のようにsの式で表せる．

$$sY(s) + 3Y(s) = \frac{3}{s} \iff (s+3)Y(s) = \frac{3}{s} \iff Y(s) = \frac{3}{s(s+3)}$$

Step 3. $y(t) = \mathscr{L}^{-1}[Y(s)]$ と 3.9 から

$$y(t) = \mathscr{L}^{-1}[Y(s)] = \mathscr{L}^{-1}\left[\frac{3}{s(s+3)}\right] = \mathscr{L}^{-1}\left[\frac{1}{s} + \frac{-1}{s+3}\right]$$

$$= 1 - e^{-3t} \quad \leftarrow \mathscr{L}^{-1}[\alpha F(s) + \beta G(s)] = \alpha\mathscr{L}^{-1}[F(s)] + \beta\mathscr{L}^{-1}[G(s)]$$

$$\therefore \quad y(t) = 1 - e^{-3t}$$

■

Let's TRY

問 3.16 次の $y = y(t)$ に関する微分方程式の初期値問題を解け．

(1) $y'(t) = 6e^{3t}$, $y(0) = 1$

(2) $y'(t) - y(t) = 2te^{t}$, $y(0) = -1$

(3) $y'(t) + 2y(t) = 4t^2$, $y(0) = 0$

(4) $y'(t) + y(t) = 10\sin 3t$, $y(0) = 0$

ラプラス変換を利用すると2階の微分方程式も同様に解ける．

定数係数線形微分方程式は，その階数にかかわらず上の例題と同様に 3 Step で解くことができる．次ページに解法の流れを図式でまとめておく．

例題 3.15　次の $y = y(t)$ に関する微分方程式の初期値問題を解け．

$$y''(t) - 2y'(t) + y(t) = \cos t, \quad y(0) = 1,\ y'(0) = 0$$

解　**Step 1.**　$Y(s) = \mathscr{L}[y(t)]$ とおき，微分方程式の両辺をラプラス変換すると

$$\underbrace{s^2Y(s) - y(0)s - y'(0)}_{=\mathscr{L}[y'(t)]} - 2(\underbrace{sY(s) - y(0)}_{=\mathscr{L}[y''(t)]}) + Y(s) = \frac{2s}{s^2+1}$$

より，$y(0) = 1,\ y'(0) = 0$ を代入すると

$$s^2Y(s) - s - 2sY(s) + 2 + Y(s) = \frac{2s}{s^2+1} \quad \cdots①$$

Step 2.　① を $Y(s)$ に関して解くと

$$(s^2-2s+1)Y(s) = \frac{2s}{s^2+1} + s - 2 \iff Y(s) = \frac{2s}{(s-1)^2(s^2+1)} + \frac{s-2}{(s-1)^2}$$

Step 3.　$y(t) = \mathscr{L}^{-1}[Y(s)]$ と 3.10 〜 3.12 から

$$y(t) = \mathscr{L}^{-1}[Y(s)] = \mathscr{L}^{-1}\left[\frac{2s}{(s-1)^2(s^2+1)} + \frac{s-2}{(s-1)^2}\right]$$

$$= \mathscr{L}^{-1}\left[\frac{0}{s-1} + \frac{1}{(s-1)^2} + \frac{-1}{s^2+1} + \frac{1}{s-1} + \frac{-1}{(s-1)^2}\right]$$

計算メモ

$$\frac{2s}{(s-1)^2(s^2+1)} = \underbrace{\frac{0}{s-1} + \frac{1}{(s-1)^2}}_{\text{ヘビサイド法 II の適用}} + \frac{\alpha s + \beta}{s^2+1}$$

$$(\alpha s + \beta)|_{s=i} = \left.\frac{2s}{(s-1)^2}\right|_{s=i} = \frac{2i}{(i-1)^2} = -1 \quad \text{より} \quad \alpha = 0,\ \beta = -1$$

これより $y(t) = \mathscr{L}^{-1}\left[\dfrac{1}{s-1} - \dfrac{1}{s^2+1}\right] = e^t - \sin t$

$$\therefore \quad y(t) = e^t - \sin t$$

■

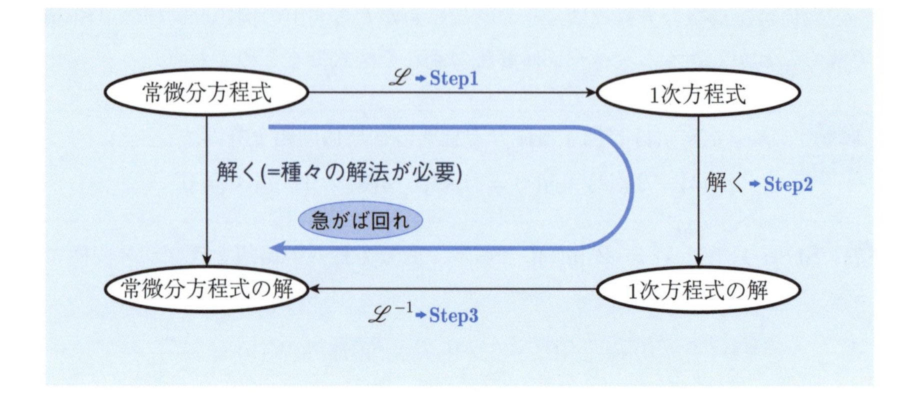

Let's TRY

問 3.17　次の $y = y(t)$ に関する微分方程式の初期値問題を解け．

(1)　$y''(t) - y'(t) - 2y(t) = 12t, \quad y(0) = 0,\ y'(0) = 0$

(2)　$y''(t) + y'(t) - 6y(t) = 4e^t, \quad y(0) = 4,\ y'(0) = 4$

(3)　$y''(t) - y(t) = 5\sin 2t, \quad y(0) = 1,\ y'(0) = 1$

(4)　$y''(t) - 2y'(t) + y(t) = 9e^t \cos 3t, \quad y(0) = 1,\ y'(0) = 2$

微分方程式の一般解を求めるときにもラプラス変換は有効である．

例題 3.16　次の2階微分方程式の一般解を求めよ．

$$y''(t) + 2y'(t) - 3y(t) = 16te^t$$

解　**Step 1.**　$Y(s) = \mathscr{L}[y(t)]$ とおき，微分方程式の両辺をラプラス変換すると

$$\underbrace{s^2Y(s) - y(0)s - y'(0)}_{=\mathscr{L}[y''(t)]} + 2(\underbrace{sY(s) - y(0)}_{=\mathscr{L}[y'(t)]}) - 3Y(s) = \frac{16}{(s-1)^2}$$

ここで，$y(0) = a,\ y'(0) = b$ とおき，代入し整理すると

$$s^2Y(s) + 2sY(s) - 3Y(s) = \frac{16}{(s-1)^2} + as + 2a + b \quad \cdots ①$$

Step 2. ① を $Y(s)$ に関して解くと

$$(s^2+2s-3)Y(s) = \frac{16}{(s-1)^2} + as + 2a + b$$

$$(s+3)(s-1)Y(s) = \frac{16}{(s-1)^2} + as + 2a + b$$

$$\therefore \quad Y(s) = \frac{16}{(s+3)(s-1)^3} + \frac{as+2a+b}{(s+3)(s-1)}$$

Step 3. $Y(s)$ を 3.11 により次のように部分分数分解できる．

$$Y(s) = \frac{16}{(s+3)(s-1)^3} + \frac{as+2a+b}{(s+3)(s-1)}$$
$$= \underbrace{\frac{C_1}{s+3} + \frac{C_2}{s-1}} + \frac{-1}{(s-1)^2} + \frac{4}{(s-1)^3}$$

網掛けの部分に注意する．任意定数 a, b を含むことから，部分分数分解したとき $s+3$, $s-1$ が分母に現れる項はまとめられ波線部のようにできる．これより，右辺第 1 項の部分分数分解は完全に計算する必要はなく分母に $(s-1)^2$, $(s-1)^3$ が現れる項の係数のみ 3.11 から計算すればよい．

ここで $y(t) = \mathscr{L}^{-1}[Y(s)]$ であることから

$$y(t) = \mathscr{L}^{-1}[Y(s)] = \mathscr{L}^{-1}\left[\frac{C_1}{s+3} + \frac{C_2}{s-1} - \frac{1}{(s-1)^2} + \frac{4}{(s-1)^3}\right]$$
$$= \mathscr{L}^{-1}\left[\frac{C_1}{s+3} + \frac{C_2}{s-1} - \frac{1}{(s-1)^2} + 2\frac{2!}{(s-1)^3}\right]$$
$$= C_1e^{-3t} + C_2e^t - te^t + 2t^2e^t$$

$$\therefore \quad y(t) = C_1e^{-3t} + C_2e^t - te^t + 2t^2e^t \quad (C_1, C_2 \text{ は任意定数})$$ ■

Let's TRY

問 3.18 次の $y = y(t)$ に関する微分方程式の一般解を求めよ．

(1) $y'(t) - 4y(t) = 3e^t$

(2) $y''(t) - 6y'(t) + 9y(t) = 2e^{3t}$

(3) $y''(t) - 3y'(t) + 2y(t) = 4te^{3t}$

(4) $y''(t) - 4y'(t) + 3y(t) = 10\sin t$

高階の微分方程式への応用　3階以上の高階の定数係数線形微分方程式もラプラス変換を応用することでこれまでと同様に解くことができる．

例題 3.17　次の $y = y(t)$ に関する微分方程式の初期値問題を解け．

$$y'''(t) - 3y''(t) + 3y'(t) - y(t) = 12e^t$$

$$y(0) = 1,\ y'(0) = 0,\ y''(0) = -1$$

解　**Step 1.**　$Y(s) = \mathscr{L}[y(t)]$ とおき，微分方程式の両辺をラプラス変換すると

$$\underbrace{s^3Y(s) - s^2 + 1}_{= \mathscr{L}[y'''(t)]} - 3(\underbrace{s^2Y(s) - s}_{= \mathscr{L}[y''(t)]}) + 3(\underbrace{sY(s) - 1}_{= \mathscr{L}[y'(t)]}) - Y(s) = \frac{12}{s-1}$$

ここで，上式を整理すると

$$\underbrace{(s^3 - 3s^2 + 3s - 1)}_{= (s-1)^3}Y(s) = s^2 - 3s + 2 + \frac{12}{s-1} \quad \cdots ①$$

Step 2.　①を $Y(s)$ に関して解き，さらに 3.10 （網掛け部分の計算）から

$$Y(s) = \frac{(s-1)(s-2)}{(s-1)^3} + \frac{12}{(s-1)^3}$$

$$= \frac{s-2}{(s-1)^2} + \frac{12}{(s-1)^4} = \frac{1}{s-1} + \frac{-1}{(s-1)^2} + \frac{12}{(s-1)^4}$$

Step 3.　$y(t) = \mathscr{L}^{-1}[Y(s)]$ であることから

$$y(t) = \mathscr{L}^{-1}[Y(s)] = \mathscr{L}^{-1}\left[\frac{1}{s-1} + \frac{-1}{(s-1)^2} + 2\frac{3!}{(s-1)^4}\right]$$

$$= e^t - te^t + 2t^3e^t$$

$$\therefore \quad y(t) = e^t - te^t + 2t^3e^t$$

■

Let's TRY

問 3.19　次の $y = y(t)$ に関する微分方程式の初期値問題を解け．

(1)　$y'''(t) - 3y''(t) - y'(t) + 3y(t) = 16e^t, \quad y(0) = 1,\ y'(0) = 1,\ y''(0) = 1$

(2)　$y^{(4)} - 8y''(t) + 16y(t) = 0, \quad y(0) = 2,\ y'(0) = y''(0) = y'''(0) = 0$

例題 3.18　次の微分方程式の一般解を求めよ．

$$y'''(t) - 4y''(t) + y'(t) + 6y(t) = 4te^t$$

解　**Step 1.**　$Y(s) = \mathscr{L}[y(t)]$ とし，$y(0) = a$, $y'(0) = b$, $y''(0) = c$ とおき，微分方程式の両辺をラプラス変換すると

$$\underbrace{s^3Y(s) - as^2 - bs - c}_{=\mathscr{L}[y'''(t)]} - 4(\underbrace{s^2Y(s) - as - b}_{=\mathscr{L}[y''(t)]}) + \underbrace{sY(s) - a}_{=\mathscr{L}[y'(t)]} + 6Y(s) = \frac{4}{(s-1)^2}$$

ここで，上式を整理すると

$$(s^3 - 4s^2 + s + 6)Y(s) = \frac{4}{(s-1)^2} + \underbrace{a,\ b,\ c\ \text{を含む}\ s\ \text{の 2 次式}}_{=as^2-(4a-b)s+a-4b+c} \quad \cdots ①$$

Step 2.　① を $Y(s)$ に関して解く．因数定理（あるいは組み立て除法）により

$$s^3 - 4s^2 + s + 6 = (s-2)(s-3)(s+1)$$

と因数分解できるので

$$Y(s) = \frac{4}{(s-2)(s-3)(s+1)(s-1)^2} + \frac{a,\ b,\ c\ \text{を含む}\ s\ \text{の 2 次式}}{(s-2)(s-3)(s+1)}$$

このとき a, b, c が任意定数であることから，新たに C_1, C_2, C_3 を任意定数としたとき 3.11 から次のように部分分数分解できる．

$$Y(s) = \frac{C_1}{s-2} + \frac{C_2}{s-3} + \frac{C_3}{s+1} + \frac{1}{s-1} + \frac{1}{(s-1)^2}$$

Step 3.　$y(t) = \mathscr{L}^{-1}[Y(s)]$ であることから

$$\begin{aligned} y(t) &= \mathscr{L}^{-1}[Y(s)] \\ &= \mathscr{L}^{-1}\left[\frac{C_1}{s-2} + \frac{C_2}{s-3} + \frac{C_3}{s+1} + \frac{1}{s-1} + \frac{1}{(s-1)^2}\right] \\ &= C_1e^{2t} + C_2e^{3t} + C_3e^{-t} + e^t + te^t \end{aligned}$$

$$\therefore\quad y(t) = C_1e^{2t} + C_2e^{3t} + C_3e^{-t} + e^t + te^t$$

■

Let's TRY

問 3.20　次の $y = y(t)$ に関する微分方程式の一般解を求めよ．

(1)　$y'''(t) - 4y''(t) - 7y'(t) + 10y(t) = 12e^{-t}$

(2)　$y^{(4)} - 4y'''(t) + 6y''(t) - 4y'(t) + y(t) = e^t \cos t$

連立微分方程式への応用♣ 連立微分方程式は，1つの従属変数の未知関数とその導関数を消去して2階線形微分方程式に帰着して解けることが知られている．ここではラプラス変換を使って連立微分方程式を解いてみよう．

例題 3.19 $x = x(t),\ y = y(t)$ に関する次の連立微分方程式

$$\begin{cases} \dfrac{dx}{dt} = x + 4y \\ \dfrac{dy}{dt} = x + y \end{cases},\quad x(0) = 4,\ y(0) = 0$$

を満たす解を求めよ．

解 **Step 1.** $X(s) = \mathscr{L}[x(t)],\ Y(s) = \mathscr{L}[y(t)]$ とおき，与えられた連立微分方程式の両辺をラプラス変換して整理して行列表示すれば

$$\begin{cases} sX(s) - 4 = X(s) + 4Y(s) \\ sY(s) = X(s) + Y(s) \end{cases} \iff \begin{pmatrix} s-1 & -4 \\ -1 & s-1 \end{pmatrix}\begin{pmatrix} X(s) \\ Y(s) \end{pmatrix} = \begin{pmatrix} 4 \\ 0 \end{pmatrix}$$

Step 2. クラメールの公式（テキスト『線形代数 [第2版]』第3章参照）と 3.9 から

$$X(s) = \frac{\begin{vmatrix} 4 & -4 \\ 0 & s-1 \end{vmatrix}}{(s-3)(s+1)} = \frac{4(s-1)}{(s-3)(s+1)} = \frac{2}{s-3} + \frac{2}{s+1}$$

$$Y(s) = \frac{\begin{vmatrix} s-1 & 4 \\ -1 & 0 \end{vmatrix}}{(s-3)(s+1)} = \frac{4}{(s-3)(s+1)} = \frac{1}{s-3} + \frac{-1}{s+1}$$

Step 3. $x(t) = \mathscr{L}^{-1}[X(s)],\ y(t) = \mathscr{L}^{-1}[Y(s)]$ より

$$\begin{cases} x(t) = 2e^{3t} + 2e^{-t} \\ y(t) = e^{3t} - e^{-t} \end{cases}$$

■

Let's TRY

問 3.21 $x = x(t),\ y = y(t)$ に関する次の連立微分方程式

$$\begin{cases} \dfrac{dx}{dt} = -2x + 2y + 2e^{-3t} \\ \dfrac{dy}{dt} = -x - 5y \end{cases},\quad x(0) = 0,\ y(0) = 0$$

を満たす解を求めよ．

積分方程式への応用　$F(s)=\mathscr{L}[f(t)],\ G(s)=\mathscr{L}[g(t)]$ のとき，一般に $\mathscr{L}[f(t)g(t)]\neq F(s)G(s)$ である．例えば，$f(t)=g(t)=1$ を考えれば，$\mathscr{L}[f(t)g(t)]=\dfrac{1}{s}$ となり，一方，$F(s)G(s)=\dfrac{1}{s^2}$ となる．

では，ラプラス変換が $F(s)G(s)$ となる原関数はどのようなものであろうか．この疑問に答えるため，以下の畳込みという概念を導入する．

$$f(t)*g(t)=\int_0^t f(\tau)g(t-\tau)\,d\tau$$

と定め，$f(t)$ と $g(t)$ の**畳込み**(たたみこ)，または**合成積**(ごうせいせき)という．

3.13　ラプラス変換の公式 V

$F(s)=\mathscr{L}[f(t)],\ G(s)=\mathscr{L}[g(t)]$ のとき

(L13)　$\mathscr{L}[f(t)*g(t)]=F(s)G(s)$　（**畳込み**）

証明　(L13)　積分の順序が変更できるという条件の下で証明する．

$$\begin{aligned}
&\mathscr{L}[f(t)*g(t)]\\
&=\int_0^\infty\left(\int_0^t f(\tau)g(t-\tau)\,d\tau\right)e^{-st}\,dt\\
&=\int_0^\infty\left(\int_0^t f(\tau)g(t-\tau)e^{-st}\,d\tau\right)dt\\
&=\int_0^\infty\left(\int_\tau^\infty f(\tau)g(t-\tau)e^{-st}\,dt\right)d\tau\\
&=\int_0^\infty f(\tau)\left(\int_\tau^\infty g(t-\tau)e^{-st}\,dt\right)d\tau\\
&\overset{u=t-\tau}{=}\int_0^\infty f(\tau)\left(\int_0^\infty g(u)e^{-s(u+\tau)}\,du\right)d\tau\\
&=\left(\int_0^\infty f(\tau)e^{-s\tau}\,d\tau\right)\left(\int_0^\infty g(u)e^{-su}\,du\right)\\
&=F(s)G(s)
\end{aligned}$$

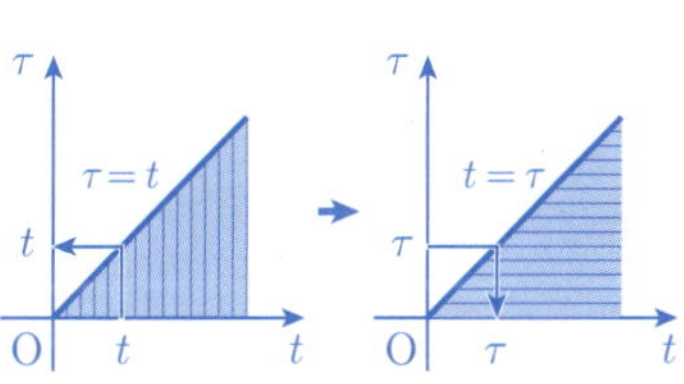

■

3.14 畳込みの性質

関数 $f(t)$, $g(t)$, $h(t)$ に対して，以下が成立する．

(1)　$f(t) * g(t) = g(t) * f(t)$

(2)　$f(t) * (g(t) + h(t)) = f(t) * g(t) + f(t) * h(t)$

Let's TRY

問 3.22　3.14 畳込みの性質 (1), (2) を証明せよ．

例題 3.20　次の問いに答えよ．

(1)　畳込みの定義にしたがい，$t * t^2$ を求めよ．

(2)　(L13) を用いて $t * t^2$ を求めよ．

解　(1)　
$$t * t^2 = \int_0^t \tau(t-\tau)^2\,d\tau = \int_0^t (t^2\tau - 2t\tau^2 + \tau^3)\,d\tau$$
$$= \left[\frac{t^2}{2}\tau^2 - \frac{2t}{3}\tau^3 + \frac{1}{4}\tau^4\right]_0^t = \frac{t^4}{2} - \frac{2t^4}{3} + \frac{t^4}{4} = \frac{1}{12}t^4$$

(2)　$\mathscr{L}\left[t * t^2\right] = \mathscr{L}[t]\mathscr{L}\left[t^2\right] = \dfrac{1}{s^2}\dfrac{2}{s^3} = \dfrac{2}{s^5} = \dfrac{1}{12}\dfrac{4!}{s^5}$

より

$$t * t^2 = \mathscr{L}^{-1}\left[\frac{1}{12}\frac{4!}{s^5}\right] = \frac{1}{12}t^4$$
■

Let's TRY

問 3.23　以下の問いに答えよ．

(1)　畳込みの定義にしたがい，$4t * e^{2t}$ を求めよ．

(2)　(L13) を用いて $4t * e^{2t}$ を求めよ．

問 3.24　次の畳込みを求めよ．

(1)　$(3e^t) * e^{-2t}$　　(2)　$(t^2e^t) * t$

(3)　$(5e^{-t}) * \sin 2t$　　(4)　$(2te^t) * \cos t$

畳込みの応用として**積分方程式**（せきぶんほうていしき）を解いてみよう．

例題 3.21 次の積分方程式を解け．

$$y(t) - \int_0^t y(\tau)e^{t-\tau}d\tau = 5\cos t$$

解 まず，積分方程式は以下のように畳込みを用いて表せる．

$$y(t) - y(t) * e^t = 5\cos t$$

Step 1. $Y(s) = \mathscr{L}[y(t)]$ とおき，両辺をラプラス変換すると

$$Y(s) - \frac{Y(s)}{s-1} = \frac{5s}{s^2+1} \quad \text{より} \quad \left(1 - \frac{1}{s-1}\right)Y(s) = \frac{5s}{s^2+1} \quad \cdots ①$$

Step 2. ① を $Y(s)$ に関して解くと

$$Y(s) = \frac{5s(s-1)}{(s-2)(s^2+1)}$$

Step 3. $y(t) = \mathscr{L}^{-1}[Y(s)]$ より 3.11 と 3.12 から

$$y(t) = \mathscr{L}^{-1}[Y(s)] = \mathscr{L}^{-1}\left[\frac{2}{s-2} + \frac{3s+1}{s^2+1}\right]$$

計算メモ

$$\frac{5s(s-1)}{(s-2)(s^2+1)} = \underbrace{\frac{2}{s-2}}_{\text{ヘビサイド法 I の適用}} + \frac{\alpha s+\beta}{s^2+1}$$

$$(\alpha s+\beta)|_{s=i} = \left.\frac{5s(s-1)}{s-2}\right|_{s=i} = \frac{5i(i-1)}{i-2} = 1+3i \quad \text{より} \quad \alpha = 3,\ \beta = 1$$

これより

$$y(t) = \mathscr{L}^{-1}\left[\frac{2}{s-2} + \frac{3s}{s^2+1} + \frac{1}{s^2+1}\right] = 2e^{2t} + 3\cos t + \sin t$$

$$\therefore \quad y(t) = 2e^{2t} + 3\cos t + \sin t$$

■

Let's TRY

問 3.25 次の $y = y(t)$ に関する積分方程式を解け．

(1) $\displaystyle\int_0^t y(\tau)e^{2(t-\tau)}\,d\tau = \sin t$ (2) $\displaystyle y(t) - \int_0^t y(\tau)e^{-2(t-\tau)}\,d\tau = 5\sin 2t$

デルタ関数♣　1933年にノーベル物理学賞を受賞したディラック（Paul A. M. Dirac, 1902〜1984）により量子力学の定式化の際に導入し，今日では特異な関数として知られているディラックの**デルタ関数**（δ 関数）について解説する．まず，次の関数 $\delta_n(t)$ を考える．

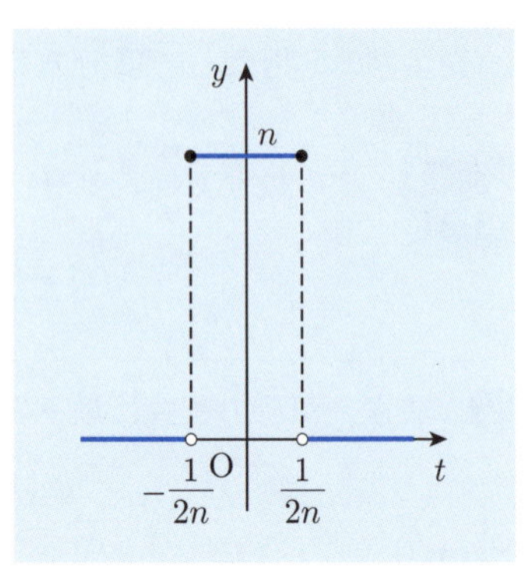

$$\delta_n(t) = \begin{cases} n & \left(|t| \leqq \dfrac{1}{2n}\right) \\ 0 & \left(|t| > \dfrac{1}{2n}\right) \end{cases}$$

$\delta_n(t)$ に対して $n \to \infty$ とした極限の関数 $\delta(t)$ を考える．すなわち，

$$\lim_{n\to\infty} \delta_n(t) = \delta(t)$$

この $\delta(t)$ をディラックのデルタ関数といい，以下の式で表される．

$$\delta(t) = \begin{cases} \infty & (t = 0) \\ 0 & (t \neq 0) \end{cases}$$

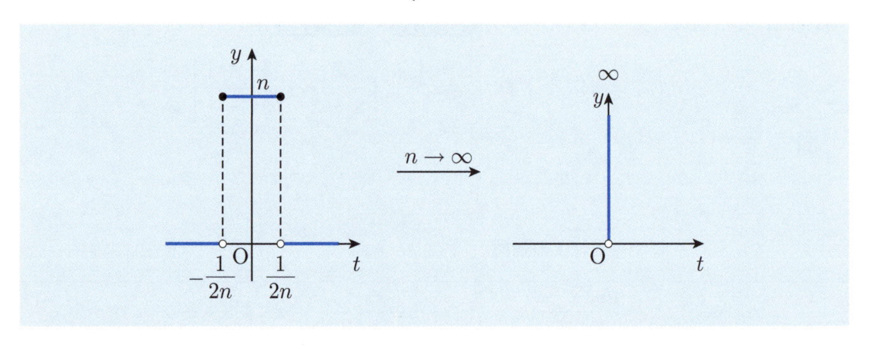

ここで，∞ は実数ではないので $\delta(t)$ は当然，通常の意味での関数ではない．デルタ関数 $\delta(t)$ は “関数のようなもの” であり，今日では**超関数**とよばれている．このデルタ関数 $\delta(t)$ は以下の性質を満たす．

$$\int_{-\infty}^{\infty} \delta(t)\,dt = 1$$

実際，lim と $\int$ の順序交換が可能と仮定して計算すると

$$\int_{-\infty}^{\infty} \delta(t)\,dt = \int_{-\infty}^{\infty} \lim_{n\to\infty} \delta_n(t)\,dt = \lim_{n\to\infty} \int_{-\infty}^{\infty} \delta_n(t)\,dt = \lim_{n\to\infty} \int_{\frac{1}{2n}}^{\frac{1}{2n}} n\,dt = 1$$

例題 3.22 デルタ関数 $\delta(t)$ に関して以下の問いに答えよ.

(1) $f(t)$ を連続関数としたとき, $\displaystyle\int_{-\infty}^{\infty} f(t)\delta(t-a)\,dt = f(a)$ を示せ.

(2) $\mathscr{L}[\delta(t-a)] = e^{-as}$, 特に $\mathscr{L}[\delta(t)] = 1$ を示せ.

(3) $\delta(t) * f(t) = f(t) * \delta(t) = f(t)$ を示せ.

解 (1) $\displaystyle\int_{-\infty}^{\infty} \delta(t-a)\,dt = 1$ に注意すると $\displaystyle\int_{-\infty}^{\infty} f(a)\delta(t-a)\,dt = f(a)$ より

$$\begin{aligned}\varDelta = \left|\int_{-\infty}^{\infty} f(t)\delta(t-a)\,dt - f(a)\right| &= \left|\int_{-\infty}^{\infty} f(t)\delta(t-a)\,dt - \int_{-\infty}^{\infty} f(a)\delta(t-a)\,dt\right| \\ &= \left|\int_{-\infty}^{\infty} (f(t)-f(a))\,\delta(t-a)\,dt\right|\end{aligned}$$

ここで, 任意の $\varepsilon > 0$ に対して

$$\begin{aligned}\varDelta &= \left|\int_{a-\varepsilon}^{a+\varepsilon} (f(t)-f(a))\,\delta(t-a)\,dt\right| \\ &\leqq \left|\int_{a-\varepsilon}^{a+\varepsilon} M_\varepsilon \delta(t-a)\,dt\right| \quad (M_\varepsilon = \max\{|f(t)-f(a)| \ : \ a-\varepsilon \leqq t \leqq a+\varepsilon\}) \\ &= M_\varepsilon \left|\int_{a-\varepsilon}^{a+\varepsilon} \delta(t-a)\,dt\right| = M_\varepsilon \to 0 \quad (\varepsilon \to 0)\end{aligned}$$

$$\therefore \quad \int_{-\infty}^{\infty} f(t)\delta(t-a)\,dt = f(a)$$

(2) (1) の結果より $\displaystyle\mathscr{L}[\delta(t-a)] = \int_{-\infty}^{\infty} \delta(t-a)e^{-st}\,dt = e^{-sa} \quad \cdots ①$

特に, ①で $a=0$ とおくと $\mathscr{L}[\delta(t)] = e^{-s\cdot 0} = 1$

(3) $F(s) = \mathscr{L}[f(t)]$ とおくと

$$\mathscr{L}[\delta(t) * f(t)] = \mathscr{L}[\delta(t)]\,F(s) = 1\cdot F(s) = F(s)$$

より
$$\delta(t) * f(t) = \mathscr{L}^{-1}[F(s)] = f(t)$$

同様にして, $f(t) * \delta(t) = f(t)$ も示される. ■

Let's TRY

問 3.26 次の広義積分の値を求めよ.

(1) $\displaystyle\int_{-\infty}^{\infty} t^2\delta(t-3)\,dt$ (2) $\displaystyle\int_{-\infty}^{\infty} \sin t\,\delta\left(t-\frac{\pi}{4}\right)\,dt$

問 3.27 次の微分方程式の解を求めよ.

$$y''(t) + y(t) = \delta(t) \quad (y(0) = y'(0) = 0)$$

線形システムと伝達関数♣　$y = y(t)$ に対して初期条件が消えている次の微分方程式を考える．

$$y'' - 4y' + 4y = e^{3t}, \quad y(0) = y'(0) = 0$$

このとき，$Y(s) = \mathscr{L}[y(t)]$ として両辺をラプラス変換して整理すると

$$(s^2 - 4s + 4)Y(s) = \frac{1}{s-3} \quad \text{より} \quad Y(s) = \frac{1}{(s-2)^2}\frac{1}{s-3}$$

$$\therefore \quad y(t) = \mathscr{L}^{-1}\left[\frac{1}{(s-2)^2}\frac{1}{s-3}\right] = te^{2t} * e^{3t}$$

このように初期条件が消えている微分方程式の解は畳込みで与えられる．

一般に，定数係数非斉次微分方程式

$$y''(t) + ay'(t) + by(t) = x(t) \quad (y(0) = y'(0) = 0) \quad \cdots ①$$

は関数 $x(t)$ に対応して，解 $y(t)$ が変化する．このとき，$x(t)$ から $y(t)$ への対応を①の表す**線形システム**（せんけい）といい，$x(t)$ を**入力**（にゅうりょく），$y(t)$ を**出力**（しゅつりょく）といい，先の例でも見たように出力 $y(t)$ は畳込みの形で与えられる．実際，

$X(s) = \mathscr{L}[x(t)], Y(s) = \mathscr{L}[y(t)]$ として①の両辺をラプラス変換すると

$$(s^2 + as + b)Y(s) = X(s) \quad \text{より} \quad Y(s) = \frac{1}{s^2 + as + b}X(s)$$

ここで，$f(t) = \mathscr{L}^{-1}\left[\dfrac{1}{s^2 + as + b}\right]$ とおくと

$$y(t) = \mathscr{L}^{-1}[Y(s)] = \mathscr{L}^{-1}\left[\frac{1}{s^2 + as + b}X(s)\right] = f(t) * x(t)$$

出力 $y(t)$ を表すために重要な役割を果たした $H(s) = \dfrac{1}{s^2 + as + b}$ を①の表す線形システムの**伝達関数**（でんたつかんすう）という．一般に次のようにまとめられる．

3.15　線形システムの解の表示

線形微分方程式

$$y^{(n)} + a_1 y^{(n-1)} + a_2 y^{(n-2)} + \cdots + a_{n-1}y' + a_n y = x(t)$$

$$y(0) = y'(0) = y''(0) = \cdots = y^{(n-1)}(0) = 0$$

に対して，$x(t)$ を入力，$y(t)$ を出力，$H(s) = \dfrac{1}{s^n + a_1 s^{n-1} + a_2 s^{n-2} + \cdots + a_{n-1}s + a_n}$ を伝達関数といい，次が成立する．

$$y(t) = \left(\mathscr{L}^{-1}[H(s)]\right) * x(t)$$

例題 3.23　微分方程式

$$y''(t) - 4y'(t) + 4y(t) = x(t) \quad (y(0) = y'(0) = 0) \quad \cdots ①$$

に対して，以下の問いに答えよ．

(1)　①の表す線形システムの伝達関数を求めよ．

(2)　出力 $y(t)$ を入力 $x(t)$ を用いて表せ．

(3)　$x(t) = \delta(t)$ のときの出力 $y(t)$ を求めよ．(入力が $\delta(t)$ のときの出力 $y(t)$ を**インパルス応答**(おうとう)という．)

(4)　$x(t) = U(t)$ のときの出力 $y(t)$ を求めよ．(入力が $U(t)$ のときの出力 $y(t)$ を**単位**(たんい)**ステップ応答**(おうとう)という．)

解　(1)　伝達関数 $H(s)$ は

$$H(s) = \frac{1}{s^2 - 4s + 4} \qquad \therefore \quad H(s) = \frac{1}{(s-2)^2}$$

(2)　$$y(t) = \mathscr{L}^{-1}\left[\frac{1}{(s-2)^2}\right] * x(t) = te^{2t} * x(t) \qquad \therefore \quad y(t) = \int_0^t \tau e^{2\tau} x(t-\tau)\,d\tau$$

(3)　$$y(t) = \mathscr{L}^{-1}[H(s)] * \delta(t) = \mathscr{L}^{-1}\left[\frac{1}{(s-2)^2}\right] \quad \leftarrow f(t) * \delta(t) = f(t)$$

$$= te^{2t} \qquad \therefore \quad y(t) = te^{2t}$$

(4)　$y(t) = \mathscr{L}^{-1}\left[\frac{1}{(s-2)^2}\right] * U(t)$ より $Y(s) = \frac{1}{s}\frac{1}{(s-2)^2}$ となるので

$$y(t) = \mathscr{L}^{-1}\left[\frac{1}{s}\frac{1}{(s-2)^2}\right] = \int_0^t \tau e^{2\tau}\,d\tau = \left[\tau \frac{1}{2}e^{2\tau}\right]_0^t - \frac{1}{2}\int_0^t e^{2\tau}\,d\tau$$

$$= \frac{1}{2}te^{2t} - \frac{1}{4}(e^{2t} - 1) \qquad \therefore \quad y(t) = \frac{1}{4}\left(1 - e^{2t} + 2te^{2t}\right)$$

■

Let's TRY

問 3.28　次の微分方程式について，以下の問いに答えよ．

$$y''(t) - 6y'(t) + 9y(t) = x(t) \quad (y(0) = y'(0) = 0) \quad \cdots ①$$

(1)　①の表す線形システムの伝達関数を求めよ．

(2)　インパルス応答 $y(t)$ を求めよ．

(3)　単位ステップ応答 $y(t)$ を求めよ．

(4)　$x(t) = 4te^t$ のときの出力 $y(t)$ を求めよ．

第3章3.2節　演習問題A

14　2階定数係数線形微分方程式 $y'' + ay' + by = 0$ の一般解 $y = y(t)$ は特性方程式 $s^2 + as + b = 0$ の解により次のように与えられることをラプラス変換を用いて示せ．ただし C_1，C_2 は任意定数である．

(1)　異なる2つの実数解 $s = \alpha, \beta$（$\alpha \neq \beta$）をもつとき，$y = C_1 e^{\alpha t} + C_2 e^{\beta t}$

(2)　2重解 $s = \alpha$（α は実数）をもつとき，$y = C_1 e^{\alpha t} + C_2 t e^{\alpha t}$

(3)　異なる2つの虚数解 $s = p \pm qi$（p, q は実数）をもつとき

$$y = e^{pt}(C_1 \cos qt + C_2 \sin qt)$$

15　次の $y = y(t)$ に関する微分方程式の初期値問題を解け．

(1)　$y'(t) - 4y(t) = e^{3t}, \quad y(0) = 1$

(2)　$y'(t) + y(t) = 4t^3 e^{-t} + 3t^2 e^{-t}, \quad y(0) = 2$

(3)　$y''(t) - 7y'(t) + 12y(t) = 6te^{4t}, \quad y(0) = 1,\ y'(0) = 0$

(4)　$y''(t) - y'(t) = 2 \sin t, \quad y(0) = 0,\ y'(0) = 0$

16　次の微分方程式について ( ) 内の条件を満たす解を求めよ．

(1)　$y''(t) + y(t) = 1 \quad \left(y(0) = 2,\ y\left(\dfrac{\pi}{2}\right) = -1\right)$

(2)　$y''(t) + y(t) = 2t^2 + 1 \quad \left(y(0) = 1,\ y\left(\dfrac{\pi}{2}\right) = -3\right)$

17　次の微分方程式の一般解を解け．

(1)　$y'(t) + y(t) = 4t^2 e^t$

(2)　$y''(t) - 5y'(t) + 6y(t) = 4te^t$

(3)　$y''(t) - 2y'(t) + 5y(t) = 8e^{3t}$

(4)　$y''(t) - 3y'(t) + 2y(t) = 10 \sin t$

(5)　$y'''(t) - 3y''(t) - 6y'(t) + 8y(t) = 9e^t$

(6)　$y^{(4)}(t) - y'''(t) - 6y''(t) + 4y'(t) + 8y(t) = 6e^t$

18　次の積分方程式を解け．

(1)　$y(t) = t + 2 \displaystyle\int_0^t y(\tau) \cos(t - \tau)\, d\tau$

(2)　$y(t) = 4t + \dfrac{1}{6} \displaystyle\int_0^t y(\tau)(t - \tau)^3\, d\tau$

第３章3.2節　演習問題B

19 $x = x(t),\ y = y(t)$ に関する次の連立微分方程式を解け.

$$\begin{cases} \dfrac{dx}{dt} = x + y \\ \dfrac{dy}{dt} = -x + 3y \end{cases}, \quad x(0) = 0,\ y(0) = 1$$

20 次の微分方程式の初期値問題を解け.

(1) $y''(t) - 2y'(t) + y(t) = 4te^{-t}, \quad y(0) = -1,\ y'(0) = 1$

(2) $y''(t) - 4y'(t) + 4y(t) = 8\sin 2t, \quad y(0) = y'(0) = 0$

(3) $y''' - 2y''(t) - y'(t) + 2y(t) = 0, \quad y(0) = 6,\ y'(0) = -2,\ y''(0) = 0$

(4) $y^{(4)} - 3y'''(t) + 2y''(t) = 4e^{2t}, \quad y(0) = y'(0) = y''(0) = y'''(0) = 0$

21 次の $y = y(t)$ に関する微分方程式の一般解を求めよ.

(1) $y'''(t) + y''(t) - y'(t) - y(t) = 24te^{-t}$

(2) $y'''(t) - 3y''(t) + 3y'(t) - y(t) = 4\sin t$

(3) $y^{(4)} - 2y'''(t) - 2y''(t) + 8y(t) = 16t$

(4) $y^{(4)} - 4y'''(t) + 6y''(t) - 4y'(t) + y(t) = t^2e^{2t}$

22 以下の微分・積分方程式を解け.

(1) $y'(t) - 4y(t) + 4\displaystyle\int_0^t y(\tau)\,d\tau = e^{3t}, \quad y(0) = 1$

(2) $y'(t) - 3\cos 2t + \displaystyle\int_0^t y(\tau)\,d\tau = 0, \quad y(0) = 0$

23 次の微分方程式について，以下の問いに答えよ.

$$y''(t) + y(t) = x(t) \quad (y(0) = y'(0) = 0) \quad \cdots ①$$

(1) ①の表す線形システムの伝達関数を求めよ.

(2) インパルス応答 $y(t)$ を求めよ.

(3) 単位ステップ応答 $y(t)$ を求めよ.

(4) $x(t) = 2te^t$ のときの出力 $y(t)$ を求めよ.

第3章3.2節　演習問題C

24　$x = x(t),\ y = y(t)$ に関する次の連立微分方程式を解け．

$$\begin{cases} \dfrac{dx}{dt} = x + 2y + 5e^{2t} \\ \dfrac{dy}{dt} = 2x - 2y \end{cases}, \quad x(0) = y(0) = 0$$

25　2階微分方程式

$$\frac{d^2x}{dt^2} + \omega^2 x = \sin \Omega t \quad (x(0) = x'(0) = 0) \quad \cdots ①$$

について次の問いに答えよ．ただし，ω と Ω は正の実数である．

(1)　$\omega \neq \Omega$ のとき，①の解を求めよ．

(2)　$\omega = \Omega$ のとき，①の解を求めよ．

26　次の関数方程式を満たす関数 $f(t)$（$t > 0$）を求めよ．

$$f'(t) + 2f(t) - 16\int_0^t f(t-\tau)\cos 4\tau\, d\tau + 2\sqrt{2}\sin\left(4t + \frac{\pi}{4}\right) = 0,$$

$$f(0) = 1$$

ただし，$f(0) = \displaystyle\lim_{t \to +0} f(t)$ とする．

27　次の微分方程式の初期値問題を解け．

(1)　$y''(t) - 3y'(t) + 2y(t) = 2U(t-3), \quad y(0) = y'(0) = 0$

(2)　$y''(t) - y'(t) = \delta(t-2), \quad y(0) = y'(0) = 0$

28　以下の変数係数線形微分方程式の初期値問題を解け．

(1)　$y(t) - ty'(t) = 2, \quad y(0) = 2,\ y'(0) = 1$

(2)　$y(t) - ty'(t) = 2t^2 + 1, \quad y(0) = y'(0) = 1$

(3)　$ty''(t) + (2t-1)y'(t) + (t-1)y(t) = 0,$

$y(0) = y'(0) = 0,\ y''(0) = 6$

4 フーリエ解析

フランスの数学者フーリエ (Jean Baptiste Joseph Fourier 1768～1830) は固体内での熱伝導に関する研究から，熱伝導方程式 $\dfrac{\partial u}{\partial t} = \dfrac{\partial^2 u}{\partial x^2}$ を導き出した．さらに，それを解く際に，任意の (周期) 関数は三角関数によって級数展開できるという「フーリエ級数」の概念を提唱した．フーリエの時代にはこの理論は受け入れられなかったが，今日では物理学，音声解析および画像処理など様々な分野で応用されている．

4.1 フーリエ級数

周期関数　ある正の実数 T が存在して，任意の x に対して $f(x+T) = f(x)$ を満たすとき，関数 $f(x)$ は周期 T をもつ**周期関数**(しゅうきかんすう)であるという．

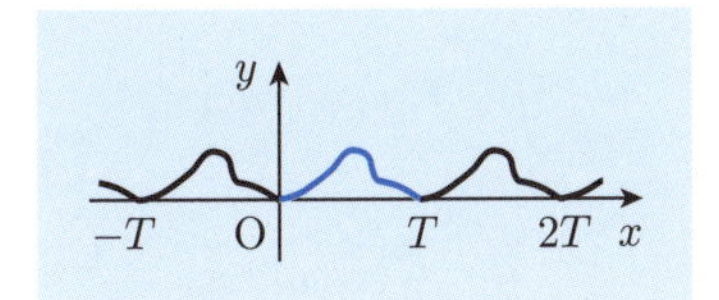

T が周期なら

$$f(x+2T) = f\big((x+T)+T\big) = f(x+T) = f(x)$$

より $2T$ も周期となる．同様に任意の正整数 n に対しても nT は周期である．周期の中で最小のものを**基本周期**(きほんしゅうき)という．例えば $\sin x$ の基本周期は 2π である．

周期 2π の周期関数のフーリエ級数　『微分積分 [第 2 版]』第 4 章でみたように，$e^x, \sin x, \log(1+x)$ など多くの関数が $\sum_{n=0}^{\infty} a_n x^n$ の形にマクローリン展開される．周期関数に対しては，x^n ではなく周期関数による展開を考えるのが自然であろう．そこでフーリエは周期 2π の周期関数 $f(x)$ が

$$f(x) = c_0 + \sum_{n=1}^{\infty} (a_n \cos nx + b_n \sin nx) \quad \cdots ①$$

と表されると考えた．

この展開が成り立つと仮定して，まず c_0 を求めてみよう．

①の両辺を $-\pi$ から π まで積分して

$$\int_{-\pi}^{\pi} f(x)\,dx = \int_{-\pi}^{\pi} \left\{ c_0 + \sum_{n=1}^{\infty} (a_n \cos nx + b_n \sin nx) \right\} dx$$

ここで，右辺が項別積分可能だと仮定すると以下が成り立つ．

$$= \int_{-\pi}^{\pi} c_0\,dx + \sum_{n=1}^{\infty} a_n \int_{-\pi}^{\pi} \cos nx\,dx + \sum_{n=1}^{\infty} b_n \int_{-\pi}^{\pi} \sin nx\,dx$$

$$= c_0 2\pi + \sum_{n=1}^{\infty} a_n \left[\frac{1}{n} \cos nx \right]_{-\pi}^{\pi} + \sum_{n=1}^{\infty} b_n \left[-\frac{1}{n} \sin nx \right]_{-\pi}^{\pi} = c_0 2\pi$$

ゆえに $c_0 = \dfrac{1}{2\pi} \displaystyle\int_{-\pi}^{\pi} c_0\,dx$

同様にして a_n を求めよう．$m = 1, 2, 3, \ldots$ として①の両辺に $\cos mx$ を掛けて $-\pi$ から π まで積分すると，

$$\int_{-\pi}^{\pi} f(x) \cos mx\,dx$$

$$= \int_{-\pi}^{\pi} c_0 \cos mx\,dx + \sum_{n=1}^{\infty} a_n \int_{-\pi}^{\pi} \cos nx \cos mx\,dx$$

$$+ \sum_{n=1}^{\infty} b_n \int_{-\pi}^{\pi} \sin nx \cos mx\,dx$$

$$= \sum_{n=1}^{\infty} a_n \int_{-\pi}^{\pi} \cos nx \cos mx\,dx + \sum_{n=1}^{\infty} b_n \int_{-\pi}^{\pi} \sin nx \cos mx\,dx \quad \cdots ②$$

ここで $\displaystyle\int_{-\pi}^{\pi} \sin nx \cos mx\,dx = \int_{-\pi}^{\pi}$（奇関数）$dx = 0$ なので，

$$② = \sum_{n=1}^{\infty} a_n \int_{-\pi}^{\pi} \cos nx \cos mx\,dx$$

となる．さらに，積和の公式より

$$\cos nx \cos mx = \frac{1}{2} \{\cos(n+m)x + \cos(n-m)x\}$$

が成り立つので，$n \neq m$ のとき

$$\int_{-\pi}^{\pi} \cos nx \cos mx\,dx = \frac{1}{2}\int_{-\pi}^{\pi} \{\cos(n+m)x + \cos(n-m)x\}\,dx$$

$$= \left[\frac{1}{n+m}\sin(n+m)x + \frac{1}{n-m}\sin(n-m)x\right]_{-\pi}^{\pi} = 0$$

$n = m$ のとき

$$\int_{-\pi}^{\pi} \cos nx \cos mx\,dx = \int_{-\pi}^{\pi} \cos^2 mx\,dx = \frac{1}{2}\int_{-\pi}^{\pi} (1 + \cos 2mx)\,dx$$

↑ $\cos^2\theta = \dfrac{1+\cos 2\theta}{2}$（2 倍角の公式より）

$$= \frac{1}{2}\left[x + \frac{1}{2m}\sin 2mx\right]_{-\pi}^{\pi} = \pi$$

以上より，次が示された．

$$\int_{-\pi}^{\pi} f(x)\cos mx\,dx = \pi a_m \quad (m = 0, 1, 2, \ldots) \quad \cdots ③$$

同様に，①の両辺に $\sin mx$ を掛けて積分することで，

$$\int_{-\pi}^{\pi} f(x)\sin mx\,dx = \pi b_m \quad (m = 1, 2, 3, \ldots) \quad \cdots ④$$

となることも示される．したがって，

$$a_n = \frac{1}{\pi}\int_{-\pi}^{\pi} f(x)\cos nx\,dx$$
$$b_n = \frac{1}{\pi}\int_{-\pi}^{\pi} f(x)\sin nx\,dx \qquad (n = 1, 2, 3, \ldots)$$

Let's TRY

問 4.1　④式を証明せよ．

①の右辺を $f(x)$ の**フーリエ級数**（きゅうすう）という．

また，a_n, b_n を $f(x)$ の**フーリエ係数**（けいすう）といい，$f(x)$ をフーリエ級数で表すことを $f(x)$ を**フーリエ展開する**（てんかい）という．

一般に，与えられた $f(x)$ に対し，フーリエ級数は必ずしも収束するとは限らず，また，級数が収束する場合でもそれが $f(x)$ と一致するとは限らない．

これらについては後で考えることにして，ここでは等号の代わりに「∼」を使ってフーリエ級数を表すことにする．

4.1 [定義] 周期 2π の関数のフーリエ級数

$f(x)$ を周期 2π の周期関数とする．

$$f(x) \sim c_0 + \sum_{n=1}^{\infty}(a_n \cos nx + b_n \sin nx)$$

の右辺を $f(x)$ の**フーリエ級数**(きゅうすう)という．

フーリエ係数(けいすう) c_0, a_n, b_n は

$$c_0 = \frac{1}{2\pi}\int_{-\pi}^{\pi} f(x)\,dx$$

$$a_n = \frac{1}{\pi}\int_{-\pi}^{\pi} f(x)\cos nx\,dx \quad (n = 1, 2, \ldots)$$

$$b_n = \frac{1}{\pi}\int_{-\pi}^{\pi} f(x)\sin nx\,dx \quad (n = 1, 2, \ldots)$$

例題 4.1 $f(x) = x$ $(-\pi < x \leqq \pi)$ を考える．$f(x + 2\pi) = f(x)$ によりこの関数を周期 2π の関数に拡張し，その関数を再び $f(x)$ と表す．

(1) $f(x)$ のグラフの概形をかけ．　(2) $f(x)$ のフーリエ級数を求めよ．

解 (1)

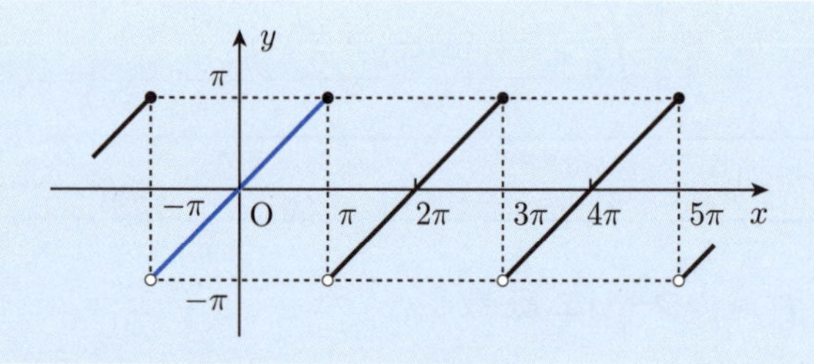

(2) $c_0 = \dfrac{1}{2\pi}\displaystyle\int_{-\pi}^{\pi} x\,dx = 0$

$$a_n = \frac{1}{\pi}\int_{-\pi}^{\pi} \underbrace{x \cos nx}_{\text{奇関数}}\,dx = 0$$

（x：奇関数，$\cos nx$：偶関数）

← $\displaystyle\int_{-a}^{a}$（奇関数）$dx=0$ より（『微分積分 [第 2 版]』 p.95 参照）

$$b_n = \frac{1}{\pi}\int_{-\pi}^{\pi} \underbrace{x \ \sin nx}_{\text{偶関数}}\, dx = \frac{2}{\pi}\int_0^{\pi} x \sin nx \, dx$$

（x：奇関数，$\sin nx$：奇関数）

$\int_{-a}^{a}$（偶関数）$dx = 2\int_0^a$（偶関数）dx より（同上）

$$= \frac{2}{\pi}\int_0^{\pi} x\left(-\frac{1}{n}\cos nx\right)' dx = \frac{2}{\pi}\left[-\frac{x}{n}\cos nx\right]_0^{\pi} + \frac{2}{n\pi}\int_0^{\pi}(x)'\cos nx\, dx$$

$$= \frac{2}{\pi}\left\{-\frac{\pi}{n}(-1)^n\right\} + \frac{2}{n\pi}\int_0^{\pi}\cos nx\, dx$$

$$= -\frac{2}{n}(-1)^n + \left[\frac{2}{n^2\pi}\sin nx\right]_0^{\pi}$$

$$= \frac{2}{n}(-1)^{n+1}$$

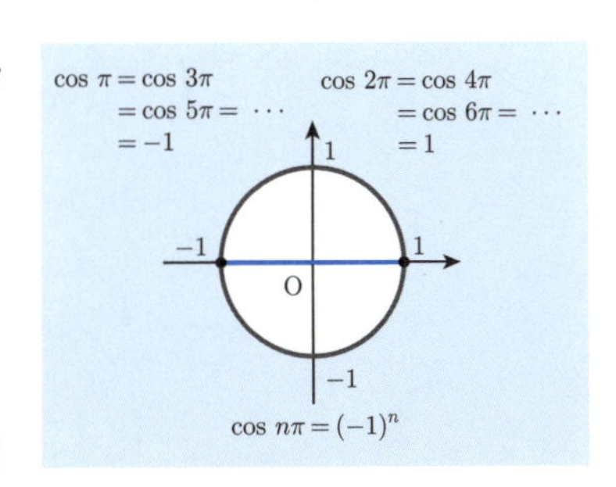

以上より $f(x) \sim \displaystyle\sum_{n=1}^{\infty}\frac{2}{n}(-1)^{n+1}\sin nx$ ■

Let's TRY

問 4.2　$f(x) = \begin{cases} -1 & (-\pi < x \leqq 0) \\ 1 & (0 < x \leqq \pi) \end{cases}$，　$f(x+2\pi) = f(x)$

のとき以下の問いに答えよ．

(1)　$f(x)$ のグラフの概形をかけ．　　(2)　$f(x)$ のフーリエ級数を求めよ．

例題 4.2　$f(x) = |x|$（$-\pi < x \leqq \pi$），$f(x+2\pi) = f(x)$ のとき以下の問いに答えよ．

(1)　$f(x)$ のグラフの概形をかけ．　　(2)　$f(x)$ のフーリエ級数を求めよ．

解　(1)

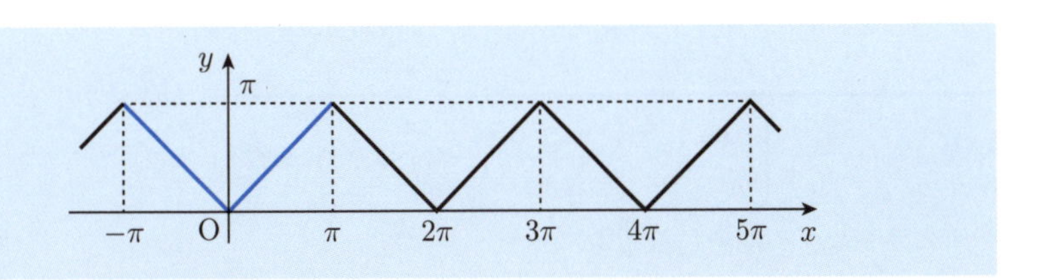

(2) $c_0 = \dfrac{1}{2\pi}\displaystyle\int_{-\pi}^{\pi} \underbrace{|x|}_{偶関数}\, dx = \dfrac{1}{\pi}\int_{0}^{\pi} x\, dx = \dfrac{1}{\pi}\left[\dfrac{x^2}{2}\right]_0^{\pi} = \dfrac{\pi}{2}$

$n \geqq 1$ では

$$a_n = \frac{1}{\pi}\int_{-\pi}^{\pi} \underbrace{\underset{偶関数}{|x|}\ \underset{偶関数}{\cos nx}}_{偶関数}\, dx = \frac{2}{\pi}\int_0^{\pi} x\cos nx\, dx$$

$$= \frac{2}{\pi}\int_0^{\pi} x\left(\frac{1}{n}\sin nx\right)' dx$$

$$= \frac{2}{\pi}\left[\frac{x}{n}\sin nx\right]_0^{\pi} - \frac{2}{\pi}\int_0^{\pi}(x)'\frac{1}{n}\sin nx\, dx$$

$$= -\frac{2}{n\pi}\int_0^{\pi}\sin nx\, dx$$

$$= -\frac{2}{n\pi}\left[-\frac{1}{n}\cos nx\right]_0^{\pi}$$

$$= \frac{2}{n^2\pi}\{(-1)^n - 1\}$$

$$b_n = \frac{1}{\pi}\int_{-\pi}^{\pi} \underbrace{\underset{偶関数}{|x|}\ \underset{奇関数}{\sin nx}}_{奇関数}\, dx = 0$$

ゆえに

$$f(x) \sim \frac{\pi}{2} + \sum_{n=1}^{\infty}\frac{2}{n^2\pi}\{(-1)^n - 1\}\cos nx$$ ■

■**注意** 右辺は次のようにも表せる．

$$\frac{\pi}{2} - \frac{4}{\pi}\left(\cos x + \frac{1}{9}\cos 3x + \cdots\right) = \frac{\pi}{2} - \sum_{m=1}^{\infty}\frac{4}{(2m-1)^2\pi}\cos(2m-1)x$$

Let's TRY

問 4.3 $f(x) = \begin{cases} 0 & (-\pi < x \leqq 0) \\ x & (0 < x \leqq \pi) \end{cases}$， $f(x+2\pi) = f(x)$

のとき，以下の問いに答えよ．

(1) $f(x)$ のグラフの概形をかけ． (2) $f(x)$ のフーリエ級数を求めよ．

一般の周期関数のフーリエ級数　次に，周期が $2L$ の周期関数に対して，周期 $2L$ の三角関数による展開を考えよう．$f(x)$ が周期 $2L$（$L>0$）の周期関数であるとき，$x=\frac{L}{\pi}t$ とおくと $F(t)=f\left(\frac{L}{\pi}t\right)$ について

$$F(t+2\pi)=f\left(\frac{L}{\pi}(t+2\pi)\right)=f\left(\frac{L}{\pi}t+2L\right)=f\left(\frac{L}{\pi}t\right)=F(t)$$

が成立し，$F(t)$ は周期 2π の周期関数となる．

$F(t)$ のフーリエ級数を求めると

$$F(t)\sim c_0+\sum_{n=1}^{\infty}(a_n\cos nt+b_n\sin nt)$$

$$c_0=\frac{1}{2\pi}\int_{-\pi}^{\pi}F(t)\,dt$$

$$a_n=\frac{1}{\pi}\int_{-\pi}^{\pi}F(t)\cos nt\,dt,\quad b_n=\frac{1}{\pi}\int_{-\pi}^{\pi}F(t)\sin nt\,dt\quad(n=1,2,\ldots)$$

a_n, b_n で $x=\frac{L}{\pi}t$ として置換積分すると，$t=\frac{\pi}{L}x$ であり

$$dt=\frac{\pi}{L}\,dx,$$

t	$-\pi\to\pi$
x	$-L\to L$

なので

$$c_0=\frac{1}{2\pi}\int_{-L}^{L}F\left(\frac{\pi}{L}x\right)\frac{\pi}{L}\,dx=\frac{1}{2L}\int_{-L}^{L}f(x)\,dx$$

$$a_n=\frac{1}{\pi}\int_{-L}^{L}F\left(\frac{\pi}{L}x\right)\cos\frac{n\pi x}{L}\,\frac{\pi}{L}\,dx=\frac{1}{L}\int_{-L}^{L}f(x)\cos\frac{n\pi x}{L}\,dx$$

b_n についても同様にして，以下が成り立つ．

4.2　周期 $2L$ の周期関数のフーリエ級数

$f(x)$ が周期 $2L$ の周期関数のとき，そのフーリエ級数は

$$f(x)\sim c_0+\sum_{n=1}^{\infty}\left(a_n\cos\frac{n\pi x}{L}+b_n\sin\frac{n\pi x}{L}\right)$$

$$c_0=\frac{1}{2L}\int_{-L}^{L}f(x)dx$$

$$a_n=\frac{1}{L}\int_{-L}^{L}f(x)\cos\frac{n\pi x}{L}dx,\quad b_n=\frac{1}{L}\int_{-L}^{L}f(x)\sin\frac{n\pi x}{L}dx\quad(n=1,2,\ldots)$$

例題 4.3

$$f(x)=\begin{cases}0 & (-1<x\leqq 0)\\ 1 & (0<x\leqq 1)\end{cases},\quad f(x+2)=f(x)$$

のとき，以下の問いに答えよ．

(1)　$f(x)$ のグラフの概形をかけ．　　(2)　$f(x)$ のフーリエ級数を求めよ．

解　(1)

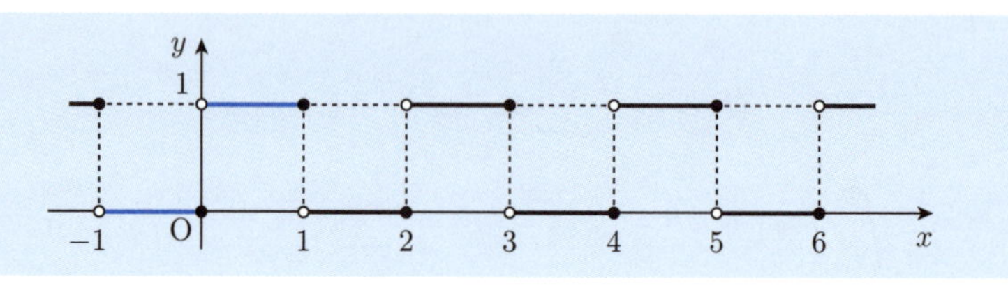

(2)　$2L=2$ より $L=1$ となるので

$$c_0=\frac{1}{2}\int_{-1}^{1}f(x)\,dx=\frac{1}{2}\int_{0}^{1}dx=\frac{1}{2}$$

$$a_n=\frac{1}{1}\int_{-1}^{1}f(x)\cos\frac{n\pi x}{1}\,dx=\int_0^1\cos n\pi x\,dx=\left[\frac{1}{n\pi}\sin n\pi x\right]_0^1=0$$

$$\begin{aligned}b_n&=\frac{1}{1}\int_{-1}^{1}f(x)\sin\frac{n\pi x}{1}\,dx=\int_0^1\sin n\pi x\,dx=\left[-\frac{1}{n\pi}\cos n\pi x\right]_0^1\\&=-\frac{1}{n\pi}\left\{(-1)^n-1\right\}\quad(n\geqq 1)\end{aligned}$$

ゆえに

$$\begin{aligned}f(x)&\sim\frac{1}{2}+\sum_{n=1}^{\infty}\frac{1-(-1)^n}{n\pi}\sin n\pi x\\&=\frac{1}{2}+\frac{2}{\pi}\sum_{m=1}^{\infty}\frac{1}{2m-1}\sin(2m-1)\pi x\end{aligned}$$

■

例題 4.1 や 4.2 のように $f(x)$ が偶関数や奇関数の場合には，フーリエ級数は簡単になる．

4.3　フーリエ正弦級数・余弦級数

$f(x)$ は周期 $2L$ の周期関数とする．

(1)　$f(x)$ が奇関数のとき，$c_0 = 0,\ a_n = 0$（$n = 1, 2, \ldots$）となり

$$f(x) \sim \sum_{n=1}^{\infty} b_n \sin \frac{n\pi x}{L}$$

$$b_n = \frac{2}{L}\int_0^L f(x) \sin \frac{n\pi x}{L} dx \quad (n = 1, 2, \ldots)$$

が成り立つ．これを**フーリエ正弦級数**という．

(2)　$f(x)$ が偶関数のとき，$b_n = 0$（$n = 1, 2, \ldots$）となり

$$f(x) \sim c_0 + \sum_{n=1}^{\infty} a_n \cos \frac{n\pi x}{L}$$

$$c_0 = \frac{1}{L}\int_0^L f(x)\, dx, \quad a_n = \frac{2}{L}\int_0^L f(x) \cos \frac{n\pi x}{L}\, dx \quad (n = 1, 2, \ldots)$$

が成り立つ．これを**フーリエ余弦級数**という．

Let's TRY

問 4.4　$f(x) = \begin{cases} 1 & (-2 < x \leqq 0) \\ -1 & (0 < x \leqq 2) \end{cases}$，$f(x+4) = f(x)$ のフーリエ級数を求めよ．

問 4.5　$f(x) = |x|$（$-3 < x \leqq 3$），$f(x+6) = f(x)$ のフーリエ級数を求めよ．

$L > 0$ とし $f(x)$ を $0 \leqq x \leqq L$ で定義された関数とする．$f(-x) = -f(x)$（$0 \leqq x < L$）で $f(x)$ を区間 $(-L, L]$ 上の奇関数に拡張し，さらに $f(x+2L) = f(x)$ で周期 $2L$ の関数に拡張したものを $f(x)$ の**奇関数拡張**という．この奇関数拡張された関数のフーリエ展開はフーリエ正弦級数となる．これを $f(x)$ の**フーリエ正弦展開**という．

同様に，$0 \leqq x \leqq L$ で定義された $f(x)$ を $f(-x) = f(x)$（$0 \leqq x < L$）で $f(x)$ を区間 $(-L, L]$ 上の偶関数に拡張し，さらに $f(x+2L) = f(x)$ で周期 $2L$ の関数に拡張したものを $f(x)$ の**偶関数拡張**という．この偶関数拡張された関数のフーリエ展開はフーリエ余弦級数となる．これを $f(x)$ の**フーリエ余弦展開**という．

(1)　$f(x) = x$ $(0 \leqq x \leqq \pi)$ とする．この関数の奇関数拡張は例題4.1の関数である．よってフーリエ正弦展開は

$$\sum_{n=1}^{\infty} \frac{2}{n}(-1)^{n+1} \sin nx$$

(2)　$f(x) = x$ $(0 \leqq x \leqq \pi)$ とする．この関数の偶関数拡張は例題4.2の関数である．よってフーリエ余弦展開は

$$\frac{\pi}{2} - \sum_{m=1}^{\infty} \frac{4}{(2m-1)^2\pi} \cos(2m-1)x$$

■

フーリエ級数の収束　以下では，フーリエ級数の収束性を考える．

例えば例題4.1の関数 $f(x)$ のフーリエ級数がどのような x について収束するか，収束する場合その値が $f(x)$ と一致するかどうかを考えよう．

この関数は $y = x$ $(-\pi < x \leqq \pi)$ を周期 2π となるように拡張したもので

$$x = (2n-1)\pi \quad (n = 0, \pm 1, \pm 2, \ldots)$$

においては不連続であるが，両片側極限が存在する．それ以外の点では連続である．

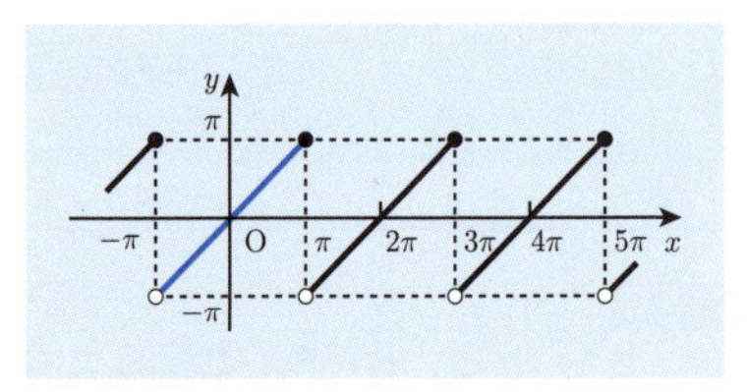

第3章においてこのような関数を**区分的に連続な関数**（くぶんてきにれんぞくなかんすう）と定義した．

区分的に滑らかな関数（くぶんてきになめらかなかんすう）：閉区間 $[a, b]$ で定義された区分的に連続な関数 $f(x)$ が**区分的に滑らか**（くぶんてきになめらか）であるとは，$f(x)$ および $f'(x)$ が区分的に連続なことをいう．

以下 $f(x-0) = \lim_{t \to x-0} f(t)$，$f(x+0) = \lim_{t \to x+0} f(t)$ と表記する．

4.4　［定理］フーリエ級数の収束定理

$f(x)$ を区分的に滑らかな周期 $2L$ の周期関数とする．このとき，$f(x)$ のフーリエ級数 $S(x) = c_0 + \sum_{n=1}^{\infty} \left(a_n \cos \frac{n\pi x}{L} + b_n \sin \frac{n\pi x}{L} \right)$ は $\frac{f(x-0) + f(x+0)}{2}$ に収束する．

特に $f(x)$ が連続な点では $S(x)$ は $f(x)$ に収束する．

以下に例題 4.1 の関数における収束の様子をあげる．

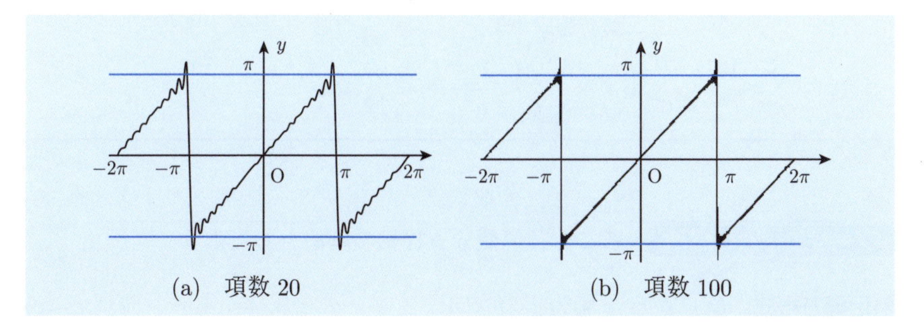

(a)　項数 20　　(b)　項数 100

このように不連続点の近くではフーリエ級数は激しく振動して，なかなか $f(x)$ に収束しない．

例 4.2

例題 4.2 の $f(x) = |x|$ $(-\pi < x \leqq \pi)$ を周期 2π となるように拡張した関数はすべての点で連続であるから，次が成り立つ．

$$\frac{\pi}{2} - \frac{4}{\pi}\sum_{m=1}^{\infty}\frac{1}{(2m-1)^2}\cos(2m-1)x = |x| \quad (-\pi \leqq x \leqq \pi)$$ ■

例題 4.4

例 4.2 の等式を用いて，次が成り立つことを証明せよ．

$$1 + \frac{1}{3^2} + \frac{1}{5^2} + \cdots + \frac{1}{(2m-1)^2} + \cdots = \frac{\pi^2}{8}$$

証明　例 4.2 の等式で $x = 0$ を代入すると，

$$\frac{\pi}{2} - \frac{4}{\pi}\sum_{m=1}^{\infty}\frac{1}{(2m-1)^2} = 0$$

となる．したがって，

$$\sum_{m=1}^{\infty}\frac{1}{(2m-1)^2} = 1 + \frac{1}{3^2} + \frac{1}{5^2} + \cdots + \frac{1}{(2m-1)^2} + \cdots = \frac{\pi^2}{8}$$ ■

Let's TRY

問 4.6　$f(x) = x^2$ $(-\pi < x \leqq \pi)$，$f(x+2\pi) = f(x)$ のとき，次の問いに答えよ．

(1)　$f(x)$ のフーリエ級数を求めよ．

(2)　$\displaystyle\sum_{n=1}^{\infty} \frac{1}{n^2} = \frac{\pi^2}{6}$ および $\displaystyle\sum_{n=1}^{\infty} \frac{(-1)^{n-1}}{n^2} = \frac{\pi^2}{12}$ を示せ．

フーリエ級数の応用　ここでは偏微分方程式の解法を考えよう．

熱伝導方程式：原点から x 軸の正の方向に長さ π の金属棒があり，時刻 $t = 0$ における温度が金属棒の位置 x に対して $x(\pi - x)$ で与えられているとき，時刻 t における金属棒の温度分布 $u(x,t)$ は次の熱伝導方程式で表される．

$$\begin{cases} u_t = u_{xx} & (t > 0,\ 0 < x < \pi) & \cdots ① \\ u(0,t) = u(\pi,t) = 0 & (t \geqq 0) & \cdots ② \\ u(x,0) = x(\pi - x) & (0 \leqq x \leqq \pi) & \cdots ③ \end{cases}$$

②は両端での温度は 0 に保つという境界条件，③は時刻 $t = 0$ での温度分布を与える初期条件である．①のように未知関数の 2 つの独立変数による偏微分を含む方程式を**偏微分方程式**（へんびぶんほうていしき）という．

方程式①を条件②, ③のもとで解こう．

$t = 0$ のときを考えると，$u(x,0)$ は x の関数として自然に周期 2π の奇関数に拡張できる．

そこで $t > 0$ に対して $u(x,t)$ も周期 2π の関数に拡張して考えよう．

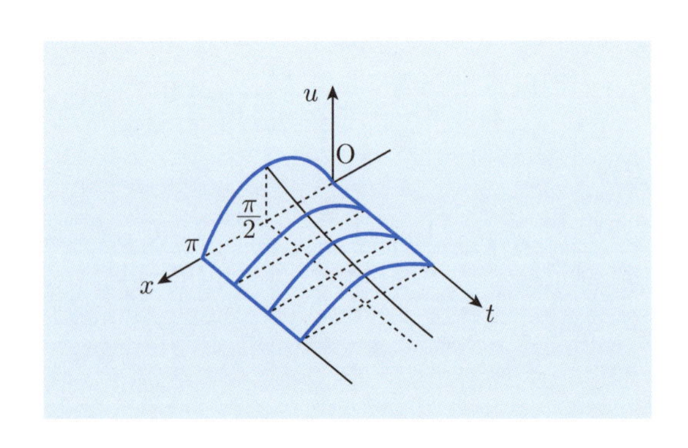

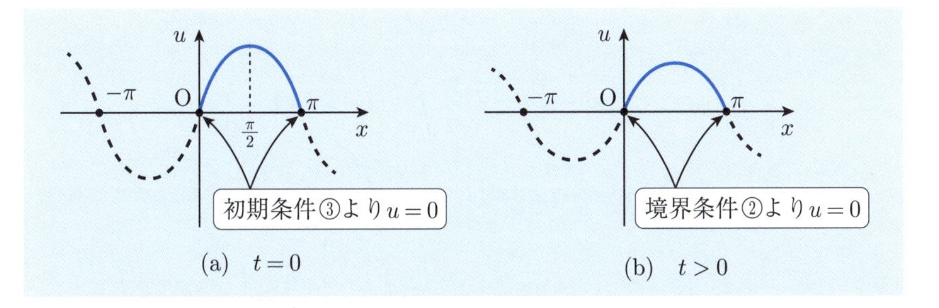

$u(x,t)$ の x についてのフーリエ正弦展開を

$$u(x,t)=\sum_{n=1}^{\infty}b_n(t)\sin nx \quad \cdots ④$$

とする．これは $\sin 0=\sin n\pi=0$ より境界条件②を満たす．

④を方程式①に代入すると

$$\sum_{n=1}^{\infty}b_n'(t)\sin nx=\sum_{n=1}^{\infty}(-n^2)b_n(t)\sin nx$$

となる．ここで $b_n(t)$ が

$$b_n'(t)=-n^2b_n(t) \quad (n=1,2,3,\ldots)$$

という微分方程式を満たすとき，上の等式は満たされる．第 1 章 p.12（例題 1.4(1)）でみたように，この解は

$$b_n(t)=d_ne^{-n^2t} \quad (n=1,2,3,\ldots)$$

である（d_n は任意定数）．したがって，④は

$$u(x,t)=\sum_{n=1}^{\infty}d_ne^{-n^2t}\sin nx$$

となる．$t=0$ を代入すると

$$u(x,0)=\sum_{n=1}^{\infty}d_n\sin nx$$

となるが，これは③の右辺を周期 2π の奇関数に拡張した関数のフーリエ正弦展開そのものである．

$n\geqq 1$ のとき **4.3** フーリエ正弦級数の公式から

$$
\begin{aligned}
d_n &= b_n(0) \\
&= \frac{2}{\pi}\int_0^{\pi} x(\pi - x)\sin nx\,dx = \frac{2}{\pi}\int_0^{\pi} x(\pi - x)\left(-\frac{1}{n}\cos nx\right)' dx \\
&= \frac{2}{\pi}\left[x(\pi - x)\left(-\frac{1}{n}\cos nx\right)\right]_0^{\pi} + \frac{2}{\pi}\int_0^{\pi}\frac{(\pi - 2x)}{n}\cos nx\,dx \\
&= \frac{2}{\pi n}\int_0^{\pi}(\pi - 2x)\cos nx\,dx = \frac{2}{\pi n}\int_0^{\pi}(\pi - 2x)\left(\frac{1}{n}\sin nx\right)' dx \\
&= \frac{2}{\pi n}\left[(\pi - 2x)\left(\frac{1}{n}\sin nx\right)\right]_0^{\pi} - \frac{2}{\pi n}\int_0^{\pi}(-2)\left(\frac{1}{n}\sin nx\right) dx \\
&= \frac{4}{\pi n^2}\int_0^{\pi}\sin nx\,dx = \frac{4}{\pi n^2}\left[-\frac{1}{n}\cos nx\right]_0^{\pi} \\
&= \frac{4}{\pi n^3}\left\{1 - (-1)^n\right\}
\end{aligned}
$$

であるので，$d_n = \dfrac{4}{\pi n^3}\left\{1 - (-1)^n\right\}$, $b_n(t) = \dfrac{4}{\pi n^3}\left\{1 - (-1)^n\right\} e^{-n^2 t}$ となる．ゆえに

$$
\begin{aligned}
u(x,t) &= \sum_{n=1}^{\infty}\frac{4}{\pi n^3}\left\{1 - (-1)^n\right\} e^{-n^2 t}\sin nx \\
&= \frac{8}{\pi}\left(\frac{1}{1^3}e^{-t}\sin x + \frac{1}{3^3}e^{-9t}\sin 3x + \frac{1}{5^3}e^{-25t}\sin 5x + \cdots\right) \\
&= \frac{8}{\pi}\sum_{m=1}^{\infty}\frac{e^{-(2m-1)^2 t}}{(2m-1)^3}\sin(2m-1)x
\end{aligned}
$$

となり，これは①, ②, ③を満たす．

Let's TRY

問 4.7 次の熱伝導方程式を与えられた条件のもとで解け．

$$
\begin{cases}
\dfrac{\partial u}{\partial t} = \dfrac{\partial^2 u}{\partial x^2} & (t > 0,\ 0 < x < 2) \quad \cdots ① \\
u(0,t) = u(2,t) = 0 & (t \geqq 0) \quad \cdots ② \\
u(x,0) = \begin{cases} x & (0 \leqq x \leqq 1) \\ 2 - x & (1 < x \leqq 2) \end{cases} & \quad \cdots ③
\end{cases}
$$

第4章4.1節　演習問題A

1　次の関数のフーリエ級数を求めよ．ただし $l>0$ とする．

(1)　$f(x)=\begin{cases}1 & (0\leqq x<\pi)\\ 0 & (-\pi\leqq x<0)\end{cases}$，　$f(x+2\pi)=f(x)$

(2)　$f(x)=|x|$　$(-l<x\leqq l)$，　$f(x+2l)=f(x)$

2　次の関数のフーリエ級数を求めよ（λ は整数ではないとする）．

(1)　$f(x)=\cos\lambda x$　$(-\pi<x\leqq\pi)$，　$f(x+2\pi)=f(x)$

(2)　$f(x)=\sin\lambda x$　$(-\pi<x\leqq\pi)$，　$f(x+2\pi)=f(x)$

3　$f(x)=x$　$(-\pi<x\leqq\pi)$，　$f(x+2\pi)=f(x)$ のフーリエ級数を用いて，次の値を求めよ．

$$\sum_{n=1}^{\infty}\frac{(-1)^{n-1}}{2n-1}$$

解く前に　$x=\sum_{n=1}^{\infty}\frac{2(-1)^{n+1}}{n}\sin nx$　$(-\pi<x<\pi)$ に $x=\frac{\pi}{2}$ を代入せよ．

4　次の方程式を与えられた条件のもとで解け．

$$\begin{cases}\dfrac{\partial u}{\partial t}=\dfrac{\partial^2 u}{\partial x^2} & \left(t>0,\ -\dfrac{\pi}{2}<x<\dfrac{\pi}{2}\right)\\ u\left(-\dfrac{\pi}{2},t\right)=u\left(\dfrac{\pi}{2},t\right)=0 & (t\geqq 0)\\ u(x,0)=\dfrac{\pi}{2}-|x| & \left(-\dfrac{\pi}{2}\leqq x\leqq\dfrac{\pi}{2}\right)\end{cases}$$

5　次の方程式を与えられた条件のもとで解け．ただし $l>0$ とする．

$$\begin{cases}\dfrac{\partial^2 u}{\partial t^2}=\dfrac{\partial^2 u}{\partial x^2} & (t>0,\ 0<x<l)) \quad \cdots ⊛\\ u(0,t)=u(l,t)=0 & (t\geqq 0)\\ u(x,0)=lx-x^2 & (0\leqq x\leqq l)\\ \dfrac{\partial u}{\partial t}(x,0)=0 & (0\leqq x\leqq l)\end{cases}$$

（方程式⊛は**波動方程式**（はどうほうていしき）とよばれる．）

第4章4.1節 演習問題B

6 閉区間 $[-\pi, \pi]$ で定義された関数 $s_1(x), s_2(x)$ が次の性質をもつとする．

$$\int_{-\pi}^{\pi} \{s_1(x)\}^2\,dx = \int_{-\pi}^{\pi} \{s_2(x)\}^2\,dx = 1$$

$$\int_{-\pi}^{\pi} s_1(x)s_2(x)\,dx = 0$$

（類題　三重大学）

(1) 定積分 $f(a,b) = \displaystyle\int_{-\pi}^{\pi} \{x - as_1(x) - bs_2(x)\}^2\,dx$ を最小にする a, b を与える式を求めよ．

(2) 定積分 $\displaystyle\int_{-\pi}^{\pi} \{x - a\sin x - b\sin 2x\}^2\,dx$ を最小にする a, b の値を求めよ．

7 閉区間 $[0, \pi]$ において

$$f(x) = x(\pi - x)$$

とする．これを次の3つの方法で $(-\pi, \pi]$ 上の関数に拡張し，さらに $f(x+2\pi) = f(x)$ で周期 2π の関数に拡張する．それぞれの場合に $f(x)$ のフーリエ級数を求めよ．

(1) 奇関数に拡張

(2) 偶関数に拡張

(3) $f(x) = 0 \quad (-\pi < x \leqq 0)$

8 次の問いに答えよ．（類題　広島大学）

(1) 次の積分を計算せよ．ただし，n, m は自然数である．

$$\int_{-1}^{1} x\sin n\pi x\,dx, \quad \int_{-1}^{1} \sin n\pi x \sin m\pi x\,dx$$

(2) 次の等式を示せ．

$$\int_{-1}^{1} \left\{x - \sum_{k=1}^{n} \frac{2(-1)^{k-1}}{k\pi}\sin k\pi x\right\}^2 dx = \frac{2}{3} - \frac{4}{\pi^2}\sum_{k=1}^{n}\frac{1}{k^2}$$

第 4 章 4.1 節　演習問題 C

9　以下の問いに答えよ．　（北海道大学）

(1)　$f(x) = x$ を区間 $(-\pi, \pi]$ 上でフーリエ展開した結果が

$$2\sum_{n=1}^{\infty}(-1)^{n-1}\frac{\sin nx}{n}$$

となることを示せ．

(2)　$-\pi \leqq a \leqq \pi$ を満たす任意の定数 a に対して x の区間 $[-\pi, \pi]$ において

$$x^2 = a^2 + 4\sum_{n=1}^{\infty}(-1)^n\frac{\cos nx - \cos na}{n^2}$$

が成立することを示せ．

(3)　x の区間 $[-\pi, \pi]$ において次を導け．

$$x^3 - \pi^2 x = 12\sum_{n=1}^{\infty}(-1)^n\frac{\sin nx}{n^3}$$

10　自然数 m, k に対して，

$$A_{m,k} = \int_{-\pi}^{\pi}\cos^m x\cos kx\,dx, \quad A_{0,0} = 2\pi$$

とおく．　（大阪大学）

(1)　任意の自然数 m, k に対して，以下の等式を示せ．

$$A_{m,k} = \frac{1}{1 + \dfrac{k}{m}}A_{m-1,k-1}$$

(2)　自然数 m が与えられたとき，$\cos^{2m-1} x$ のフーリエ級数が

$$\frac{a_0}{2} + \sum_{k=1}^{\infty}a_{2k-1}\cos(2k-1)x$$

の形で表されることを示し，フーリエ係数 a_{2m-1} を求めよ．

4.2 フーリエ変換

複素フーリエ級数　周期 $2L$ の周期関数 $f(x)$ のフーリエ級数は

$$f(x) \sim c_0 + \sum_{n=1}^{\infty}\left(a_n \cos\frac{n\pi x}{L} + b_n \sin\frac{n\pi x}{L}\right)$$

$$c_0 = \frac{1}{2L}\int_{-L}^{L} f(x)\,dx$$

$$a_n = \frac{1}{L}\int_{-L}^{L} f(x)\cos\frac{n\pi x}{L}\,dx \quad (n = 1, 2, \ldots)$$

$$b_n = \frac{1}{L}\int_{-L}^{L} f(x)\sin\frac{n\pi x}{L}\,dx \quad (n = 1, 2, \ldots)$$

であるが

オイラーの公式　$e^{i\theta} = \cos\theta + i\sin\theta, \quad e^{-i\theta} = \cos\theta - i\sin\theta$

$\dfrac{d}{d\theta}e^{i\theta} = -\sin\theta + i\cos\theta = ie^{i\theta},\ e^{i\theta} = 1 + i\theta + \dfrac{(i\theta)^2}{2!} + \dfrac{(i\theta)^3}{3!} + \cdots$
という公式もこのあとで用いる.

を用いると

$$\cos\frac{n\pi x}{L} = \frac{1}{2}\left(e^{i\frac{n\pi x}{L}} + e^{-i\frac{n\pi x}{L}}\right)$$

$$\sin\frac{n\pi x}{L} = \frac{1}{2i}\left(e^{i\frac{n\pi x}{L}} - e^{-i\frac{n\pi x}{L}}\right)$$

となるので

$$\begin{aligned} f(x) &\sim \frac{a_0}{2} + \sum_{n=1}^{\infty}\left(a_n\frac{e^{i\frac{n\pi x}{L}} + e^{-i\frac{n\pi x}{L}}}{2} + b_n\frac{e^{i\frac{n\pi x}{L}} - e^{-i\frac{n\pi x}{L}}}{2i}\right) \\ &= \frac{a_0}{2} + \sum_{n=1}^{\infty}\left(\frac{a_n - ib_n}{2}e^{i\frac{n\pi x}{L}} + \frac{a_n + ib_n}{2}e^{-i\frac{n\pi x}{L}}\right) \end{aligned}$$

ここで

$$c_n = \frac{a_n - ib_n}{2}, \quad c_{-n} = \frac{a_n + ib_n}{2} \quad (n = 1, 2, \ldots)$$

とおくと

$$c_n = \frac{1}{2L}\int_{-L}^{L} f(x)\left(\cos\frac{n\pi x}{L} - i\sin\frac{n\pi x}{L}\right)dx$$
$$= \frac{1}{2L}\int_{-L}^{L} f(x)e^{-i\frac{n\pi x}{L}}\,dx \quad (n = 1, 2, \dots)$$

となる．また

$$c_{-n} = \frac{a_n + ib_n}{2} = \frac{1}{2L}\int_{-L}^{L} f(x)e^{i\frac{n\pi x}{L}}\,dx \quad (n = 1, 2, \dots)$$

と表せる．ここで $c_0 = \dfrac{1}{2L}\displaystyle\int_{-L}^{L} f(x)\,dx$ とあわせて

$$c_n = \frac{1}{2L}\int_{-L}^{L} f(x)e^{-i\frac{n\pi x}{L}}\,dx \quad (n = 0, \pm1, \pm2, \dots)$$

とかける．よって $f(x) \sim c_0 + \displaystyle\sum_{n=1}^{\infty} c_n e^{i\frac{n\pi x}{L}} + \sum_{n=1}^{\infty} c_{-n} e^{-i\frac{n\pi x}{L}}$

この右辺を次のようにかき，$f(x)$ の**複素**（ふくそ）**フーリエ級数**（きゅうすう）という．

$$\sum_{n=-\infty}^{\infty} c_n e^{i\frac{n\pi x}{L}}$$

4.5 複素フーリエ級数

$f(x)$ が周期 $2L$ の周期関数のとき

$$f(x) \sim \sum_{n=-\infty}^{\infty} c_n e^{i\frac{n\pi x}{L}}$$

$$c_n = \frac{1}{2L}\int_{-L}^{L} f(x)e^{-i\frac{n\pi x}{L}}\,dx \quad (n = 0, \pm1, \pm2, \dots)$$

例題 4.5 次の周期 2 の周期関数 $f(x)$ の複素フーリエ級数を求めよ．

$$f(x) = x \quad (-1 < x \leqq 1), \quad f(x+2) = f(x)$$

解

$$c_0 = \frac{1}{2}\int_{-1}^{1} f(x)\,dx = \frac{1}{2}\int_{-1}^{1} x\,dx = 0$$

である．$n \neq 0$ のとき

$$c_n = \frac{1}{2}\int_{-1}^{1} xe^{-in\pi x}\,dx = \frac{1}{2}\int_{-1}^{1} x\left(-\frac{1}{in\pi}e^{-in\pi x}\right)'\,dx$$

$$= \frac{1}{2}\left[-\frac{x}{in\pi}e^{-in\pi x}\right]_{-1}^{1} + \frac{1}{2in\pi}\int_{-1}^{1} e^{-in\pi x}\,dx = \frac{(-1)^n}{n\pi}i$$

したがって，$f(x) \sim \dfrac{i}{\pi}\displaystyle\sum_{\substack{n=-\infty \\ n\neq 0}}^{\infty} \frac{(-1)^n}{n}e^{in\pi x}$ ■

Let's TRY

問 4.8 次の周期 2 の関数 $f(x)$ の複素フーリエ級数を求めよ．

$$f(x) = \begin{cases} 0 & (-1 < x \leqq 0) \\ 1 & (0 < x \leqq 1) \end{cases}, \quad f(x+2) = f(x)$$

区分的に滑らかな周期関数はフーリエ級数を用いて表すことができた．ここでは，周期的でない一般の関数にも「周期 = 無限大」の関数と考えることにより，この方法を適用することを考えよう．

フーリエ変換 $f(x) \sim \displaystyle\sum_{n=-\infty}^{\infty} c_n e^{i\frac{n\pi x}{l}}$ に $c_n = \dfrac{1}{2l}\displaystyle\int_{-l}^{l} f(u)e^{-i\frac{n\pi u}{l}}\,du$ を代入すると

$$f(x) \sim \frac{1}{2l}\sum_{n=-\infty}^{\infty}\left(\int_{-l}^{l} f(u)e^{-i\frac{n\pi u}{l}}\,du\right)e^{i\frac{n\pi x}{l}}$$

ここで $\dfrac{\pi}{l} = \varDelta\xi$, $\xi_n = n\varDelta\xi = \dfrac{n\pi}{l}$ とおくと，$l \to \infty$ のとき $\varDelta\xi \to +0$ となるから

$$\sim \frac{1}{2\pi}\sum_{n=-\infty}^{\infty}\left(\int_{-\frac{\pi}{\varDelta\xi}}^{\frac{\pi}{\varDelta\xi}} f(u)e^{-i\xi_n u}\,du\right)e^{i\xi_n x}\varDelta\xi$$

$$\to \frac{1}{2\pi}\int_{-\infty}^{\infty}\left(\int_{-\infty}^{\infty} f(u)e^{-i\xi u}\,du\right)e^{i\xi x}\,d\xi \quad (l \to \infty)$$

4.6 [定理] フーリエの積分公式

$f(x)$ は任意の閉区間で区分的に滑らかとし，$\displaystyle\int_{-\infty}^{\infty} |f(x)|\,dx < \infty$ のとき

$$\frac{1}{2\pi}\int_{-\infty}^{\infty}\left(\int_{-\infty}^{\infty} f(u)e^{-i\xi u}\,du\right)e^{i\xi x}\,d\xi = \frac{f(x-0)+f(x+0)}{2} \quad \cdots ①$$

以下，$f(x)$，$g(x)$ は任意の閉区間で区分的に滑らかで，$\displaystyle\int_{-\infty}^{\infty}|f(x)|\,dx$，$\displaystyle\int_{-\infty}^{\infty}|g(x)|\,dx<\infty$ を満たすと仮定する．

等式①を**フーリエの積分公式**（または**反転公式**）という．

$$\int_{-\infty}^{\infty}f(u)e^{-i\xi u}\,du=\int_{-\infty}^{\infty}f(x)e^{-i\xi x}\,dx=F(\xi)$$

を $f(x)$ の**フーリエ変換**といい，$\mathcal{F}[f(x)]$ と表す．また

$$\frac{1}{2\pi}\int_{-\infty}^{\infty}g(\xi)e^{i\xi x}\,d\xi$$

を $g(\xi)$ の**逆フーリエ変換**といい，$G(x)=\mathcal{F}^{-1}[g(\xi)]$ と表す．

これらの記号を用いると，フーリエの積分公式は

$$\mathcal{F}^{-1}\left[\mathcal{F}[f(x)]\right]=\frac{f(x-0)+f(x+0)}{2}$$

と表される．特に $f(x)$ が連続な点では $\mathcal{F}^{-1}\left[\mathcal{F}[f(x)]\right]=f(x)$ が成立する．

■注意　$\displaystyle\mathcal{F}[f(x)]=\frac{1}{\sqrt{2\pi}}\int_{-\infty}^{\infty}f(x)e^{-i\xi x}\,dx$，$\displaystyle\mathcal{F}^{-1}[f(x)]=\frac{1}{\sqrt{2\pi}}\int_{-\infty}^{\infty}f(x)e^{i\xi x}\,dx$ のように，本書とは異なる係数でフーリエ変換・逆フーリエ変換を定義する場合がある．

例題 4.6　次の関数のフーリエ変換を求めよ．

$$f(x)=\begin{cases}1 & (0\leqq x\leqq 1)\\ 0 & (x<0,\ x>1)\end{cases}$$

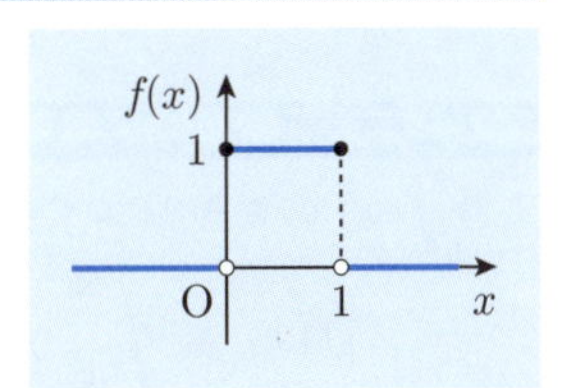

解　$\xi=0$ のとき，$\displaystyle F(\xi)=\mathcal{F}[f(x)]=\int_0^1dx=1$ である．$\xi\neq0$ のときは

$$\begin{aligned}F(\xi)=\mathcal{F}[f(x)]&=\int_0^1e^{-i\xi x}\,dx\\&=\left[\frac{1}{-i\xi}e^{-i\xi x}\right]_0^1=\frac{i}{\xi}(e^{-i\xi}-1)\quad\cdots②\end{aligned}$$

ここで②において $\xi\to0$ としてみると

$$\lim_{\xi\to 0}\frac{i}{\xi}(e^{-i\xi}-1)=i\lim_{\xi\to 0}\frac{\left(1+\frac{-i\xi}{1!}+\frac{(-i)^2\xi^2}{2!}+\cdots\right)-1}{\xi}$$

『微分積分［第2版］』第4章 p.135 マクローリン展開参照（なお，本書第5章でも扱う）．

$$=i\lim_{\xi\to 0}\frac{\frac{-i\xi}{1!}+\frac{(-i)^2\xi^2}{2!}+\cdots}{\xi}$$

$$=i\lim_{\xi\to 0}\left(-i-\frac{1}{2}\xi+\cdots\right)=1$$

となる．そこで $\xi=0$ においては $\lim_{\xi\to 0}\frac{i}{\xi}(e^{-i\xi}-1)$ を考えると約束することにすれば，すべての ξ に対して

$$F(\xi)=\mathcal{F}[f(x)]=\frac{i}{\xi}(e^{-i\xi}-1)$$ ■

■**注意**　$f(x)$ は $x=0$ で不連続点をもつが，上のように $F(\xi)$ の実部および虚部はともに $\xi=0$ で連続である．なお，$\xi=0$ での $F(\xi)$ の取扱いについては第5章 p.208「除去可能な特異点」を参照のこと．

Let's TRY

問 4.9　$f(x)=\begin{cases}1 & (|x|\leqq 2)\\ 0 & (|x|>2)\end{cases}$ のフーリエ変換を求めよ．

フーリエ正弦変換・余弦変換　$f(x)$ が奇関数であるとする．オイラーの公式より $f(x)$ のフーリエ変換は

$$\mathcal{F}[f(x)]=\int_{-\infty}^{\infty}f(x)e^{-i\xi x}\,dx=\int_{-\infty}^{\infty}f(x)\left(\cos\xi x-i\sin\xi x\right)dx$$

$$=\int_{-\infty}^{\infty}\underbrace{\overset{\text{奇関数}}{f(x)}\ \overset{\text{偶関数}}{\cos\xi x}}_{\text{奇関数}}\,dx-i\int_{-\infty}^{\infty}\underbrace{\overset{\text{奇関数}}{f(x)}\ \overset{\text{奇関数}}{\sin\xi x}}_{\text{偶関数}}\,dx$$

$$=-2i\int_0^{\infty}f(x)\sin\xi x\,dx$$

そこで $S(\xi)=2\int_0^{\infty}f(x)\sin\xi x\,dx$ を $f(x)$ の**フーリエ正弦変換**（せいげんへんかん）という．

$F(\xi) = -iS(\xi)$ である．$f(x)$ のフーリエ正弦変換 $S(\xi)$ は（ξ の関数として）奇関数である．

このときフーリエの積分公式は

$$\frac{f(x-0)+f(x+0)}{2} = \frac{1}{2\pi}\int_{-\infty}^{\infty}(-i)S(\xi)e^{i\xi x}\,d\xi$$

$$= -\frac{i}{2\pi}\int_{-\infty}^{\infty}\underbrace{\overset{\text{奇関数}}{S(\xi)}\ \overset{\text{偶関数}}{\cos\xi x}}_{\text{奇関数}}\,d\xi - \frac{i^2}{2\pi}\int_{-\infty}^{\infty}\underbrace{\overset{\text{奇関数}}{S(\xi)}\ \overset{\text{奇関数}}{\sin\xi x}}_{\text{偶関数}}\,d\xi$$

$$= \frac{1}{\pi}\int_0^{\infty}S(\xi)\sin\xi x\,d\xi$$

同様にして，$f(x)$ が偶関数のとき $C(\xi) = 2\displaystyle\int_0^{\infty} f(x)\cos\xi x\,dx$ を $f(x)$ の**フーリエ余弦変換**（よげんへんかん）といい，偶関数となる．このとき $F(\xi) = C(\xi)$ である．

このときフーリエの積分公式は

$$\frac{f(x-0)+f(x+0)}{2} = \frac{1}{\pi}\int_0^{\infty}C(\xi)\cos\xi x\,d\xi$$

4.7　フーリエ正弦変換・余弦変換とフーリエの積分公式

(1)　$f(x)$ が奇関数のとき，フーリエ正弦変換は

$$S(\xi) = 2\int_0^{\infty} f(x)\sin\xi x\,dx \quad (F(\xi) = -iS(\xi))$$

フーリエの積分公式は $\displaystyle\frac{1}{\pi}\int_0^{\infty}S(\xi)\sin\xi x\,d\xi = \frac{f(x-0)+f(x+0)}{2}$

(2)　$f(x)$ が偶関数のとき，フーリエ余弦変換は

$$C(\xi) = 2\int_0^{\infty} f(x)\cos\xi x\,dx \quad (F(\xi) = C(\xi))$$

フーリエの積分公式は $\displaystyle\frac{1}{\pi}\int_0^{\infty}C(\xi)\cos\xi x\,d\xi = \frac{f(x-0)+f(x+0)}{2}$

例題 4.7　次の関数のフーリエ変換を求めよ．

$$f(x)=\begin{cases}2x+2 & (-1\leqq x<0)\\ -2x+2 & (0\leqq x<1)\\ 0 & (x<-1,\ x\geqq 1)\end{cases}$$

解　$f(x)$ は偶関数であるからフーリエ余弦変換を求める．

$$C(\xi)=2\int_0^{\infty}f(x)\cos\xi x\,dx=2\int_0^1(-2x+2)\cos\xi x\,dx$$

$\underline{\xi=0\text{ のとき}}$　$C(0)=2\displaystyle\int_0^1(-2x+2)\,dx=2\Big[-x^2+2x\Big]_0^1=2$

$\underline{\xi\neq 0\text{ のとき}}$　$C(\xi)=2\displaystyle\int_0^1(-2x+2)\left(\frac{1}{\xi}\sin\xi x\right)'dx$

$$=2\left[(-2x+2)\frac{1}{\xi}\sin\xi x\right]_0^1+4\int_0^1\frac{\sin\xi x}{\xi}\,dx$$

$$=4\left[-\frac{1}{\xi^2}\cos\xi x\right]_0^1=\frac{4}{\xi^2}(1-\cos\xi)$$

したがって，すべての ξ に対し $C(\xi)=\dfrac{4}{\xi^2}(1-\cos\xi)$

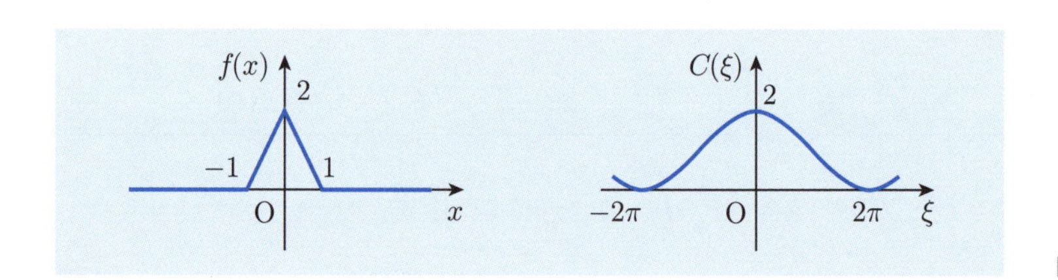

■

上でフーリエの積分公式を適用すると $\dfrac{4}{\pi}\displaystyle\int_0^{\infty}\frac{1-\cos\xi}{\xi^2}\cos\xi x\,d\xi=f(x)$ となる．特に $x=0$ とおくことで $\displaystyle\int_0^{\infty}\frac{1-\cos\xi}{\xi^2}\,d\xi=\frac{\pi}{2}$ が得られる．

Let's TRY

問 4.10　$f(x)=\begin{cases}1-|x| & (|x|<1)\\ 0 & (|x|\geqq 1)\end{cases}$ のフーリエ余弦変換を求めよ．

例題 4.8　次の関数のフーリエ正弦変換を求めよ．

$$f(x) = \begin{cases} -1 & (-1 \leqq x < 0) \\ 1 & (0 \leqq x < 1) \\ 0 & (x < -1, x \geqq 1) \end{cases}$$

解　$f(x)$ のフーリエ正弦変換は

$$S(\xi) = 2\int_0^\infty f(x)\sin\xi x\,dx = 2\int_0^1 \sin\xi x\,dx$$

$\xi = 0$ のとき　$S(0) = 0$

$\xi \neq 0$ のとき　$S(\xi) = 2\left[-\dfrac{1}{\xi}\cos\xi x\right]_0^1 = \dfrac{2}{\xi}(1-\cos\xi)$

例題 4.7 と同様に

$$\lim_{\xi\to 0}\frac{2}{\xi}(1-\cos\xi) = \lim_{\xi\to 0}\frac{2}{\xi}\left(\frac{\xi^2}{2}+\cdots\right) = 0$$

となるので，すべての ξ について $S(\xi) = \dfrac{2}{\xi}(1-\cos\xi)$

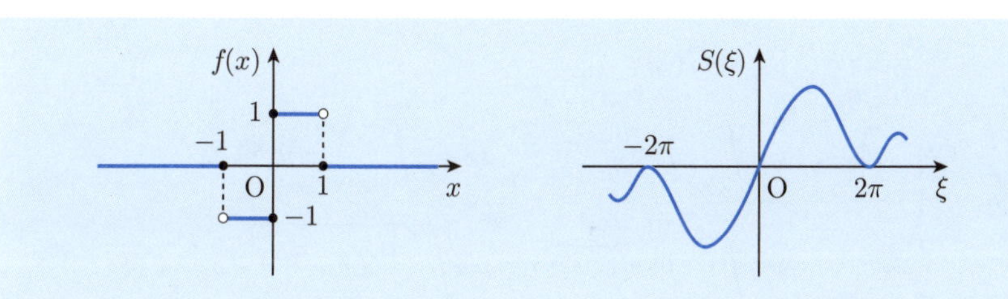

■

Let's TRY

問 4.11　$f(x) = \begin{cases} x & (|x| < 1) \\ 0 & (|x| \geqq 1) \end{cases}$ のフーリエ正弦変換を求めよ．

フーリエ変換の公式　以下では $f(x)$（(4) では $f'(x)$），$g(x)$ は任意の閉区間において区分的に滑らかであると仮定し，

$\displaystyle\int_{-\infty}^{\infty}|f(x)|\,dx < \infty$, $\displaystyle\int_{-\infty}^{\infty}|g(x)|\,dx < \infty$ とする（(4) では $\displaystyle\int_{-\infty}^{\infty}|f'(x)|\,dx < \infty$）．また c_1, c_2 は複素数，a は実数とする．

4.8 フーリエ変換の公式

$F(\xi)=\mathcal{F}[f(x)], G(\xi)=\mathcal{F}[g(x)]$ とおく．

(1) $\mathcal{F}[c_1 f(x)+c_2 g(x)]=c_1 F(\xi)+c_2 G(\xi)$

(2) $F(-\xi)=\overline{F(\xi)}$

(3) $\mathcal{F}[f(ax)]=\dfrac{1}{|a|}F\left(\dfrac{\xi}{a}\right)$ $(a\neq 0)$

(4) $\mathcal{F}[f(x-a)]=e^{-i\xi a}F(\xi)$

(5) $\mathcal{F}[e^{iax}f(x)]=F(\xi-a)$

(6) $\mathcal{F}[f'(x)]=i\xi F(\xi)$

(7) $\mathcal{F}[(-ix)^n f(x)]=F^{(n)}(\xi)$

証明 (1) $\mathcal{F}[c_1 f(x)+c_2 g(x)]=\displaystyle\int_{-\infty}^{\infty}\{c_1 f(x)+c_2 g(x)\}e^{-i\xi x}\,dx$

$$=c_1\int_{-\infty}^{\infty}f(x)e^{-i\xi x}\,dx+c_2\int_{-\infty}^{\infty}g(x)e^{-i\xi x}\,dx$$

$$=c_1 F(\xi)+c_2 G(\xi)$$

(2) $F(-\xi)=\displaystyle\int_{-\infty}^{\infty}f(x)e^{-i(-\xi)x}\,dx=\int_{-\infty}^{\infty}f(x)e^{i\xi x}\,dx$

$$=\int_{-\infty}^{\infty}f(x)\overline{e^{-i\xi x}}\,dx=\overline{\int_{-\infty}^{\infty}f(x)e^{-i\xi x}\,dx}=\overline{F(\xi)}$$

(3) $a>0$ として証明する．他の場合も同様である．

$$\mathcal{F}[f(ax)]=\int_{-\infty}^{\infty}f(ax)e^{-i\xi x}\,dx$$

ここで $ax=t$ と置換積分すると，$dx=\dfrac{dt}{a}$ で，

x が $-\infty\to\infty$ を動くとき，t も $-\infty\to\infty$ を動くので

$$=\frac{1}{a}\int_{-\infty}^{\infty}f(t)e^{-i\xi\frac{t}{a}}\,dt=\frac{1}{a}\int_{-\infty}^{\infty}f(t)e^{-i\frac{\xi}{a}t}\,dt$$

$$=\frac{1}{a}F\left(\frac{\xi}{a}\right)$$

(4)　$\mathcal{F}[f(x-a)] = \int_{-\infty}^{\infty} f(x-a)e^{-i\xi x}\,dx$

ここで $x-a=t$ と置換積分すると，$dx=dt$ で，
積分範囲も $-\infty \to \infty$ となるので

$$= \int_{-\infty}^{\infty} f(t)e^{-i\xi(a+t)}\,dt = \int_{-\infty}^{\infty} f(t)e^{-i\xi a}e^{-i\xi t}\,dt$$

$$= e^{-i\xi a}F(\xi)$$

(5)　$\mathcal{F}[e^{iax}f(x)] = \int_{-\infty}^{\infty} f(x)e^{iax}e^{-i\xi x}\,dx = \int_{-\infty}^{\infty} f(x)e^{-i(\xi-a)x}\,dx$

$$= F(\xi-a)$$

(6)　$\mathcal{F}[f'(x)] = \int_{-\infty}^{\infty} f'(x)e^{-i\xi x}\,dx$

$$= \left[f(x)e^{-i\xi x}\right]_{-\infty}^{\infty} - \int_{-\infty}^{\infty} f(x)\left(e^{-i\xi x}\right)'\,dx$$

$\int_{-\infty}^{\infty} |f(x)|\,dx < \infty$ より
$\lim_{x\to-\infty} f(x) = \lim_{x\to\infty} f(x) = 0$
となるから，第 1 項は 0 なので

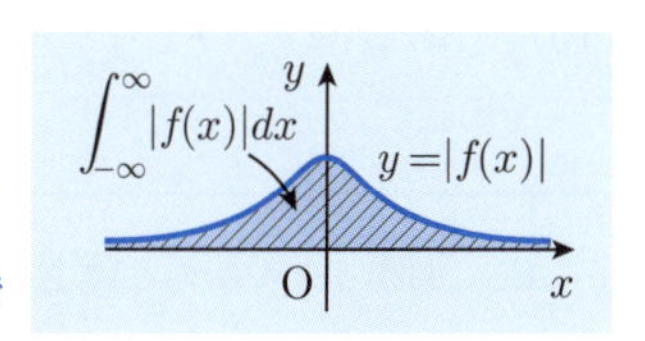

$$= -\int_{-\infty}^{\infty} f(x)(-i\xi)e^{-i\xi x}\,dx$$

$$= i\xi\int_{-\infty}^{\infty} f(x)e^{-i\xi x}\,dx$$

$$= i\xi F(\xi)$$

(7)　$n=1$ の場合に証明する．

$$F'(\xi) = \int_{-\infty}^{\infty} f(x)\frac{d}{d\xi}(e^{-i\xi x})\,dx = \int_{-\infty}^{\infty} f(x)(-ix)e^{-i\xi x}\,dx$$

$$= \mathcal{F}[(-ix)f(x)]$$

$n \geqq 2$ の場合も同様．　■

例題 4.9　次のフーリエ変換を求めよ．

$$f(x) = e^{-x^2}$$

解　$F(\xi) = \mathcal{F}\left[e^{-x^2}\right]$ とおくと

$$F'(\xi) \overset{\text{4.8 (7)}}{=} \mathcal{F}\left[(-ix)e^{-x^2}\right] = \frac{i}{2}\mathcal{F}\left[-2xe^{-x^2}\right] = \frac{i}{2}\mathcal{F}\left[\left(e^{-x^2}\right)'\right]$$

$$\overset{\text{4.8 (6)}}{=} -\frac{\xi}{2}F(\xi)$$

つまり $y = F(\xi)$ は変数分離形の微分方程式 $y' = -\dfrac{\xi}{2}y$ を満たす．

また第1章によればこの解は $y = Ce^{-\frac{\xi^2}{4}}$（$C$ は積分定数）であるから

$$F(\xi) = Ce^{-\frac{\xi^2}{4}}$$

ここで，$F(0) = C = \displaystyle\int_{-\infty}^{\infty} e^{-x^2}\,dx = \sqrt{\pi}$（『微分積分 [第2版]』第6章例題 6.15）であるので，$F(\xi) = \sqrt{\pi}\,e^{-\frac{\xi^2}{4}}$ ■

Let's TRY

問 4.12　例題 4.9 の結果と 4.8 (3) $\mathcal{F}[f(ax)] = \dfrac{1}{|a|}F\left(\dfrac{\xi}{a}\right)$ を用いて，$f(x) = e^{-\frac{x^2}{2}}$ のフーリエ変換を求めよ．

例題 4.10　次のフーリエ変換を求めよ．

$$f(x) = e^{-ax^2} \quad (a > 0)$$

解　例題 4.9 および 4.8 (3) より

$$F(\xi) = \mathcal{F}\left[e^{-ax^2}\right] = \mathcal{F}\left[e^{-(\sqrt{a}\,x)^2}\right] = \sqrt{\frac{\pi}{a}}\,e^{-\frac{1}{4}\left(\frac{\xi}{\sqrt{a}}\right)^2} = \sqrt{\frac{\pi}{a}}\,e^{-\frac{\xi^2}{4a}}$$ ■

例題 4.11　次の逆フーリエ変換を求めよ．

$$F(\xi) = e^{-b\xi^2} \quad (b > 0)$$

解　$\mathcal{F}\left[e^{-ax^2}\right] = \sqrt{\dfrac{\pi}{a}}\,e^{-\frac{\xi^2}{4a}}$ において $a = \dfrac{1}{4b}$ とおくと $a > 0$ となる．例題 4.10 より $\mathcal{F}\left[e^{-\frac{x^2}{4b}}\right] = 2\sqrt{\pi b}\,e^{-b\xi^2}$ となるから，$\mathcal{F}^{-1}\left[e^{-b\xi^2}\right] = \dfrac{1}{2\sqrt{\pi b}}\,e^{-\frac{x^2}{4b}}$ ■

Let's TRY

問 4.13　$F(\xi) = e^{-\frac{\xi^2}{2}}$ の逆フーリエ変換を求めよ．

第 3 章ラプラス変換において「畳込み」が定義されたが，ここでは改めて次のように定義する．

畳込み（合成積）：関数 $f(x), g(x)$ に対し

$$(f * g)(x) = \int_{-\infty}^{\infty} f(x-t)g(t)\,dt$$

とおき，f と g の**畳込み**（たたみこ）（または**合成積**（ごうせいせき））という．

$x - t = u$ と置換積分すれば $\displaystyle\int_{-\infty}^{\infty} f(u)g(x-u)\,du = (g * f)(x)$ となるので，$f * g = g * f$ である．このように定義することで，以下の重要な性質が成り立つ．

4.9　畳込みのフーリエ変換

$F(\xi) = \mathcal{F}[f(x)], G(\xi) = \mathcal{F}[g(x)]$ のとき，$\mathcal{F}[(f * g)(x)] = F(\xi)G(\xi)$

証明　$\displaystyle\mathcal{F}[(f * g)(x)] = \int_{-\infty}^{\infty}\left(\int_{-\infty}^{\infty} f(x-t)g(t)\,dt\right)e^{-i\xi x}\,dx$

$$= \int_{-\infty}^{\infty}\left(\int_{-\infty}^{\infty} f(x-t)e^{-i\xi x}dx\right)g(t)\,dt$$

波線部で $x - t = u$

$$= \int_{-\infty}^{\infty}\left(\int_{-\infty}^{\infty} f(u)e^{-i\xi(u+t)}\,du\right)g(t)\,dt$$

$$= \int_{-\infty}^{\infty}\left(\int_{-\infty}^{\infty} f(u)e^{-i\xi u}\,du\right)e^{-i\xi t}g(t)\,dt$$

$$= \left(\int_{-\infty}^{\infty} f(u)e^{-i\xi u}\,du\right)\left(\int_{-\infty}^{\infty} g(t)e^{-i\xi t}\,dt\right) = F(\xi)G(\xi)$$ ■

■**注意**　積のフーリエ変換に関しては以下が成立する．

$F(\xi)=\mathcal{F}[f(x)], G(\xi)=\mathcal{F}[g(x)]$ のとき，$\mathcal{F}[f(x)g(x)]=\dfrac{1}{2\pi}F(\xi)*G(\xi)$

フーリエ変換の応用　この節ではフーリエ変換を用いて偏微分方程式を解くことを考える．

無限領域における熱伝導方程式：$f(x)$ は $\displaystyle\int_{-\infty}^{\infty}|f(x)|\,dx<\infty$ を満たすと仮定する．

$$\begin{cases}\dfrac{\partial u}{\partial t}=\dfrac{\partial^2 u}{\partial x^2} & (t>0,\ -\infty<x<\infty) \quad \cdots ① \\ \displaystyle\lim_{x\to-\infty}u(x,t)=\lim_{x\to\infty}u(x,t)=0 & (t\geqq 0) \quad \cdots ② \\ u(x,0)=f(x) & (-\infty<x<\infty) \quad \cdots ③\end{cases}$$

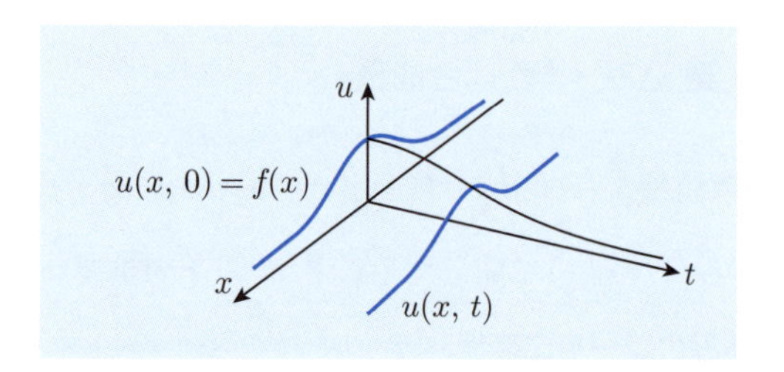

方程式①を条件②, ③のもとで解くことを考えよう．

$u(x,t)$ において t を固定して x の関数と考えフーリエ変換したものを $U(\xi,t)$ とする．すなわち，$U(\xi,t)=\displaystyle\int_{-\infty}^{\infty}u(x,t)e^{-i\xi x}\,dx$ とおく．①の両辺を x についてフーリエ変換すると，**4.8** (6) を 2 回使うことにより，

$$U_t(\xi,t)=(i\xi)^2U(\xi,t)=-\xi^2U(\xi,t)$$

となる．これは t の方程式としては変数分離形であるから解は

$$U(\xi,t)=C(\xi)e^{-\xi^2 t}$$

となる．③から

$$C(\xi)=U(\xi,0)=\mathcal{F}[f(x)]=\int_{-\infty}^{\infty}f(x)e^{-i\xi x}\,dx$$

なので **4.9** 畳み込みのフーリエ変換より

$$u(x,t)=\mathcal{F}^{-1}[U(\xi,t)]=\mathcal{F}^{-1}[C(\xi)e^{-\xi^2 t}]$$ ← $\mathcal{F}[f*g]=\mathcal{F}[f]\mathcal{F}[g]$ より $\mathcal{F}^{-1}[FG]=\mathcal{F}^{-1}[F]*\mathcal{F}^{-1}[G]$

$$=\mathcal{F}^{-1}[C(\xi)]*\mathcal{F}^{-1}[e^{-\xi^2 t}]$$

$$=f(x)*\mathcal{F}^{-1}[e^{-\xi^2 t}]$$

$$=f(x)*\left(\frac{1}{2\sqrt{\pi t}}e^{-\frac{x^2}{4t}}\right)$$ ← 例題 4.11 より

$$=\frac{1}{2\sqrt{\pi t}}e^{-\frac{x^2}{4t}}*f(x)$$

■**注意**　$E(x,t)=\dfrac{1}{2\sqrt{\pi t}}e^{-\frac{x^2}{4t}}$ は①, ②を満たす．$E(x,t)$ を**基本解**(きほんかい)という．

例題 4.12　初期条件③を $f(x)=e^{-x^2}$ とするとき，$u(x,t)$ を求めよ．

解　$E(x,t)*e^{-x^2}=\dfrac{1}{2\sqrt{\pi t}}\left(e^{-\frac{x^2}{4t}}*e^{-x^2}\right)$

ここで，$a>0$, $b>0$ のとき例題 4.10 より

$$\mathcal{F}[e^{-ax^2}*e^{-bx^2}]=\mathcal{F}[e^{-ax^2}]\mathcal{F}[e^{-bx^2}]=\sqrt{\frac{\pi}{a}}e^{-\frac{\xi^2}{4a}}\sqrt{\frac{\pi}{b}}e^{-\frac{\xi^2}{4b}}=\frac{\pi}{\sqrt{ab}}e^{-\frac{a+b}{4ab}\xi^2}$$

なので，例題 4.11 を用いて

$$e^{-ax^2}*e^{-bx^2}=\mathcal{F}^{-1}\left[\frac{\pi}{\sqrt{ab}}e^{-\frac{a+b}{4ab}\xi^2}\right]=\frac{\pi}{\sqrt{ab}}\frac{1}{2\sqrt{\pi\left(\frac{a+b}{4ab}\right)}}e^{-\frac{x^2}{4}\left(\frac{4ab}{a+b}\right)}$$

$$=\frac{\pi}{\sqrt{ab}}\sqrt{\frac{ab}{\pi(a+b)}}e^{-\frac{ab}{a+b}x^2}=\sqrt{\frac{\pi}{a+b}}e^{-\frac{ab}{a+b}x^2}$$

となる．$a=\dfrac{1}{4t}$, $b=1$ として

$$u(x,t)=E(x,t)*e^{-x^2}=\frac{1}{2\sqrt{\pi t}}\sqrt{\frac{4\pi t}{4t+1}}e^{-\frac{x^2}{4t+1}}=\frac{1}{\sqrt{4t+1}}e^{-\frac{x^2}{4t+1}}$$ ■

Let's TRY

問 4.14　例題 4.12 の $u(x,t)$ が方程式①を満たすことを確かめよ．

問 4.15　初期条件③を $f(x)=e^{-\frac{x^2}{2}}$ とするとき，$u(x,t)$ を求めよ．

第4章4.2節 演習問題A

11 次の関数の複素フーリエ級数を求めよ．

(1) $f(x)=\begin{cases} -1 & (-\pi < x \leqq 0) \\ 1 & (0 < x \leqq \pi) \end{cases}$, $f(x+2\pi)=f(x)$

(2) $f(x)=e^{-x}$ $(-1 < x \leqq 1)$, $f(x+2)=f(x)$

12 次の関数のフーリエ変換を求めよ．

(1) $f(x)=\begin{cases} 1-|x| & (|x|<1) \\ 0 & (|x| \geqq 1) \end{cases}$

(2) $f(x)=e^{-|x|}$

13 次の関数のフーリエ余弦変換を求めよ．

$$f(x)=\begin{cases} \cos x & \left(|x|<\dfrac{\pi}{2}\right) \\ 0 & \left(|x| \geqq \dfrac{\pi}{2}\right) \end{cases}$$

14 次の関数のフーリエ正弦変換を求めよ．

$$f(x)=\begin{cases} \sin x & (|x|<\pi) \\ 0 & (|x| \geqq \pi) \end{cases}$$

15 次の関数のフーリエ変換を求めよ．

$$f(x)=(x+1)e^{-x^2}$$

16 次の関数の逆フーリエ変換を求めよ．

$$F(\xi)=(\xi-2)e^{-\xi^2}$$

第 4 章 4.2 節　演習問題 B

17　次の問いに答えよ．

(1)　次の関数のフーリエ余弦変換を求めよ．

$$f(x) = \begin{cases} 1 & (|x| < 1) \\ 0 & (|x| \geqq 1) \end{cases}$$

(2)　(1) にフーリエの積分公式を適用することにより

$$\int_0^\infty \frac{\sin \xi}{\xi}\, d\xi = \frac{\pi}{2}$$

を証明せよ．

18　偏微分方程式

$$\frac{\partial^2 u}{\partial t^2} = \frac{\partial^2 u}{\partial x^2}$$

（**波動方程式**（はどうほうていしき））

の解を次のようにして求めよ．

(1)　$\mathcal{F}[u] = U(\xi, t)$ とおくことにより，方程式を $U(\xi, t)$ で表せ．ただし，$\mathcal{F}[u]$ は u の x についてのフーリエ変換とする．

(2)　解は $u(x,t) = f(x+t)+g(x-t)$ と表されることを示せ．ここで, $f(x), g(x)$ は任意の関数とする．

19　$a > 0$ とする．

$$f(x) = \begin{cases} e^{-ax} & (x \geqq 0) \\ 0 & (x < 0) \end{cases}$$

について以下の問いに答えよ．

(1)　$f(x)$ のフーリエ変換を求めよ．

(2)　(1) を利用して，次の定積分の値を求めよ．

$$\int_{-\infty}^\infty \frac{1}{a^2 + u^2}\, du$$

第4章4.2節　演習問題C

20 次の関数のフーリエ変換を求めよ.

(1) $f(x) = x^2 e^{-x^2}$　　(2) $f(x) = e^{-x^2}\cos x$

(3) $f(x) = e^{-x^2}\sin x$

21 次の関数の逆フーリエ変換を求めよ.

(1) $F(\xi) = \xi^2 e^{-\xi^2}$　　(2) $F(\xi) = e^{-\xi^2}\cos\xi$

(3) $F(\xi) = e^{-\xi^2}\sin\xi$

22 次の方程式を与えられた条件のもとで解け.

(1) $$\begin{cases} \dfrac{\partial u}{\partial t} = \dfrac{\partial^2 u}{\partial x^2} & (t > 0,\ -\infty < x < \infty) \\ \displaystyle\lim_{x\to-\infty} u(x,t) = \lim_{x\to\infty} u(x,t) = 0 & (t \geqq 0) \\ u(x,0) = xe^{-x^2} & (-\infty < x < \infty) \end{cases}$$

(2) $$\begin{cases} \dfrac{\partial u}{\partial t} = \dfrac{\partial^2 u}{\partial x^2} & (t > 0,\ -\infty < x < \infty) \\ \displaystyle\lim_{x\to-\infty} u(x,t) = \lim_{x\to\infty} u(x,t) = 0 & (t \geqq 0) \\ u(x,0) = x^2 e^{-\frac{x^2}{4}} & (-\infty < x < \infty) \end{cases}$$

解く前に　$\mathcal{F}[e^{-\frac{x^2}{4t}} * xe^{-x^2}]$ とすると，フーリエ変換の性質 (6) および例題 4.9, 4.11 を用いて

$$e^{-ax^2} * xe^{-bx^2} = \frac{ax\sqrt{\pi}}{(a+b)\sqrt{a+b}} e^{-\frac{ab}{a+b}x^2}$$

となることを使え.

23 以下の問いに答えよ.　（九州大学）

(1) $f(x) = e^{-|x|}$ のフーリエ変換を求めよ.

(2) フーリエの積分公式を利用して，次の定積分の値を求めよ.

$$\int_0^\infty \frac{\cos u}{1+u^2}\,du$$

5 複素解析

本章では複素関数，つまり複素数から複素数への対応について扱う．特に複素関数の意味で微分できるものを正則関数という．正則関数の理論は煩雑な印象を受けるかもしれないが，実は単純・明快であり，中心となるのはコーシーの積分定理および積分表示である．また複素関数は，フーリエ変換，ラプラス変換，微分方程式など，応用面でも重要である．本章後半では特に，実数値関数の定積分の計算への応用について扱う．

5.1 複素平面

複素数の計算と極形式について学ぶ．

複素数と複素平面　実数 a, b, c について 2 次方程式 $ax^2 + bx + c = 0$ の解は

$$x = \frac{-b \pm \sqrt{b^2 - 4ac}}{2a}$$

で与えられ，特に判別式 $D = b^2 - 4ac$ が負のときは，異なる 2 つの虚数解となる．$i = \sqrt{-1}$ を**虚数単位**（きょすうたんい）とよび，$a > 0$ について

$$\sqrt{-a} = \sqrt{a}\, i$$

とする．ただし $\sqrt{(-1)^2} = 1 \neq -1 = \left(\sqrt{-1}\right)^2$ に注意すること．

例 5.1　$3x^2 + x + 2 = 0$ の解は

$$x = \frac{-1 \pm \sqrt{-23}}{6} = \frac{-1 \pm \sqrt{23}\, i}{6}$$

■

$a + bi$（a, b は実数）により表される数を**複素数**（ふくそすう）とよぶ．複素数の加法・減法は i を普通の文字と同様に扱って行えばよい．また $i^2 = -1$ を用いて乗法・除法が行える．

例 5.2　$\alpha = 6+7i,\ \beta = 5+2i$ について，$\alpha+\beta = 11+9i,\ \alpha-\beta = 1+5i$

$$\alpha\beta = (6+7i)(5+2i) = 30+12i+35i+14i^2$$
$$= 30+47i-14 = 16+47i$$
$$\frac{\alpha}{\beta} = \frac{6+7i}{5+2i} = \frac{(6+7i)(5-2i)}{(5+2i)(5-2i)} \quad \text{（分母の有理化と同様の計算）}$$
$$= \frac{30-12i+35i-14i^2}{25-4i^2} = \frac{30+23i+14}{25+4} = \frac{44+23i}{29}$$ ■

Let's TRY

問 5.1　次の複素数を $a+bi$（a,b は実数）の形で表せ．

(1)　$(3+4i)(4+3i)$　　(2)　$(1+2i)^3$　　(3)　$\dfrac{1}{2+i}+\dfrac{3+i}{1+2i}$

複素数 $z = x+yi$ について，x を**実部**（じつぶ），y を**虚部**（きょぶ）とよび，それぞれ $x = \mathrm{Re}(z)$，$y = \mathrm{Im}(z)$ と表す．虚部が 0 でないとき z を**虚数**（きょすう）とよび，特に $x = 0,\ y \neq 0$ のとき**純虚数**（じゅんきょすう）とよぶ．ただし，本書においては $z = 0i = 0$ も純虚数に含めることにする．また

$$\overline{z} = x - yi$$

を z の**共役複素数**（きょうやくふくそすう）とよぶ．

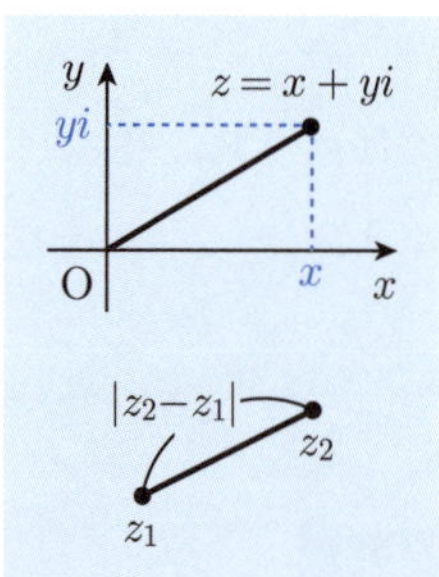

複素数 $z = x+yi$ に座標平面上の点 $\mathrm{P}(x,y)$ を対応させることにより，複素数は座標平面上の点として表せる．この座標平面を**複素平面**（ふくそへいめん）または**ガウス平面**（へいめん）とよび，x 軸を**実軸**（じつじく），y 軸を**虚軸**（きょじく）とよぶ．

複素数 $z = x+yi$ に対して，$|z| = \sqrt{x^2+y^2}$ を z の**絶対値**（ぜったいち）とよぶ．これは複素平面上で 0 と z との距離を表す．また 2 つの複素数 $z_1 = x_1+y_1 i$，$z_2 = x_2+y_2 i$ について，$|z_2-z_1| = \sqrt{(x_2-x_1)^2+(y_2-y_1)^2}$ は複素平面上での z_1 と z_2 との距離を表す．

Let's TRY

問 5.2　$1-2i$ と $4+3i$ の距離を求めよ．

問 5.3　次の方程式または不等式を満たす z の範囲を複素平面上に図示せよ．

(1)　$|z-i| = 1$　　(2)　$\mathrm{Re}(z) > 0$

極形式　複素数 $z = x + yi$ に対し，xy 平面上の点 $\mathrm{P}(x, y)$ の極座標を (r, θ) とする（『微分積分 [第2版]』第4章参照）．$x = r\cos\theta,\ y = r\sin\theta$ であるので

$$z = r(\cos\theta + i\sin\theta)$$

これを複素数 z の **極形式**（きょくけいしき）とよぶ．次の等式が成り立つ（図参照）．

$$r = \sqrt{x^2 + y^2} = |z| \geqq 0$$

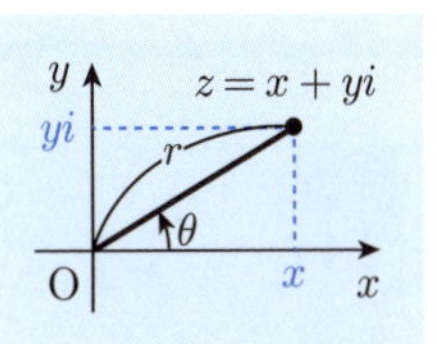

さらに θ の値を複素数 $z = x + yi$ の **偏角**（へんかく）とよび

$$\arg z = \theta$$

と表す．極座標の場合と同様に，$z \neq 0$ の場合は $\arg z$ は 2π の整数倍を加えるだけの任意性があり，$z = 0$ の場合は $\arg z$ の値は任意とする．

またオイラーの公式 $e^{i\theta} = \cos\theta + i\sin\theta$（『微分積分 [第2版]』第4章4.1節と本書第4章4.2節参照）を用いると，z の極形式は $z = re^{i\theta}$ と表すこともできる．

Let's TRY

問 5.4　次の複素数の極形式を求めよ．

(1)　$1 + i$　　(2)　$-3 - \sqrt{3}\,i$　　(3)　$2 - 2i$　　(4)　-4

5.1　指数法則（しすうほうそく）

(1)　任意の実数 θ_1, θ_2 に対し，$e^{i(\theta_1+\theta_2)} = e^{i\theta_1}e^{i\theta_2}$ が成立する．

(2)　任意の自然数 n に対し，$(e^{i\theta})^n = e^{in\theta}$ が成立する．

証明♣　(1)　オイラーの公式と三角関数における加法定理を用いると左辺は

$$\begin{aligned} e^{i(\theta_1+\theta_2)} &= \cos(\theta_1 + \theta_2) + i\sin(\theta_1 + \theta_2) \\ &= (\cos\theta_1\cos\theta_2 - \sin\theta_1\sin\theta_2) + i(\sin\theta_1\cos\theta_2 + \cos\theta_1\sin\theta_2) \end{aligned}$$

となり，右辺は

$$\begin{aligned} e^{i\theta_1}e^{i\theta_2} &= (\cos\theta_1 + i\sin\theta_1)(\cos\theta_2 + i\sin\theta_2) \\ &= (\cos\theta_1\cos\theta_2 - \sin\theta_1\sin\theta_2) + i(\sin\theta_1\cos\theta_2 + \cos\theta_1\sin\theta_2) \end{aligned}$$

となる．したがって (1) の等式は成り立つ．

(2)　(1) より $(e^{i\theta})^n = e^{i\theta}e^{i\theta}\cdots e^{i\theta} = e^{i(\theta+\theta+\cdots+\theta)} = e^{in\theta}$．

したがって (2) の等式は成り立つ．■

オイラーの公式と 5.1 を組み合わせることで，次の結果を得る．

5.2 ド・モアブルの公式（こうしき）

任意の自然数 n と実数 θ について，次が成り立つ．

$$(\cos\theta + i\sin\theta)^n = \cos n\theta + i\sin n\theta$$

例題 5.1 (1) ド・モアブルの公式を用いて次の三角関数の2倍角の公式を証明せよ．

$$\cos 2\theta = \cos^2\theta - \sin^2\theta = 2\cos^2\theta - 1 = 1 - 2\sin^2\theta \quad \cdots ①$$
$$\sin 2\theta = 2\sin\theta\cos\theta \quad \cdots ②$$

(2) $(\sqrt{3}+i)^9$ の値を求めよ．

証明 (1) ド・モアブルの公式より $\cos 2\theta + i\sin 2\theta = (\cos\theta + i\sin\theta)^2$ となるので

$$\cos 2\theta + i\sin 2\theta = \cos^2\theta + 2i\cos\theta\sin\theta - \sin^2\theta \quad \cdots ③$$

両辺の実部を比較することにより，

$$\cos 2\theta = \cos^2\theta - \sin^2\theta$$

を得る．さらに，$\sin^2\theta + \cos^2\theta = 1$ より①を得る．

一方，③の両辺の虚部を比較することにより②を得る．

(2) $\sqrt{3}+i$ を極形式にすると $2\left(\cos\frac{\pi}{6} + i\sin\frac{\pi}{6}\right)$ となるので，

$$(\sqrt{3}+i)^9 = 2^9\left(\cos\frac{9}{6}\pi + i\sin\frac{9}{6}\pi\right) = -512i$$ ■

Let's TRY

問 5.5 ド・モアブルの公式から次の3倍角の公式を導け．

$$\cos 3\theta = 4\cos^3\theta - 3\cos\theta$$

問 5.6 ド・モアブルの公式を用いて次の複素数を $a+bi$（a, b は実数）の形で表せ．

(1) $\left(\cos\frac{\pi}{8} + i\sin\frac{\pi}{8}\right)^6$ (2) $\left(\cos\frac{\pi}{9} - i\sin\frac{\pi}{9}\right)^3$

(3) $(1+i)^{10}$ (4) $(1-\sqrt{3}i)^8$

n 乗根　複素数 z と自然数 n に対し，方程式 $w^n = z$ の解を z の **n 乗根**（じょうこん）という．ここでは 5.2 ド・モアブルの公式を用いて n 乗根を求める公式を導く．

5.3　n 乗根

複素数 $z = r(\cos\theta + i\sin\theta) = re^{i\theta} \neq 0$ と自然数 n に対し，方程式 $w^n = z$ の解は

$$w_k = \sqrt[n]{r}\left\{\cos\left(\frac{\theta}{n} + \frac{2k\pi}{n}\right) + i\sin\left(\frac{\theta}{n} + \frac{2k\pi}{n}\right)\right\}$$

$$= \sqrt[n]{r}\,e^{\left(\frac{\theta}{n}+\frac{2k\pi}{n}\right)i} \quad (k = 0, 1, \ldots, n-1)$$

■**注意**　実数 $r \geqq 0$ に対しては，n 乗して r になる 0 以上の実数を $\sqrt[n]{r} = r^{\frac{1}{n}}$ とかく．

証明♣　方程式の解を極形式 $w = R(\cos\alpha + i\sin\alpha)$ $(R > 0)$ で表す．ド・モアブルの公式より，$w^n = R^n(\cos n\alpha + i\sin n\alpha)$

方程式に代入すると $R^n(\cos n\alpha + i\sin n\alpha) = r(\cos\theta + i\sin\theta)$

$$\therefore \quad R^n = r \quad \cdots① , \quad n\alpha = \theta + 2l\pi \quad (l \text{ は整数}) \quad \cdots②$$

①において $R > 0, r > 0$ に注意して $R = \sqrt[n]{r}$

②において，整数 l を自然数 n で割ったときの商を m，余りを $0 \leqq k \leqq n-1$ とおくと $l = mn + k$ となるので，$n\alpha = \theta + 2(mn+k)\pi$, $\alpha = \dfrac{\theta}{n} + \dfrac{2k\pi}{n} + 2m\pi$

$$\therefore \quad w = \sqrt[n]{r}(\cos\alpha + i\sin\alpha)$$

$$= \sqrt[n]{r}\left\{\cos\left(\frac{\theta}{n} + \frac{2k\pi}{n} + 2m\pi\right) + i\sin\left(\frac{\theta}{n} + \frac{2k\pi}{n} + 2m\pi\right)\right\}$$

$$= \sqrt[n]{r}\left\{\cos\left(\frac{\theta}{n} + \frac{2k\pi}{n}\right) + i\sin\left(\frac{\theta}{n} + \frac{2k\pi}{n}\right)\right\}$$

$(k = 0, 1, \ldots, n-1)$　■

■**注意**　$w_0, w_1, \ldots, w_{n-1}$ はいずれも $|w_k| = \sqrt[n]{r}$ を満たすので，複素平面上で中心 O，半径 $\sqrt[n]{r}$ の円周上の点となる．また w_k の偏角は $\dfrac{\theta}{n} + \dfrac{2k\pi}{n}$ であり，k の値が 1 増えると偏角は $\dfrac{2\pi}{n}$ 増えることから，$w_0, w_1, \ldots, w_{n-1}$ は O を中心とする正 n 角形の頂点となることがわかる．

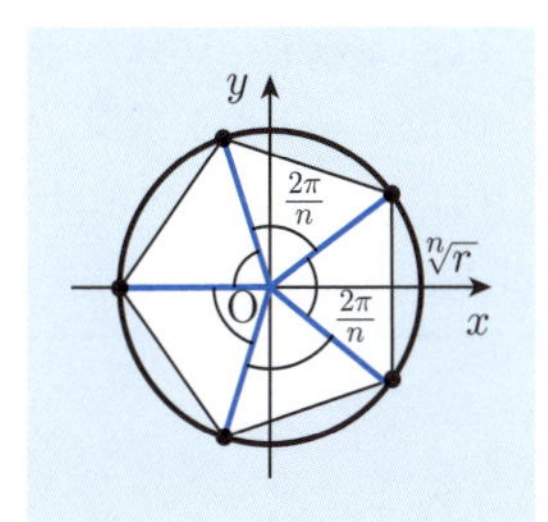

例題 5.2 （$\boldsymbol{n}$ **乗根の計算**）

$z=-1+i$ の 3 乗根を求めよ．

解

$$z=-1+i=\sqrt{2}\,e^{\frac{3\pi}{4}i}=2^{\frac{1}{2}}e^{\frac{3\pi}{4}i}$$ ←$Re^{i\theta}$ の形に直す

だから $w^3=z$ の解は

$$w_k=\left(2^{\frac{1}{2}}\right)^{\frac{1}{3}}e^{\left(\frac{1}{3}\frac{3\pi}{4}+\frac{2k\pi}{3}\right)i}$$

$$=2^{\frac{1}{6}}\left\{\cos\left(\frac{\pi}{4}+\frac{2k\pi}{3}\right)+i\sin\left(\frac{\pi}{4}+\frac{2k\pi}{3}\right)\right\}$$

$(k=0,1,2)$．以上より 3 乗根は

$$w_0=\sqrt[6]{2}\left(\cos\frac{\pi}{4}+i\sin\frac{\pi}{4}\right)$$

$$w_1=\sqrt[6]{2}\left(\cos\frac{11}{12}\pi+i\sin\frac{11}{12}\pi\right)$$

$$w_2=\sqrt[6]{2}\left(\cos\frac{19}{12}\pi+i\sin\frac{19}{12}\pi\right)$$

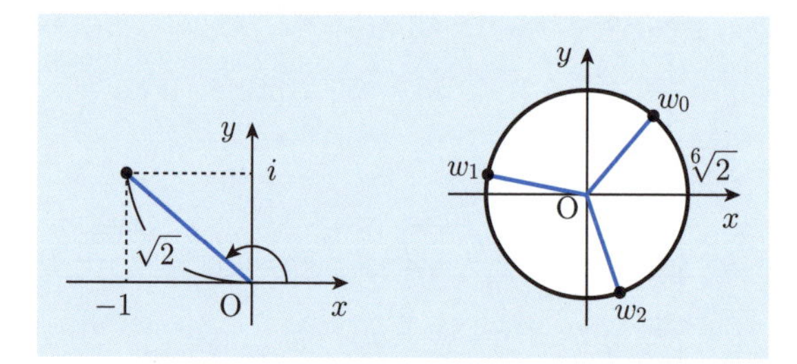

■

Let's TRY

問 5.7 次の複素数を求めよ．

(1) $z=1+\sqrt{3}\,i$ の平方根

(2) $z=1$ の 3 乗根

(3) $z=-2$ の 4 乗根

問 5.8 $1-i$ の 3 乗根を極形式で表せ．

第 5 章 5.1 節　演習問題 A

1　次の複素数を $a+bi$（a,b は実数）の形で表せ．

(1)　$(5+2i)(4+3i)$　　(2)　$(2+i)^3$　　(3)　$\dfrac{1}{3+i}+\dfrac{2+i}{1+3i}$

2　次の 2 点間の距離を求めよ．

(1)　$\dfrac{1}{2}+i,\ \dfrac{5}{2}-i$　　(2)　$-3+3i,\ 4+4i$

3　次の方程式または不等式を満たす z の存在範囲を図示せよ．

(1)　$|z-(1+i)|=1$　　(2)　$|z-1| \leqq 2$

(3)　$\mathrm{Re}(z)=1$　　(4)　$\mathrm{Im}(z)<0$

4　次の複素数の絶対値を求めよ．

(1)　$\sqrt{2}(1+i)+\sqrt{3}(1-i)$　　(2)　$(3+4i)^3$

5　次の複素数を極形式で表せ．

(1)　$-2+2i$　　(2)　$(\sqrt{3}+i)(1+i)$　　(3)　$(1-i)(1+\sqrt{3}\,i)$

6　次の複素数を $a+bi$（a,b は実数）の形で表せ．

(1)　$\left(\cos\dfrac{\pi}{16}+i\sin\dfrac{\pi}{16}\right)^4$　　(2)　$\left(\cos\dfrac{2}{9}\pi-i\sin\dfrac{2}{9}\pi\right)^3$

(3)　$(1+\sqrt{3}\,i)^6$　　(4)　$(1+i)^7$　　(5)　$(-1+i)^{12}$

7　次の値を求めよ．

(1)　$z=1-\sqrt{3}\,i$ の 2 乗根

(2)　$z=4i$ の 3 乗根

(3)　$z=-8i$ の 3 乗根

第5章5.1節 演習問題B

8 任意の複素数 $z_1 = x_1 + iy_1$, $z_2 = x_2 + iy_2$（x_1, x_2, y_1, y_2 は実数）に対し問いに答えよ．

(1) $(|z_1| + |z_2|)^2 - |z_1 + z_2|^2 = 2\sqrt{x_1^2 + y_1^2}\sqrt{x_2^2 + y_2^2} - 2(x_1y_1 + x_2y_2)$ が成り立つことを示せ．

(2) $(x_1^2 + y_1^2)(x_2^2 + y_2^2) \geqq (x_1x_2 + y_1y_2)^2$ が成り立つことを示せ．

(3) (1), (2) の結果を用いて次の不等式が成り立つことを示せ．

$$|z_1| + |z_2| \geqq |z_1 + z_2| \quad \text{（三角不等式）}$$

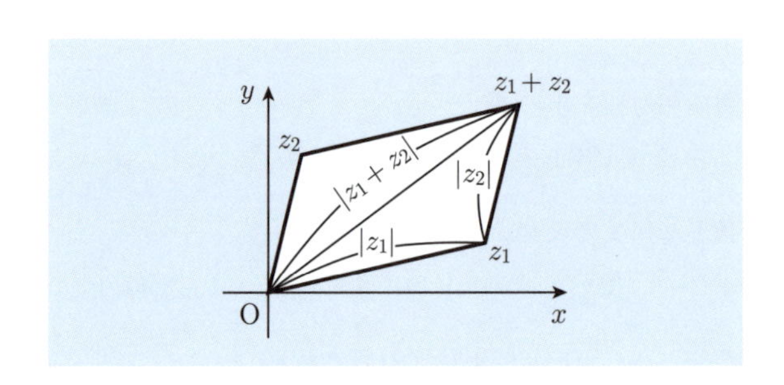

9 問題 **8**(3) の不等式 $|z_1| + |z_2| \geqq |z_1 + z_2|$ を用いて，

$$|z_1 + z_2| \geqq |z_1| - |z_2|$$

を証明せよ．

10 等式 $|z_1z_2| = |z_1|\,|z_2|$ が成り立つことを次の方法で証明せよ．

(1) $z_1 = x_1 + iy_1$, $z_2 = x_2 + iy_2$ とする．

(2) $z_1 = r_1e^{\theta_1}$, $z_2 = r_2e^{\theta_2}$ とする．

11 次の等式または不等式が表す z 平面上の図形は何かを答えよ．

(1) $|z|^2 = 2(z + \overline{z})$　　(2) $\mathrm{Re}\{(2+i)z\} = 1$

(3) $|z| + |z - 2i| \leqq 3$　　(4) $|z - 2| - |z + 2| = 3$

12 ド・モアブルの公式を用いることにより $\sin 3\theta$ を $\sin\theta$ の多項式で表せ．

13 次の方程式の解を求めよ．極形式の形で答えること．

$$z^4 + z^3 + z^2 + z + 1 = 0$$

第 5 章 5.1 節　演習問題 C

14 $\left(\dfrac{\sqrt{3}+i}{1-i}\right)^8$ の値を求めよ．

15 オイラーの公式を用いて次の等式が成り立つことを示せ．ただし $\cos\theta \neq 1$ とする．

(1)　$\cos\theta + \cos 2\theta + \cdots + \cos n\theta = \dfrac{-1+\cos\theta+\cos n\theta-\cos(n+1)\theta}{2(1-\cos\theta)}$

(2)　$\sin\theta + \sin 2\theta + \cdots + \sin n\theta = \dfrac{\sin\theta+\sin n\theta-\sin(n+1)\theta}{2(1-\cos\theta)}$

16 $8(-1+\sqrt{3}i)$ の 4 乗根を求めよ．

17 次の 2 次方程式を解け．

$$z^2 - 2z - \sqrt{3}i = 0$$

18 オイラーの公式を用いて，次の値を $\cos n\theta$ または $\sin n\theta$（$n = 1, 3, 5$）の式で表せ．

(1)　$\cos^5\theta$

(2)　$\sin^5\theta$

19 複素平面の異なる 3 点 α, β, γ について，3 点が正三角形の頂点となるための必要十分条件は，

$$\alpha^2 + \beta^2 + \gamma^2 = \alpha\beta + \beta\gamma + \gamma\alpha$$

が成り立つことであることを示せ．

5.2 正則関数

複素関数の微分および初等関数について学ぶ.

複素関数　複素平面上の点集合 S の各点 $z = x + yi$ に複素数 $w = u + vi$ (x, y, u, v は実数) を対応させるとき，この対応 $w = f(z)$ を**複素関数**(ふくそかんすう)という．z を**変数**(へんすう)（あるいは複素変数），S を f の**定義域**(ていぎいき)といい，特に断らなければ，定義域はできるだけ広い範囲にとるものとする．さらに u, v はいずれも x, y の関数となるので，$u = u(x, y),\ v = v(x, y)$ とかく．

$$w = f(z) = u(x, y) + iv(x, y)$$

例 5.3

(1)　$w = f(z) = z^2$ の場合，定義域は複素数の全体となる．
$u + vi = (x + iy)^2 = x^2 + 2xyi - y^2$ だから

$$u = u(x, y) = x^2 - y^2, \quad v = v(x, y) = 2xy$$

(2)　$w = f(z) = \dfrac{1}{z}$ の場合，定義域は 0 以外の複素数の全体となる．

$$u + vi = \frac{1}{x + yi} = \frac{x - yi}{(x + yi)(x - yi)} = \frac{x - yi}{x^2 + y^2} \text{ だから}$$

$$u = u(x, y) = \frac{x}{x^2 + y^2}, \quad v = v(x, y) = -\frac{y}{x^2 + y^2}$$

Let's TRY

問 5.9　次の複素関数について，定義域および $u = u(x, y),\ v = v(x, y)$ を求めよ．

(1)　$w = iz^2$　　(2)　$w = \dfrac{1}{z + i}$　　(3)　$w = -iz^3$　　(4)　$w = \dfrac{1}{z - i}$

関数の極限と連続　点 a の近くで定義される関数 $w = f(z)$ に対して，変数 $z \neq a$ が a に限りなく近づくとき，その近づき方に関係なく $f(z)$ の値が 1 つの定まった複素数 b に限りなく近づくとする．このとき b を z が a に近づくときの $f(z)$ の**極限値**(きょくげんち)といい

$$\lim_{z \to a} f(z) = b \quad \text{または} \quad f(z) \to b \quad (z \to a)$$

とかく．　$\lim\limits_{z \to a} w = b$ **または** $w \to b \quad (z \to a)$ **とかくこともある.**

また，変数 $z \neq a$ が a に限りなく近づくとき，その近づき方に関係なく $|f(z)|$ の値が限りなく大きくなることを

$$\lim_{z \to a} f(z) = \infty \quad \text{または} \quad f(z) \to \infty \quad (z \to a)$$

とかく．一方，$|z|$ が限りなく大きくなるとき，$f(z)$ が限りなく1つの値 b に近づくことを，$\displaystyle\lim_{z \to \infty} f(z) = b$ または $f(z) \to b$ $(z \to \infty)$ とかく．

例題 5.3 次の極限を求めよ．

(1) $\displaystyle\lim_{z \to -i} \frac{z^2+1}{z^2-iz+2}$ (2) $\displaystyle\lim_{z \to 2} \frac{1}{z-2}$ (3) $\displaystyle\lim_{z \to \infty} \frac{6z^2+3z}{5z^2+7z+1}$

解 (1) $\displaystyle\lim_{z \to -i} \frac{z^2+1}{z^2-iz+2} = \lim_{z \to -i} \frac{(z+i)(z-i)}{(z+i)(z-2i)} = \lim_{z \to -i} \frac{z-i}{z-2i} = \frac{-2i}{-3i} = \frac{2}{3}$

(2) $\displaystyle\lim_{z \to 2} \frac{1}{z-2} = \frac{1}{0} = \infty$

(3) $\displaystyle\lim_{z \to \infty} \frac{6z^2+3z}{5z^2+7z+1} = \lim_{z \to \infty} \frac{6+\frac{3}{z}}{5+\frac{7}{z}+\frac{1}{z^2}} = \frac{6}{5}$ ■

Let's TRY

問 5.10 次の極限を求めよ．

(1) $\displaystyle\lim_{z \to 3-i} \frac{z+2}{z+1}$ (2) $\displaystyle\lim_{z \to 3i} \frac{(z+1)(z-3i)}{z^2+9}$ (3) $\displaystyle\lim_{z \to 1+2i} \frac{-3}{z^2-2z+5}$

関数 $w = f(z)$ が定義域 S 内の1点 a に対して

$$\lim_{z \to a} f(z) = f(a)$$

を満たすとき，$f(z)$ は点 a で**連続**（れんぞく）であるという．$f(z)$ が S のすべての点で連続であるとき，$f(z)$ は S で**連続**（れんぞく）であるという．

例 5.4 $f(z)$ を $f(z) = \dfrac{(z+1)^2(z-1)}{z^3-z}$ $(z^3 - z \neq 0$ のとき$)$，$f(z) = 0$ $(z^3 - z = 0$ のとき$)$ と定める．

$z^3 - z = z(z+1)(z-1) = 0$ の解は $z = 0, \pm 1$

$z = 0, \pm 1$ ではないとき，$f(z) = \dfrac{(z+1)^2(z-1)}{z^3-z} = \dfrac{(z+1)^2(z-1)}{z(z+1)(z-1)} = \dfrac{z+1}{z}$

$\alpha = 0, \pm 1$ ではないとき，$\displaystyle\lim_{z\to\alpha} f(z) = \lim_{z\to\alpha} \frac{z+1}{z} = f(\alpha)$ だから $f(z)$ は $z=\alpha$ で連続である．

一方，$\displaystyle\lim_{z\to 0} f(z) = \lim_{z\to 0} \frac{z+1}{z} = \infty$, $\displaystyle\lim_{z\to 1} f(z) = \lim_{z\to 1} \frac{z+1}{z} = 2 \neq f(1)$, $\displaystyle\lim_{z\to -1} f(z) = \lim_{z\to -1} \frac{z+1}{z} = 0 = f(-1)$ より，$f(z)$ は $z = 0, 1$ で不連続，$z = -1$ で連続である． ■

Let's TRY

問 5.11 次の関数 $f(z)$ が $z = 2i$ において連続となるように複素数 a を定めよ．

$$f(z) = \frac{z^4 + 8z^2 + 16}{(z-2i)^2} \quad (z \neq 2i \text{ のとき}), \quad f(2i) = a$$

次のことが知られている．

5.4 関数の連続性

$f(z) = u(x,y) + v(x,y)i$ が連続であるための必要十分条件は，実部 $u(x,y)$，虚部 $v(x,y)$ がいずれも関数として連続であることである．また $f(z)$ と $g(z)$ が連続ならば，$f(z) \pm g(z)$, $f(z)g(z)$, $\dfrac{f(z)}{g(z)}$ $(g(z) \neq 0)$ は連続である．

正則関数 複素関数 $w = f(z)$ が点 a の近くで定義され

$$\lim_{z\to a} \frac{f(z) - f(a)}{z - a}$$

が変数 z の a への近づき方に関係なく 1 つの値に収束するとき，$w = f(z)$ は $z = a$ で（**複素**（ふくそ））**微分可能**（びぶんかのう）であるという．またこのとき，この極限値を $z = a$ における $w = f(z)$ の**微分係数**（びぶんけいすう）といい，$f'(a)$ で表す．

■**注意** $w = f(z)$ が $z = a$ で微分可能なら

$$\begin{aligned}\lim_{z\to a} f(z) &= \lim_{z\to a}(f(z) - f(a) + f(a)) = \lim_{z\to a}\left\{(z-a)\frac{f(z)-f(a)}{z-a} + f(a)\right\} \\ &= 0 \cdot f'(a) + f(a) = f(a)\end{aligned}$$

となり，$w = f(z)$ は $z = a$ で連続となる．

複素平面の領域　複素平面上の点集合 D は次の 2 条件を満足するとき，**領域**（りょういき）という．

(1)　D に属する任意の点 a に対し，a を中心とする半径が十分小さい円の内部は集合 D に含まれる．

(2)　D に属する任意の点 a と b に対し，a と b を D 内の連続曲線で結ぶことができる．

■注意　領域の例として円または長方形の内部，集合 $\{z \mid \mathrm{Im}\, z > 0\}$（上半平面）などがある．

■注意　(2) における D 内の連続曲線とは，D に含まれて両端以外では切れ目がない曲線のことである．(2) をより正確に述べると次のようになる：$0 \leqq t \leqq 1$ を変数とする連続関数 $x(t)$ と $y(t)$ が存在して点 $x(t) + iy(t)$ はすべて D に属し，

$$x(0) + iy(0) = a, \quad x(1) + iy(1) = b$$

が成り立つ．

領域 D で定義された複素関数 $w = f(z)$ は D のすべての点で微分可能であるとき，f は D で**正則**（せいそく）であるという．このとき**導関数**（どうかんすう）（点 $z = a$ に微分係数 $f'(a)$ 対応させる関数）$\displaystyle\lim_{\Delta z \to 0} \frac{f(z+\Delta z) - f(z)}{\Delta z}$ を $w', f'(z), \dfrac{dw}{dz}, \dfrac{df}{dz}$ などと表す．

■注意　5.4 節で詳しく述べるが，D で複素微分可能な関数は何回でも微分可能で，D の各点のまわりでテイラー展開可能となる（5.19 参照）．この性質は複素関数のもつ最も大きな性質であるといってよい．

$w = f(z) = z^2$ に対し

$$\lim_{\Delta z \to 0} \frac{f(z+\Delta z) - f(z)}{\Delta z} = \lim_{\Delta z \to 0} \frac{(z+\Delta z)^2 - z^2}{\Delta z} = \lim_{\Delta z \to 0} (2z + \Delta z) = 2z$$

したがって導関数は $f'(z) = 2z$ となり，複素平面全体で正則となる．■

Let's TRY

問 5.12 複素関数 $w = f(z) = z^3$ の導関数を極限計算により求めよ．

■注意 一般に整数 n に対して，$(z^n)' = nz^{n-1}$ となる．

5.5 微分公式

複素関数 $f(z)$ と $g(z)$ が領域 D で正則ならば，これらの和・差・定数倍・積・商で表される関数も D で正則となり，1 変数の実関数と同様の微分公式が成り立つ．

(1) $(f \pm g)' = f' \pm g'$ （複号同順）

(2) $(cf)' = cf'$ （c は複素数）

(3) $(fg)' = f'g + fg'$

(4) $\left(\dfrac{f}{g}\right)' = \dfrac{f'g - fg'}{g^2}$ （ただし $g(z) \neq 0$ とする）

さらに次の**合成関数の微分公式**(ごうせいかんすうのびぶんこうしき)も成り立つ：

$f(z)$ と $g(z)$ がそれぞれある領域で定義された正則関数で，$g(z)$ の値域が $f(z)$ の定義域に含まれるとき

(5) $\{f(g(z))\}' = f'(g(z))g'(z)$

この公式により，z の多項式または分数式は，これまで通り微分計算が行える．

Let's TRY

問 5.13 次の関数を微分せよ．

(1) $w = 6z^2 - z + 5$

(2) $w = \dfrac{5z + 6}{z^2 + 1}$

(3) $w = (z^2 + z + 1)^3$

問 5.14 次の関数の導関数と（ ）内の点 z における微分係数を求めよ．

(1) $w = 5z^2 + 6z$ （$z = 1 + 2i$）

(2) $w = \dfrac{z}{2z + 1}$ （$z = i$）

コーシー–リーマンの方程式

5.6 [定理] コーシー–リーマンの方程式

領域 D で定義された複素関数 $f(z)=u(x,y)+iv(x,y)$ が正則であるための必要十分条件は，$u(x,y)$, $v(x,y)$ がいずれも D で連続な偏導関数 u_x, u_y, v_x, v_y をもち，次の方程式が満たされることである．

$$u_x=v_y,\quad u_y=-v_x \quad \text{（コーシー–リーマンの方程式）}$$

また，このとき $f(z)$ の導関数は次のように表される．

$$f'(z)=u_x+iv_x=v_y-iu_y$$

証明 複素関数 $f(z)=u(x,y)+iv(x,y)$ が D で正則であると仮定する．任意の $z=x+iy\in D$ に対して，$f(z)$ は z で微分可能であるから

$$\lim_{\Delta z\to 0}\frac{f(z+\Delta z)-f(z)}{\Delta z}=f'(z)$$

$\Delta z=\Delta x+i\Delta y$ とおく．Δz を実数，すなわち $\Delta y=0$ を保ちながら $\Delta z=\Delta x\to 0$ とすると

$$\lim_{\Delta x\to 0}\left\{\frac{u(x+\Delta x,y)-u(x,y)}{\Delta x}+i\frac{v(x+\Delta x,y)-v(x,y)}{\Delta x}\right\}=f'(z)$$

したがって左辺の実部，虚部も収束して次の等式が成り立つ．

$$u_x(x,y)+iv_x(x,y)=f'(z)\quad\cdots①$$

次に Δz を純虚数，すなわち $\Delta x=0$ を保ちながら $\Delta z=i\Delta y\to 0$ とすると

$$\lim_{\Delta y\to 0}\left\{\frac{u(x,y+\Delta y)-u(x,y)}{i\Delta y}+i\frac{v(x,y+\Delta y)-v(x,y)}{i\Delta y}\right\}=f'(z)$$

したがって左辺の実部，虚部も収束して次の等式が成り立つ．

$$v_y(x,y)-iu_y(x,y)=f'(z)\quad\cdots②$$

①, ②の実部と虚部を比較するとコーシー–リーマンの方程式を得る．さらに偏導関数 u_x, u_y, v_x, v_y はいずれも D で連続となるが，証明は複雑になるため省略する．

逆に関数 u, v が D の各点で連続な偏微分をもち，コーシー–リーマンの方程式を満たせば $f(z)$ は D 上で正則となるが，証明は省略する． ■

例題 5.4 次の関数が正則関数であるかどうかを判定し，正則である場合は導関数を求めよ．

(1) $w = (3x - y + 2) + i(x + 3y + 5)$ (2) $w = \overline{z} = x - iy$

解 (1) w の実部は $u = 3x - y + 2$，虚部は $v = x + 3y + 5$ であり

$$\frac{\partial u}{\partial x} = 3 = \frac{\partial v}{\partial y}, \quad \frac{\partial u}{\partial y} = -1 = -\frac{\partial v}{\partial x}$$

となるので，コーシー–リーマンの方程式を満たし，関数は複素平面全体で正則となり，$w' = u_x + iv_x = 3 + i$ となる．

(2) w の実部は $u = x$，虚部は $v = -y$ であり，$\dfrac{\partial u}{\partial x} = 1 \neq \dfrac{\partial v}{\partial y}$ よりコーシー–リーマンの方程式を満たさず，正則関数ではない． ■

Let's TRY

問 5.15 次の関数が正則関数であるかどうかを判定し，正則である場合は導関数を求めよ．

(1) $w = \overline{z}^{\,2} = (x - iy)^2$ (2) $w = (x^2 - y^2) + i(2xy)$

複素関数としての指数関数・対数関数と三角関数

(1) **指数関数**（しすうかんすう）：複素数 $z = x + iy$ を変数とする指数関数 e^z を定義する．

5.7 指数関数とその微分

複素数の指数関数を $w = e^z = e^x e^{iy} = e^x(\cos y + i \sin y)$ と定義する．このとき $w = e^z$ は複素平面全体で正則となり，$w' = e^z$ が成り立つ．

特に $y = 0$ の場合は，$e^z = e^x(\cos 0 + i \sin 0) = e^x$ となり，実関数の場合と一致する．一方，$x = 0$ の場合は，$e^{iy} = \cos y + i \sin y$ となってオイラーの公式と一致する．

証明♣ $w = e^z$ の実部は $u = e^x \cos y$，虚部は $v = e^x \sin y$ であり

$$u_x = e^x \cos y = v_y, \quad u_y = -e^x \sin y = -v_x$$

となる．よってコーシー–リーマンの方程式を満たし，$w = e^z$ は複素平面全体で正則となり

$$w' = u_x + iv_x = e^x \cos y + ie^x \sin y = e^z$$ ■

5.8 指数法則

$e^{\alpha}e^{\beta} = e^{\alpha+\beta}$ （α, β は複素数）

証明♣　$\alpha = x_1 + iy_1,\ \beta = x_2 + iy_2$ とおく．

$$e^{\alpha}e^{\beta} = e^{x_1}e^{iy_1}e^{x_2}e^{iy_2}$$

$$= e^{x_1}e^{x_2}e^{iy_1}e^{iy_2}$$

5.1 (1) を用いて

$$(\text{左辺}) = e^{x_1+x_2}e^{i(y_1+y_2)} = (\text{右辺})$$ ■

例題 5.5　次の等式を証明せよ．ただし α は複素数，n は自然数とする．

(1)　$(e^{\alpha})^n = e^{n\alpha}$

(2)　$\dfrac{1}{(e^{\alpha})^n} = e^{-n\alpha}$

(3)　$(e^{\alpha z})' = \alpha e^{\alpha z}$

証明　(1)　$(e^{\alpha})^n = e^{\alpha} \cdot e^{\alpha} \cdots e^{\alpha}$．指数法則 5.8 を用いて

$$(\text{与式}) = e^{n\alpha}$$

(2)　(1) の結果と指数法則 5.8 より

$$(e^{\alpha})^n \cdot e^{-n\alpha} = e^{n\alpha} \cdot e^{-n\alpha} = e^0 = 1$$

$$\therefore\quad \frac{1}{(e^{\alpha})^n} = e^{-n\alpha}$$

(3)　合成関数の微分公式により

$$(e^{\alpha z})' = e^{\alpha z}(\alpha z)' = \alpha e^{\alpha z}$$ ■

(2)　**対数関数**：複素数 z に対し，複素数 w を

$$z = e^w \quad \cdots ①$$

により対応させるとき，この対応を対数関数といい

$$w = \log z \quad \cdots ②$$

で表す．$e^w e^{-w} = e^0 = 1$ より $e^w \neq 0$ だから $z \neq 0$ となる．また

$$z = r(\cos\theta + i\sin\theta), \quad w = u + iv$$

とすると①から

$$r(\cos\theta + i\sin\theta) = e^u(\cos v + i\sin v)$$

これより

$$e^u = r, \quad u = \mathrm{Log}\, r = \mathrm{Log}\,|z|$$

となる．ただし $r > 0$ に対して $\mathrm{Log}\, r$ は r の自然対数を表すものとする．また $v = \theta + 2n\pi$（n は整数）となるので

$$\begin{aligned} w &= u + iv \\ &= \mathrm{Log}\,|z| + i(\theta + 2n\pi) = \mathrm{Log}\,|z| + i\arg z \end{aligned}$$

5.9　対数関数

$z \neq 0$ に対し，対数関数 $w = \log z$ は次のように表される．

$$\log z = \mathrm{Log}\,|z| + i\arg z$$

ただし，$\mathrm{Log}\, r$ は実数 $r > 0$ に対する通常の自然対数を表す．

■**注意**　$z \neq 0$ に対し，上式の左辺における $\arg z = \theta + 2n\pi$ の整数 n は任意であるために，$\log z$ は無限個の相異なる値をとる．$\log z$ は本来の意味の関数とはいえないが，**無限多価関数**とよばれる広い意味での関数になる．

$z \neq 0$ に対し，$-\pi < \arg z \leqq \pi$ ととると，$\log z$ の値は1つに決まる．これを対数関数 $\log z$ の**主値**といい，これも $\mathrm{Log}\, z$ で表す．すなわち

$$\mathrm{Log}\, z = \mathrm{Log}\,|z| + i\arg z \quad (-\pi < \arg z \leqq \pi)$$

Let's TRY

問 5.16　$\log(1 + \sqrt{3}i)$, $\mathrm{Log}(1 - i)$ の値をそれぞれ求めよ．

$w = \log z$ において z の変化量が $\Delta z \neq 0$ であるとき w（を連続に変えたとき）の変化量が Δw であるとする．

$$\frac{\Delta w}{\Delta z} = \frac{\Delta w}{(z + \Delta z) - z} = \frac{\Delta w}{e^{w+\Delta w} - e^w} = \frac{1}{\frac{e^{w+\Delta w} - e^w}{\Delta w}}$$

より

$$\lim_{\Delta z \to 0} \frac{\Delta w}{\Delta z} = \frac{1}{(e^w)'} = \frac{1}{e^w} = \frac{1}{z}$$

5.10 対数関数の微分

$(\log z)' = \dfrac{1}{z} \quad (z \neq 0)$

(3) **三角関数**（さんかくかんすう）：オイラーの公式 $e^{i\theta} = \cos\theta + i\sin\theta$ より，$e^{-i\theta} = \cos\theta - i\sin\theta$ となり，

$$e^{i\theta} + e^{-i\theta} = 2\cos\theta, \quad e^{i\theta} - e^{-i\theta} = 2i\sin\theta$$

これをもとに複素関数としての三角関数を定義する．

5.11 三角関数とその微分

$$\cos z = \frac{e^{iz} + e^{-iz}}{2}, \quad \sin z = \frac{e^{iz} - e^{-iz}}{2i} \quad (z \text{ は複素数})$$

と定義すると，いずれも複素平面全体で定義された正則関数となり，$(\cos z)' = -\sin z$, $(\sin z)' = \cos z$ が成り立つ．

証明♣

$$(\cos z)' = \left(\frac{e^{iz} + e^{-iz}}{2}\right)' = \frac{1}{2}\{e^{iz}(iz)' + e^{-iz}(-iz)'\}$$

$$= \frac{1}{2}(ie^{iz} - ie^{-iz}) = \frac{-e^{iz} + e^{-iz}}{2i} = -\sin z$$

したがって，$\cos z$ は複素平面全体で定義された正則関数となる．

同様の計算により，$(\sin z)' = \cos z$ が成り立ち，$\sin z$ は複素平面全体で定義された正則関数となることが証明できる． ■

Let's TRY

問 5.17 $(\sin z)' = \cos z$（z は複素数）が成り立つことを証明せよ．

問 5.18 $\cos\left(\dfrac{\pi}{4}i\right)$, $\sin\left(\dfrac{3}{2}\pi + i\right)$ の値をそれぞれ求めよ．

例題 5.6 次の加法定理を証明せよ．

$$\cos(\alpha+\beta)=\cos\alpha\cos\beta-\sin\alpha\sin\beta \quad (\alpha, \beta \text{ は複素数})$$

証明 上記の $\cos z$ の定義と 5.8 指数法則を用いると，等式の左辺は

$$\cos(\alpha+\beta)=\frac{1}{2}\{e^{i(\alpha+\beta)}+e^{-i(\alpha+\beta)}\}$$
$$=\frac{1}{2}(e^{i\alpha}e^{i\beta}+e^{-i\alpha}e^{-i\beta})$$

となる．一方，右辺は

$$\cos\alpha\cos\beta-\sin\alpha\sin\beta$$
$$=\frac{1}{2}(e^{i\alpha}+e^{-i\alpha})\cdot\frac{1}{2}(e^{i\beta}+e^{-i\beta})-\frac{1}{2i}(e^{i\alpha}-e^{-i\alpha})\cdot\frac{1}{2i}(e^{i\beta}-e^{-i\beta})$$
$$=\frac{1}{4}(e^{i\alpha}+e^{-i\alpha})(e^{i\beta}+e^{-i\beta})+\frac{1}{4}(e^{i\alpha}-e^{-i\alpha})(e^{i\beta}-e^{-i\beta})$$
$$=\frac{1}{2}(e^{i\alpha}e^{i\beta}+e^{-i\alpha}e^{-i\beta})$$

となる．よって等式は成り立つ． ■

Let's TRY

問 5.19 次の加法定理を証明せよ．

$$\sin(\alpha+\beta)=\sin\alpha\cos\beta+\cos\alpha\sin\beta \quad (\alpha, \beta \text{ は複素数})$$

問 5.20 方程式 $\sin z=i$ が成り立つとするとき，次の問いに答えよ．

(1) e^{iz} の値を求めよ．

(2) z をすべて求めよ．

第 5 章 5.2 節　演習問題 A

20　次の複素関数について，定義域，$u = u(x, y)$, $v = v(x, y)$ をそれぞれ求めよ．

(1)　$w = \dfrac{z}{z-1}$　　(2)　$w = \dfrac{z+i}{z-i}$

21　次の関数が $z = -2i$ において連続となるように複素数 a を定めよ．

$f(z) = \dfrac{z^4 + 8z^2 + 16}{(z+2i)^2}$ （$z \neq -2i$ の場合），　$f(-2i) = a$

22　次の関数の導関数と（　）内の点 z における微分係数を求めよ．

(1)　$w = 7z^2 + 2z + 1$　（$z = 2 + 3i$）

(2)　$w = \dfrac{2z+1}{3z+1}$　（$z = -1 + i$）

23　次の関数が正則関数であるかどうかを判定し，正則である場合は導関数を求めよ．

(1)　$w = (2xy + 5y + 1) + i(-x^2 + y^2 - 5x)$

(2)　$w = (x + 2iy)^2$

(3)　$w = e^{-y}(\cos x + i \sin x)$

24　次の複素数または関数を $u + iv$ の形で表せ（$z = x + yi$）．

(1)　$e^{3+\frac{\pi}{6}i}$　　(2)　$\sin(z+5)$

25　次の値を求めよ．

(1)　$\log(\sqrt{3} - i)$ および $\mathrm{Log}(-1-i)$

(2)　$\cos\left(\dfrac{\pi}{6}i\right)$ および $\sin(\pi i)$

26　次を証明せよ．

(1)　$\cos z, \sin z$（z は複素数）の定義から $\sin^2 z + \cos^2 z = 1$ が成り立つ．

(2)　$w = \dfrac{\sin z}{\cos z}$（$\cos z \neq 0$）に対し，$w' = \dfrac{1}{\cos^2 z}$（$z$ は複素数）が成り立つ．

(3)　$\sin(-z) = -\sin z$,　$\cos(-z) = \cos z$　（z は複素数）

27　方程式 $\cos z = 2$（z は複素数）の解を求めよ．

第5章5.2節 演習問題B

28 次の関数が正則関数となるように，実数係数 a, b, c, d を定めよ（$z = x + yi$）．またそのときの導関数を求めよ．

(1) $w = (ax + by + 3) + i(4x + 6y + 2)$

(2) $w = (ax^2 + 4xy + by^2) + i(cx^2 + 6xy + dy^2)$

(3) $w = (3x^2y + ay^3) + i(bx^3 + cxy^2)$

29 複素関数 $w = u + iv$ が複素平面上の正則関数であるなら，実数値関数 $u = u(x, y)$ と $v = v(x, y)$ はいずれも調和関数となる，すなわち

$$u_{xx} + u_{yy} = 0, \quad v_{xx} + v_{yy} = 0$$

を満たすことを示せ．

■**参考** 逆に2回偏微分可能で，それらの偏導関数が連続である実数値調和関数 $u = u(x, y)$（または $v = v(x, y)$）に対し，u を実部にもつ（または v を虚部にもつ）複素平面上の正則関数 $w = w(z)$ が存在する（問題**37**参照）．

30 次の方程式の解を求めよ．

(1) $e^z = 1 + i$ (2) $\cos z = 3$

31 $z = x + iy$（x, y は実数）に対し，次の等式が成り立つことを示せ．

(1) $\cos z = \cos x \cosh y - i \sin x \sinh y$

$|\cos z|^2 = \cos^2 x + \sinh^2 y$

(2) $\sin z = \sin x \cosh y + i \cos x \sinh y$

$|\sin z|^2 = \sin^2 x + \sinh^2 y$

(3) $\cos z \neq 0$ ならば

$$\frac{\sin z}{\cos z} = \frac{\sin 2x + i \sinh 2y}{\cos 2x + \cosh 2y}$$

■**参考** 必要なら，双曲線関数（『微分積分 [第2版]』p.75）

$$\cosh x = \frac{e^x + e^{-x}}{2}, \quad \sinh x = \frac{e^x - e^{-x}}{2}$$

に関する次の公式を用いること

$$\cosh(x + y) = \cosh x \cosh y + \sinh x \sinh y$$

$$\sinh(x + y) = \sinh x \cosh y + \cosh x \sinh y$$

$$\cosh^2 x - \sinh^2 x = 1$$

第5章5.2節　演習問題C

32 次の関数が正則であるかどうかを判定し，正則である場合は導関数 w' を求めよ（$z = x + iy$）．

(1)　$w = -e^x \sin y + ie^x \cos y$

(2)　$w = (\overline{z})^2$

(3)　$w = (5x + 4y) + (-4x + 5y)i$

33 複素平面全体で正則な関数 $f(x)$ に対し $g(z) = \overline{f(\overline{z})}$ と定めると，$g(z)$ も正則関係となることを証明せよ．

34 複素数 z, w に関して次が成り立つことを証明せよ．

(1)　$e^z = e^w$ ならば，$w = z + 2n\pi i$（n は整数）

(2)　$\cos z = 0$ ならば，$z = \dfrac{\pi}{2} + n\pi$（$n$ は整数）

(3)　$\sin z = 0$ ならば，$z = n\pi$（n は整数）

35 複素数 z に対し，

$$\sinh z = \frac{e^z - e^{-z}}{2}$$

$$\cosh z = \frac{e^z + e^{-z}}{2}$$

と定める．次を証明せよ．

(1)　$(\sinh z)' = \cosh z, \quad (\cosh z)' = \sinh z$

(2)　$\sinh(z + w) = \sinh z \cosh w + \cosh z \sinh w$

(3)　$\cosh(z + w) = \cosh z \cosh w + \sinh z \sinh w$

(4)　$\cosh^2 z - \sinh^2 z = 1$

36 $\sin^{-1} z$ の値すなわち $\sin w = z$ の解は次の形で与えられることを示せ．

$$\sin^{-1} z = \frac{1}{i} \log\{iz + (1 - z^2)^{\frac{1}{2}}\}$$

37 実数値関数 $u = u(x, y)$ が2回偏微分可能で，それらの偏導関数が連続（つまり u_{xx}, u_{xy}, u_{yx}, u_{yy} が存在して連続）であり，$u_{xx} + u_{yy} = 0$ を満たす，すなわち調和関数であるとする．このとき u を実部にもつ複素平面上の正則関数 $w = w(z)$ が存在することを証明せよ．

■**参考**　問題**29**で述べた事柄の逆に当たる．

5.3 複素積分

複素平面内の曲線 C に対する複素積分 $\displaystyle\int_C f(z)\,dz$ について学ぶ．

複素数値関数・曲線　有界な閉区間 $[a,b]$ で定義された実数値関数 $p(t)$, $q(t)$ について

$$g(t) = p(t) + iq(t)$$

で表される関数を実数変数の**複素数値関数**（ふくそすうちかんすう）という．$p(t), q(t)$ がともに微分可能なら $g'(t) = p'(t) + iq'(t)$ と定める．

ただし端点 a, b **では** $p'(a) = \displaystyle\lim_{h\to+0}\frac{p(a+h)-p(a)}{h}$, $p'(b) = \displaystyle\lim_{h\to-0}\frac{p(b+h)-p(b)}{h}$ **と定義し，** $q'(a), q'(b)$ **も同様に定める．**

また $p(t), q(t)$ がともに閉区間 $[a,b]$ において定積分可能なら，

$\displaystyle\int_a^b g(t)\,dt = \int_a^b p(t)\,dt + i\int_a^b q(t)\,dt$ と定める．$g(t)$ が $[a,b]$ で微分可能かつ $g'(t)$ が連続関数であるとき，$g(t)$ は $[\boldsymbol{a},\boldsymbol{b}]$ **で滑らか**（なめ）であるという．また連続関数 $g(t)$ が $[a,b]$ を有限個の閉区間で区切ったときに，各区間で滑らかならば，$g(t)$ は $[\boldsymbol{a},\boldsymbol{b}]$ **で区分的に滑らか**（くぶんてき・なめ）であるという（4.1 節での定義参照）．

■**注意**　“滑らか” または “区分的に滑らか” の定義は書物により多少異なるので，上記定義は本章における定義と解釈してもらいたい．

$[a,b]$ で連続な実数値関数 $x(t)$, $y(t)$ を用いて

$$C : z(t) = x(t) + iy(t) \quad (a \leqq t \leqq b)$$

と表される複素平面上の図形 C を**曲線**（きょくせん）といい，点 $z(a)$ を C の**始点**（してん），$z(b)$ を C の**終点**（しゅうてん）という．特に $x(t)$, $y(t)$ が区分的に滑らかな場合は C を**区分的に滑らかな曲線**（くぶんてき・なめ・きょくせん）という．**以下「区分的に滑らかな曲線」のことを単に「曲線」ということにする．**

複素積分　領域 D で連続な複素関数 $f(z) = u(x,y) + iv(x,y)$ と，D に含まれる曲線 C に対し，$f(z)$ の曲線 C に沿っての複素積分 $\displaystyle\int_C f(z)\,dz$ を以下のように定める：

C 上で始点から順に終点に向かうように有限個の点 $z_0 = z(a), z_1, z_2, \ldots, z_n = z(b)$ をとり，C を n 個の曲線に分割する．この分割を Δ とかく．C 上で z_{k-1} と z_k の間に点 ξ_k $(1 \leqq k \leqq n)$ をとる．このとき $\displaystyle\sum_{k=1}^{n} f(\xi_k)(z_k - z_{k-1})$ の値の，分割を

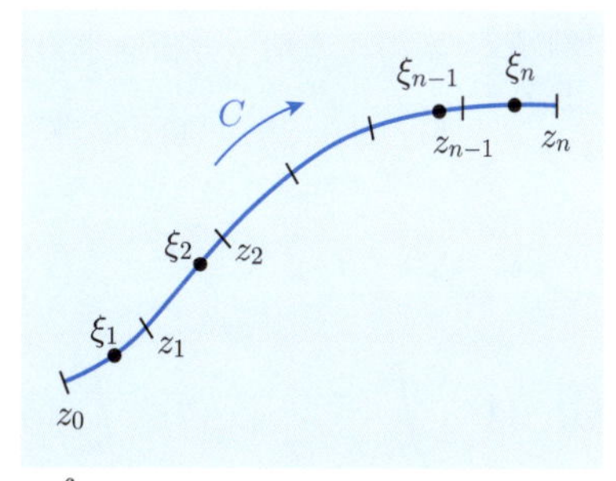

限りなく細かくしたときの極限により線積分 $\displaystyle\int_C f(z)\,dz$ を定義する．すなわち

$$\int_C f(z)\,dz = \lim_{|\Delta|\to 0} \sum_{k=1}^{n} f(\xi_k)(z_k - z_{k-1})$$

ここで $|\Delta|$ は $|z_1 - z_0|, |z_2 - z_1|, \ldots, |z_n - z_{n-1}|$ の最大値を表すものとする．

C が $z = z(t)$ $(a \leqq t \leqq b)$ と表されるとき $dz = \dfrac{dz}{dt}\,dt$ と考えて

$$\int_C f(z)\,dz = \int_a^b f(z)\frac{dz}{dt}\,dt = \int_a^b f(z(t))z'(t)\,dt$$

が成り立つが，証明は省略する．一方 $dz = dx + i\,dy$ と考えて

$$\int_C f(z)\,dz = \int_c (u + iv)(dx + i\,dy) = \int_C (u\,dx - v\,dy) + i\int_C (v\,dx + u\,dy)$$

とも変形できる．

第 2 章のスカラー場の線積分のうち，x 成分，y 成分に関する積分と対応する．

5.12 複素積分 I

領域 D で連続な複素関数 $f(z) = u(x, y) + iv(x, y)$ と，D に含まれる曲線 $C : z(t) = x(t) + iy(t)$ $(a \leqq t \leqq b)$ について，関数 $f(z)$ の曲線 C に沿っての**複素積分**（ふくそせきぶん）は $\displaystyle\int_C f(z)\,dz = \int_a^b f(z)\frac{dz}{dt}\,dt = \int_a^b f(z(t))z'(t)\,dt$ で与えられる．さらに

$$\int_C f(z)\,dz = \int_C (u\,dx - v\,dy) + i\int_C (v\,dx + u\,dy)$$

が成り立つ．

例題 5.7 次の複素積分の値を求めよ．

(1) $\displaystyle\int_C (2z-1)\,dz,\quad C: z=(1+2i)t+(3-4i) \quad (0 \leqq t \leqq 1)$

(2) $\displaystyle\int_C \overline{z}\,dz,\quad C: z=t+it^2 \quad (0 \leqq t \leqq 1)$

解 (1)

$$\int_C (2z-1)\,dz = \int_0^1 (2z-1)\frac{dz}{dt}\,dt$$
$$= \int_0^1 \{(2+4i)t+(5-8i)\}(1+2i)\,dt$$
$$= \int_0^1 \{(-6t+21)+(8t+2)i\}\,dt$$
$$= \int_0^1 (-6t+21)\,dt + i\int_0^1 (8t+2)\,dt = 18+6i$$

(2)

$$\int_C \overline{z}\,dz = \int_0^1 \overline{z}\frac{dz}{dt}\,dt = \int_0^1 (t-t^2i)(1+2ti)\,dt$$
$$= \int_0^1 \{(2t^3+t)+t^2i\}\,dt = \frac{1}{2}\Big[t^4+t^2\Big]_0^1 + \frac{1}{3}\Big[t^3\Big]_0^1 i = 1+\frac{1}{3}i$$

■

Let's TRY

問 5.21 次の複素積分の値を求めよ．

(1) $\displaystyle\int_C (z-2)\,dz,\quad C: z=(1+i)t+(3+4i) \quad (-1 \leqq t \leqq 1)$

(2) $\displaystyle\int_C \overline{z}\,dz,\quad C: z=t^2+ti \quad (0 \leqq t \leqq 1)$

問 5.22 領域 $D=\{z \mid z \neq 0\}$ 上で定義された関数 $f(z)=\dfrac{1}{z}$ について，次の複素積分の値を求めよ．

(1) $C_1: z(t)=e^{it}$ $(0 \leqq t \leqq \pi)$ に対し，$\displaystyle\int_{C_1} f(z)\,dz$

(2) $C_2: z(t)=e^{-it}$ $(0 \leqq t \leqq \pi)$ に対し，$\displaystyle\int_{C_2} f(z)\,dz$

複素積分 $\displaystyle\int_C f(z)\,dz$ の定義より次の性質が成り立つ．

5.13 複素積分 II

領域 D で連続な複素関数 $f(z), g(z)$ と任意の複素数 k について次の性質が成り立つ．

(1) $\displaystyle\int_C \{f(z)+g(z)\}\,dz = \int_C f(z)\,dz + \int_C g(z)\,dz$

(2) $\displaystyle\int_C kf(z)\,dz = k\int_C f(z)\,dz$

(3) 曲線 C の始点と終点を入れかえてできる曲線を $-C$ とすると

$$\int_{-C} f(z)\,dz = -\int_C f(z)\,dz$$

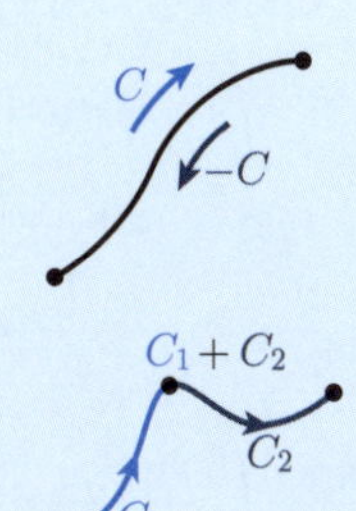

(4) D に含まれる曲線 C_1, C_2 について，C_1 の終点と C_2 の始点が一致する場合，2 つの曲線をつないでできる曲線を C_1+C_2 とすると

$$\int_{C_1+C_2} f(z)\,dz = \int_{C_1} f(z)\,dz + \int_{C_2} f(z)\,dz$$

コーシーの積分定理 曲線 $C: z(t) = x(t)+iy(t)\ (a \leqq t \leqq b)$ が自分自身で交わらない，つまり $a \leqq t < t' \leqq b$ に対して（両端点以外で）$z(t) \neq z(t')$ であるとき C を**単純曲線**（たんじゅんきょくせん）であるという．始点と終点が一致する単純曲線を**単純閉曲線**（たんじゅんへいきょくせん）という．特に断らなければ閉曲線には**正の回転の向き**（せいのかいてんのむき）（**反時計方向**（はんとけいほうこう））の向きがついているものとする．

■**注意** 以下，単純閉曲線を単に「閉曲線」ということにする．閉曲線 C により分けられる複素平面の 2 つの領域のうち，無限に広がっている方を C の外部，もう一方を C の内部という．

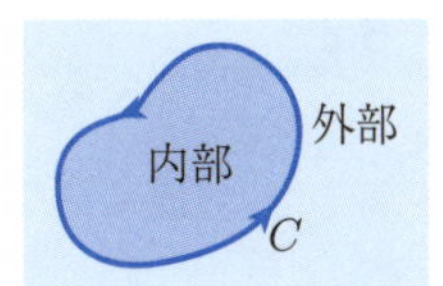

5.14 [定理] コーシーの積分定理 I（せきぶんていり）

関数 $f(z)$ が，閉曲線 C の内部および周を含む領域 D で正則ならば

$$\int_C f(z)\,dz = 0$$

証明♣ $f(z) = u(x, y) + iv(x, y)$ とすると，**5.12** により

$$\int_C f(z)\,dz = \int_C (u\,dx - v\,dy) + i\int_C (v\,dx + u\,dy)$$

$$\int_C (F\,dx + G\,dy) = \iint_D \left(\frac{\partial G}{\partial x} - \frac{\partial F}{\partial y}\right) dxdy$$

閉曲線 C で囲まれた領域を F とすると，グリーンの定理（第2章）により

$$\int_C f(z)\,dz = \int_F \left(-\frac{\partial u}{\partial y} - \frac{\partial v}{\partial x}\right) dxdy + i\int_F \left(-\frac{\partial v}{\partial y} + \frac{\partial u}{\partial x}\right) dxdy$$

$f(z)$ は D 上正則だから F 上のすべての点で **5.6** コーシー–リーマンの方程式

$\dfrac{\partial u}{\partial x} = \dfrac{\partial v}{\partial y}$, $\dfrac{\partial u}{\partial y} = -\dfrac{\partial v}{\partial x}$ を満たし

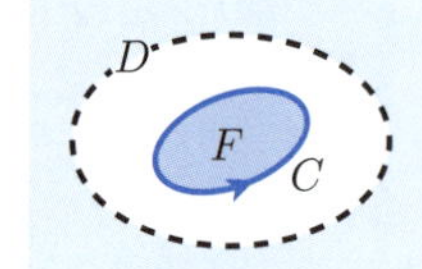

$$\int_C f(z)\,dz = \int_F 0\,dxdy + i\int_F 0\,dxdy = 0$$

となる． ■

e^z は複素平面全体で正則だから複素平面上の任意の閉曲線 C に対し

$$\int_C e^z\,dz = 0$$

例題 5.8 関数 $f(z)$ は複素平面上の点 $a_1, a_2, \ldots, a_n$ 以外のすべての点で複素微分可能であり，これらの点は閉曲線 C の外部にある場合，$\displaystyle\int_C f(z)\,dz = 0$ が成り立つこと示せ．

証明♣ 図のように，領域 D を閉曲線 C とその内部を含み, $a_1, a_2, \ldots, a_n$ を含まないようにとることができる．これにより $f(z)$ は D 上で正則となり $\displaystyle\int_C f(z)\,dz = 0$ が成り立つ． ■

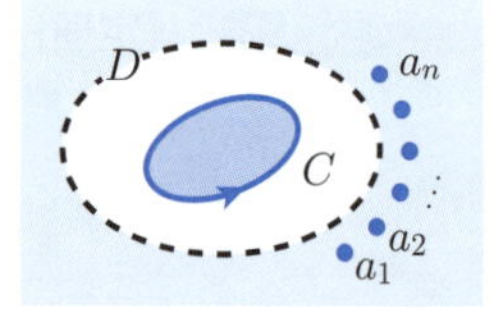

一方，閉曲線 C の内部に関数 $f(z)$ が複素微分可能でない点がある場合は，$\displaystyle\int_C f(z)\,dz = 0$ は一般には成り立たない．

例題 5.9　複素数 a，実数 $r>0$，自然数 n について $\displaystyle\int_C \frac{1}{(z-a)^n}\,dz$ の値を求めよ．ここで $C=\{z \mid |z-a|=r\}$ とする．

解　C は中心 a，半径 $r>0$ の円であるから，$C: z(\theta) = a + re^{i\theta}$ $(0 \leqq \theta \leqq 2\pi)$ と表すことができる．θ が 0 から 2π まで変化するとき，点 $z(\theta)$ は C を正の向きに 1 周する．

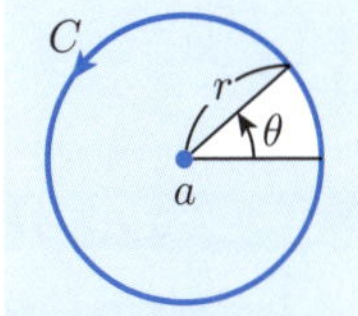

$$\int_C \frac{1}{(z-a)^n}\,dz = \int_0^{2\pi} \frac{1}{(z-a)^n}\frac{dz}{d\theta}\,d\theta$$
$$= \int_0^{2\pi} \frac{1}{(re^{i\theta})^n} rie^{i\theta}\,d\theta = ir^{1-n}\int_0^{2\pi} e^{i(1-n)\theta}\,d\theta$$

$n \neq 1$ なら

$$\int_C \frac{1}{(z-a)^n}\,dz = ir^{1-n}\frac{1}{i(1-n)}\left[e^{i(1-n)\theta}\right]_0^{2\pi} = 0$$

$n = 1$ なら

$$\int_C \frac{1}{(z-a)^n}\,dz = ir^0\int_0^{2\pi} d\theta = 2\pi i$$

■

1 つの閉曲線とその内部にあるいくつかの閉曲線で囲まれた穴が開いている図形に対しても次の意味でコーシーの積分定理が成り立つ．

5.15　コーシーの積分定理 II

閉曲線 C の内部に閉曲線 $C_1, C_2, \ldots, C_m$ があり，m 個の閉曲線は互いに外部にあるものとする．関数 $f(z)$ は上記 $m+1$ 個の閉曲線で囲まれる部分（図の斜線部）および周を含む領域で正則とする．このとき次の等式が成り立つ．

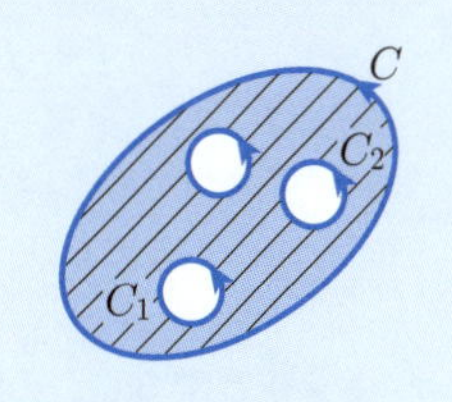

$$\int_C f(z)\,dz = \int_{C_1} f(z)\,dz + \int_{C_2} f(z)\,dz + \cdots + \int_{C_m} f(z)\,dz$$

証明♣　図のように C と各 C_i を往復する経路を，往路・復路を極めて近くにとり，それらをもとに閉曲線 C' を作る．**5.14** コーシーの積分定理 I より

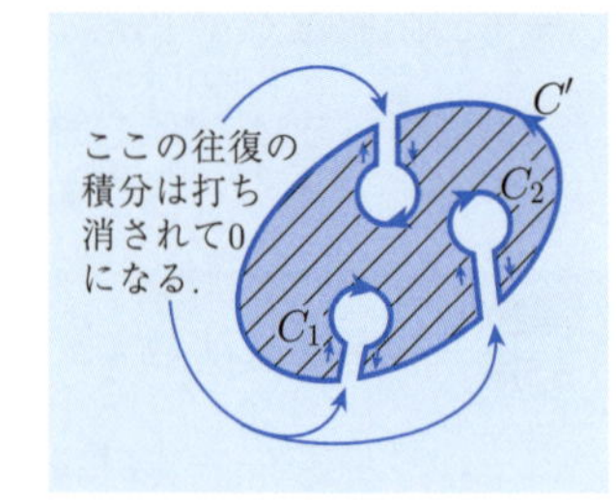

$$\int_{C'} f(z)\,dz = 0$$

であり，積分路の分割より

$$\int_{C'} f(z)\,dz = \int_C f(z)\,dz - \int_{C_1} f(z)\,dz - \int_{C_2} f(z)\,dz - \cdots - \int_{C_m} f(z)\,dz$$

となることから示せる．■

コーシーの積分表示

5.16　[定理] コーシーの積分表示(せきぶんひょうじ) I

関数 $f(z)$ が閉曲線 C の内部および周を含む領域で正則であるなら，C の内部にある任意の点 a に対し

$$f(a) = \frac{1}{2\pi i}\int_C \frac{f(z)}{z-a}\,dz$$

証明♣　a は閉曲線 C の内部にあることから，a を中心とし半径 r の円 C_1 は，r が十分小さいとき，C の内部に含まれる．$C_1 : z = a + re^{i\theta}$ $(0 \leqq \theta \leqq 2\pi)$ と表せるので，**5.15** コーシーの積分定理 II を用いて

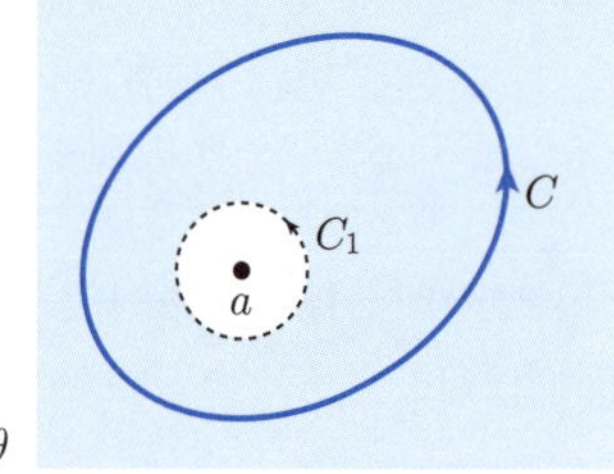

$$\int_C \frac{f(z)}{z-a}\,dz = \int_{C_1} \frac{f(z)}{z-a}\,dz = \int_0^{2\pi} \frac{f(z)}{z-a}\frac{dz}{d\theta}\,d\theta$$

$$= \int_0^{2\pi} \frac{f(a+re^{i\theta})}{re^{i\theta}} rie^{i\theta}\,d\theta$$

$$= i\int_0^{2\pi} f(a+re^{i\theta})\,d\theta$$

$r \to +0$ とすると，（右辺）$\to i\displaystyle\int_0^{2\pi} f(a)\,d\theta = 2\pi i f(a)$ となるので

$$\int_C \frac{f(z)}{z-a}\,dz = 2\pi i f(a) \qquad \therefore\quad f(a) = \frac{1}{2\pi i}\int_C \frac{f(z)}{z-a}\,dz$$ ■

例題 5.10　次の積分の値を求めよ.

$$\int_C \frac{z^2}{z-2i}\,dz, \quad C = \{z \mid |z| = 3\}$$

解　$f(z) = z^2$ とおく. $z = 2i$ は C の内部の点だから

$$\int_C \frac{z^2}{z-2i}\,dz = \int_C \frac{f(z)}{z-2i}\,dz = 2\pi i f(2i) = -8\pi i$$

■

Let's TRY

問 5.23　次の積分の値を求めよ.

(1) $\displaystyle\int_C \frac{z^3}{z+2i}\,dz, \quad C = \{z \mid |z| = 3\}$　　(2) $\displaystyle\int_C \frac{\cos z}{3z-\pi}\,dz, \quad C = \{z \mid |z| = 2\}$

1つの閉曲線とその内部にある閉曲線とで囲まれた穴が開いている図形に対しても次の意味でコーシーの積分表示が成り立つ.

5.17 コーシーの積分表示II

閉曲線 C の内部に閉曲線 C_1 があり, 関数 $f(z)$ は2つの閉曲線で囲まれる部分および周を含む領域で正則とする. このとき2つの閉曲線で囲まれる部分に属する任意の点 a に対し次の等式が成り立つ.

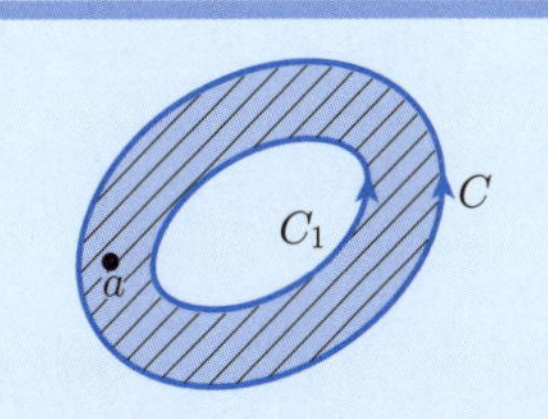

$$f(a) = \frac{1}{2\pi i}\left\{\int_C \frac{f(z)}{z-a}\,dz - \int_{C_1} \frac{f(z)}{z-a}\,dz\right\}$$

証明♣　図のように C と C_1 を往復する経路を, 往路・復路を極めて近くにとり, それらをもとに閉曲線 C' を作る. 5.16 コーシーの積分表示 I より $f(a) = \dfrac{1}{2\pi i}\displaystyle\int_{C'} \frac{f(z)}{z-a}\,dz$ であり, 積分路の分割より

$$\int_{C'} \frac{f(z)}{z-a}\,dz = \int_C \frac{f(z)}{z-a}\,dz - \int_{C_1} \frac{f(z)}{z-a}\,dz$$

となることから示せる.

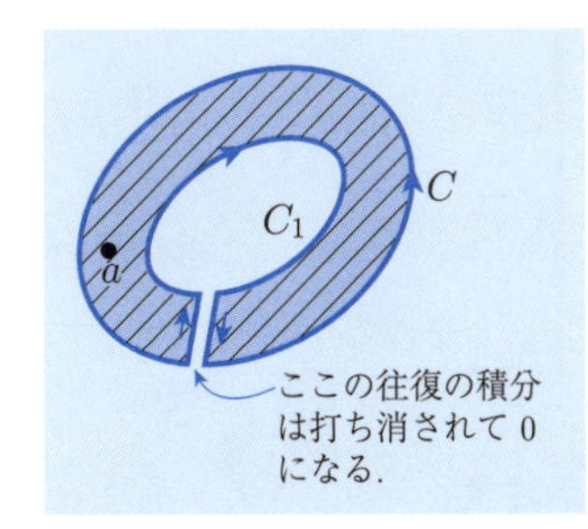

■

5.18 [定理] コーシーの積分表示(せきぶんひょうじ) III(グサルの公式(こうしき))

領域 D が閉曲線 C と C の内部を含み，関数 $f(z)$ は D で正則であるなら，C の内部にある任意の点 a に対し

$$f^{(n)}(a) = \frac{n!}{2\pi i}\int_C \frac{f(z)}{(z-a)^{n+1}}\,dz$$

証明♣ $n = 1, 2$ の場合について証明する．

a が C の内部にあるから，十分 0 に近い複素数 $h \neq 0$ に対し $a+h$ も C の内部の点となり，5.16 より $f(a+h) = \dfrac{1}{2\pi i}\displaystyle\int_C \frac{f(z)}{z-a-h}\,dz$ が成り立ち

$$\frac{f(a+h)-f(a)}{h} = \frac{1}{2\pi i}\frac{1}{h}\int_C \left\{\frac{f(z)}{z-a-h} - \frac{f(z)}{z-a}\right\} dz$$

$$= \frac{1}{2\pi i}\int_C \left\{\frac{f(z)}{(z-a-h)(z-a)}\right\} dz$$

$h \to 0$ とすると最左辺は $f'(a)$ に，最右辺は $\dfrac{1}{2\pi i}\displaystyle\int_C \frac{f(z)}{(z-a)^2}\,dz$ に収束するので，$f'(a) = \dfrac{1}{2\pi i}\displaystyle\int_C \frac{f(z)}{(z-a)^2}\,dz$ を得る．これより十分 0 に近い複素数 $h \neq 0$ に対し

$$f'(a+h) = \frac{1}{2\pi i}\int_C \frac{f(z)}{(z-a-h)^2}\,dz$$

となる．よって

$$\frac{f'(a+h)-f'(a)}{h} = \frac{1}{2\pi i}\frac{1}{h}\int_C \left\{\frac{f(z)}{(z-a-h)^2} - \frac{f(z)}{(z-a)^2}\right\} dz$$

$$= \frac{1}{2\pi i}\int_C \frac{(2z-2a-h)f(z)}{(z-a-h)^2(z-a)^2}\,dz$$

において $h \to 0$ とすると

$$f''(a) = \frac{2!}{2\pi i}\int_C \frac{f(z)}{(z-a)^3}\,dz$$

を得る． ■

■**注意** この定理より領域 D で正則な関数 $f(z)$ は何回でも複素微分可能であり，それら導関数も D で正則であることがわかる．

例題 5.11 次の複素積分の値を求めよ．

(1) $\displaystyle\int_C \frac{e^{2iz}}{z^2}\,dz, \qquad C = \{z \mid |z| = 2\}$

(2) $\displaystyle\int_C \frac{1}{z^3(z-2)}\,dz, \quad C = \{z \mid |z| = 1\}$

解 $z = 0$ は C の内部の点 $f(z) = e^{2iz}$ とおくと **5.18** より

$$f'(0) = \frac{1}{2\pi i}\int_C \frac{f(z)}{z^2}\,dz$$

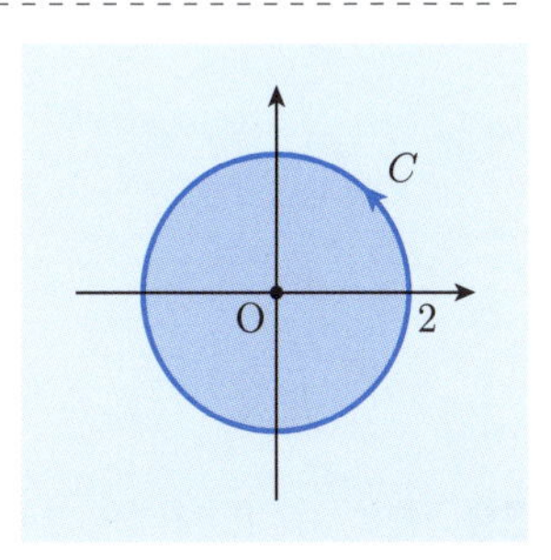

となるので

$$\int_C \frac{f(z)}{z^2}\,dz = 2\pi i f'(0)$$
$$= -4\pi$$

(2) $z^3(z-2) = 0$ の解は $z = 0, 2$ となり，$z = 0$ は C の内部の点，$z = 2$ は C の外部の点である．$f(z) = \dfrac{1}{z-2}$ とおくと $f(z)$ は C と C の内部を含む領域で正則で

$$\int_C \frac{1}{z^3(z-2)}\,dz = \int_C \frac{f(z)}{z^3}\,dz$$

5.18 より

$$f''(0) = \frac{2!}{2\pi i}\int_C \frac{f(z)}{z^3}\,dz$$

$$\therefore \quad \int_C \frac{f(z)}{z^3}\,dz = \pi i f''(0) = -\frac{\pi}{4}i \qquad ■$$

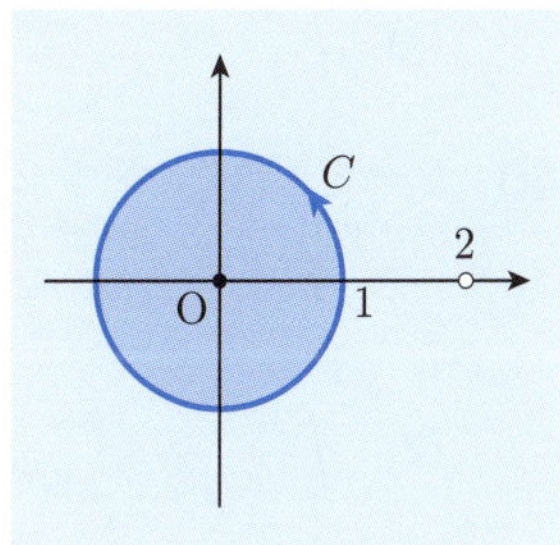

Let's TRY

問 5.24 次の複素積分の値を求めよ．

(1) $\displaystyle\int_C \frac{\sin z}{(z-i)^3}\,dz, \quad C = \{z \mid |z+1| = 2\}$

(2) $\displaystyle\int_C \frac{e^{iz}}{(z+i\pi)^3}\,dz, \quad C = \{z \mid |z+\pi i| = 1\}$

(3) $\displaystyle\int_C \frac{1}{(z-1)^3(z-3)}\,dz, \quad C = \{z \mid |z+i| = 2\}$

第5章5.3節 演習問題A

38 次の複素積分の値を求めよ．

(1) $\displaystyle\int_C (3z-1)\,dz,\quad C : z = (2+i)t + (1+5i) \quad (0 \leqq t \leqq 1)$

(2) $\displaystyle\int_C (z-\overline{z})\,dz,\quad C$ は複素平面上で 1 から i に至る線分

(3) $\displaystyle\int_C \mathrm{Re}(z)\,dz,\quad C : z = 2t^2 + ti \quad (0 \leqq t \leqq 1)$

(4) $\displaystyle\int_C z\,dz,\quad C : z = \sqrt{t} + ti \quad (0 \leqq t \leqq 1)$

(5) $\displaystyle\int_C (2\,\mathrm{Im}(z)+5)\,dz \quad C : z = t^2 + ti \quad (0 \leqq t \leqq 1)$

39 複素平面上で 0 から 2+i に至る図のような C_1, C_2 がある．C_1 は放物線

$$x = 2y^2$$

の一部であり，C_2 は座標軸に平行な 2 つの線分からなる．次の複素積分の値を求めよ．

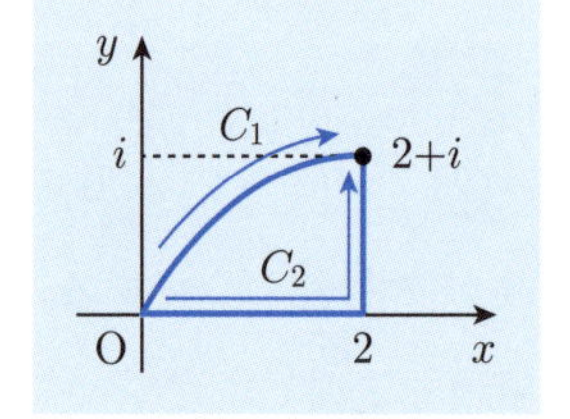

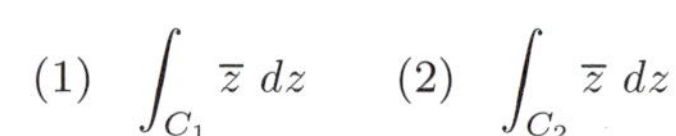

(1) $\displaystyle\int_{C_1} \overline{z}\,dz$ (2) $\displaystyle\int_{C_2} \overline{z}\,dz$

40 次の複素積分の値を求めよ．

(1) $\displaystyle\int_C \frac{e^{-3z}}{z+2}\,dz,\quad C = \{z \mid |z+2| = 2\}$

(2) $\displaystyle\int_C \frac{e^{-3z}}{z+2}\,dz,\quad C = \{z \mid |z| = 1\}$

(3) $\displaystyle\int_C \frac{\sin z}{4z+\pi}\,dz,\quad C = \{z \mid |z| = 1\}$

(4) $\displaystyle\int_C \frac{\cos z}{4z-\pi}\,dz,\quad C = \{z \mid |z| = 3\}$

41 次の複素積分の値を求めよ．

(1) $\displaystyle\int_C \frac{\cos z}{(z-i)^3}\,dz,\quad C = \{z \mid |z+1| = 2\}$

(2) $\displaystyle\int_C \frac{e^{2iz}}{(z-\frac{\pi}{2}i)^4}\,dz,\ C = \left\{z \,\middle|\, \left|z-\frac{\pi}{2}i\right| = 1\right\}$

第 5 章 5.3 節　演習問題 B

42　$F(z)$ は領域 D で定義された複素関数 $f(z)$ の原始関数であるとき，D に含まれる任意の曲線 C の始点 α，終点 β に対し，

$$\int_C f(z)\,dz = F(\beta) - F(\alpha)$$

が成り立つことを示せ．

43　$f(z)$ の原始関数を用いて $\displaystyle\int_C f(z)\,dz$ の値を求めよ．

(1)　$f(z) = z^2$,　$C : z(t) = e^{it} = \cos t + (\sin t)i$　$(0 \leqq t \leqq \pi)$

(2)　$f(z) = 2iz + 5$,　$C : z(t) = it$　$(1 \leqq t \leqq 2)$

(3)　$f(z) = 3z^2 + 4z$

　　$C : z(t) = e^{it} = \cos t + (\sin t)i$　$\left(-\dfrac{\pi}{2} \leqq t \leqq \dfrac{\pi}{2}\right)$

(4)　$f(z) = 2iz + 3$,　$C : z(t) = t^2 + ti$　$(0 \leqq t \leqq 1)$

44　問 5.22 の結果に注意して，領域 $D = \{z \mid z \neq 0\}$ 上で定義された関数 $f(z) = \dfrac{1}{z}$ の原始関数があれば求めよ．また，なければ理由を述べよ．

45　曲線 $C : z = 1 + ti$ $(0 \leqq t \leqq \pi)$ に対し，次の複素積分の値を求めよ．

(1)　$\displaystyle\int_C e^{z^2} z\,dz$

(2)　$\displaystyle\int_C \mathrm{Log}\, z\,dz$

(3)　$\displaystyle\int_C \sin z\,dz$

第5章5.3節　演習問題C

46 関数 $f(z)$ が円板 $\{z \mid |z-a| \leqq R\}$ を含む領域で正則であるとき，コーシーの積分表示を用いて，次の問いに答えよ．

(1)

$$\frac{1}{2\pi}\int_0^{2\pi} f(a+Re^{i\theta})\,d\theta$$

の値を求めよ（**複素関数の平均値の定理**）．

(2) 円内の任意の点 $z=a+re^{i\theta}$ $(0<r<R)$ に対し，次の等式が成り立つことを示せ．

$$f(z)=\frac{1}{2\pi}\int_0^{2\pi} f(a+Re^{i\varphi})\frac{R^2-r^2}{R^2-2Rr\cos(\varphi-\theta)+r^2}\,d\varphi$$

（**ポアソン表示**）

47 関数 $f(z)$ は複素平面全体で正則であるとする．複素数 a に対し，以下の問いに答えよ．

(1) a から任意の複素数 z に至る曲線 C に沿う積分 $\displaystyle\int_C f(\zeta)\,d\zeta$ の値は，C のとり方によらず決まることを証明せよ．

(2) (1) において $F(z)=\displaystyle\int_C f(\zeta)\,d\zeta$ とおくと，$F(z)$ は正則関数で $F'(z)=f(z)$ が成り立つことを証明せよ．

5.4 関数の展開と留数

複素関数のテイラー展開およびその拡張であるローラン展開について学ぶ．応用として留数および実積分の計算についても扱う．

テイラー展開

例題 5.12　$|z| < 1$ を満たす任意の複素数 z に対し，無限級数 $\displaystyle\sum_{k=0}^{\infty} z^k = 1 + z + z^2 + \cdots$ が収束することを証明し，その和を求めよ．

解　初項から第 $(n+1)$ 項までの和は，初項 1，公比 $z \neq 1$，末項 z^n の等比数列の和となるので

$$\sum_{k=0}^{n} z^k = 1 + z + z^2 + \cdots + z^n = \frac{1 - z^{n+1}}{1 - z}$$

$0 \leqq |z| < 1$ より，$n \to \infty$ とすると $z^{n+1} \to 0$ となるので $\dfrac{1 - z^{n+1}}{1 - z} \to \dfrac{1}{1 - z}$

　したがって $\displaystyle\sum_{k=0}^{\infty} z^k$ は収束し，その和は $\dfrac{1}{1-z}$ に等しい．■

5.19 ［定理］テイラー展開

　関数 $f(z)$ が，点 a を中心とする半径 $r > 0$ の円の内部

$$D = \{z \mid |z - a| < r\}$$

で正則なら $f(z)$ は D において次のようなべき級数で表すことができる．

$$f(z) = f(a) + \frac{f'(a)}{1!}(z-a) + \frac{f''(a)}{2!}(z-a)^2 + \cdots + \frac{f^{(n)}(a)}{n!}(z-a)^n + \cdots$$

この級数を $f(z)$ の $\boldsymbol{z = a}$ **を中心**（ちゅうしん）**とするテイラー級数**（きゅうすう）といい，テイラー級数に展開することを**テイラー展開**（てんかい）という．

証明♣　$|z-a| < r$ に注目して $|z-a| < \rho < r$ となる ρ をとり $C = \{\zeta \mid |\zeta - a| = \rho\}$ と定めると C は D に含まれ，z を内部に含む円となる．5.16 より

$$f(z) = \frac{1}{2\pi i}\int_C f(\zeta)\frac{1}{\zeta - z}\,d\zeta$$

ここで

$$\frac{1}{\zeta - z} = \frac{1}{\zeta - a - (z-a)}$$

$$= \frac{1}{\zeta - a}\frac{1}{1 - \frac{z-a}{\zeta-a}}$$

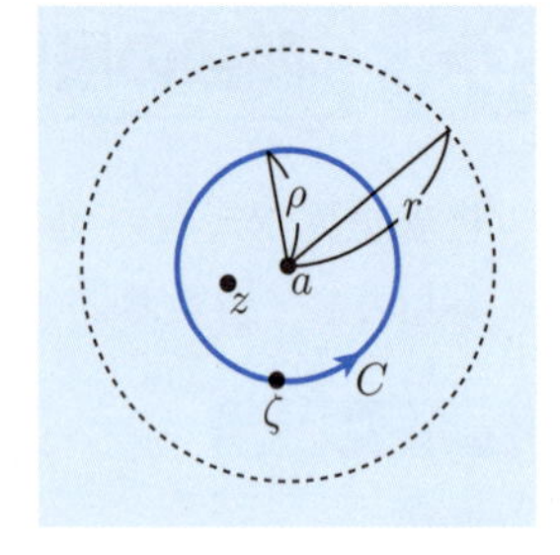

であり，$\left|\frac{z-a}{\zeta-a}\right| = \frac{|z-a|}{|\zeta-a|} < 1$ であることから例題 5.12 を用いて

$$\frac{1}{\zeta - z} = \frac{1}{\zeta - a}\sum_{n=0}^{\infty}\left(\frac{z-a}{\zeta-a}\right)^n = \sum_{n=0}^{\infty}\frac{(z-a)^n}{(\zeta-a)^{n+1}} \quad \cdots (*)$$

後ほど 5.21 ローラン展開の証明でも用いる

$$\therefore \quad \frac{1}{2\pi i}\int_C f(\zeta)\frac{1}{\zeta - z}\,d\zeta = \frac{1}{2\pi i}\int_C f(\zeta)\sum_{n=0}^{\infty}\frac{(z-a)^n}{(\zeta-a)^{n+1}}\,d\zeta$$

$$= \frac{1}{2\pi i}\sum_{n=0}^{\infty}\int_C \frac{f(\zeta)}{(\zeta-a)^{n+1}}\,d\zeta \cdot (z-a)^n$$

よって，5.18 グルサの公式より $f(z) = \sum_{n=0}^{\infty}\frac{f^{(n)}(a)}{n!}(z-a)^n$ ■

特に $f(z)$ の $z=0$ を中心とするテイラー展開のことを**マクローリン展開**（てんかい）とよぶ.

代表的な関数について次のマクローリン展開が成り立つ（『微分積分 [第 2 版]』第 4 章 p.134 参照）.

5.20 代表的な関数のマクローリン展開

$$e^z = 1 + \frac{z}{1!} + \frac{z^2}{2!} + \cdots = \sum_{n=0}^{\infty}\frac{1}{n!}z^n \quad \text{（すべての } z \text{ に対し）}$$

$$\sin z = z - \frac{1}{3!}z^3 + \frac{1}{5!}z^5 - \frac{1}{7!}z^7 + \cdots = \sum_{n=0}^{\infty}(-1)^n\frac{1}{(2n+1)!}z^{2n+1}$$

（すべての z に対し）

$$\cos z = 1 - \frac{1}{2!}z^2 + \frac{1}{4!}z^4 - \frac{1}{6!}z^6 + \cdots = \sum_{n=0}^{\infty}(-1)^n\frac{1}{(2n)!}z^{2n}$$

（すべての z に対し）

$$\frac{1}{1-z} = 1 + z + z^2 + z^3 + \cdots = \sum_{n=0}^{\infty} z^n \qquad (|z| < 1)$$

$$\mathrm{Log}(1+z) = z - \frac{z^2}{2} + \frac{z^3}{3} - \cdots = \sum_{n=1}^{\infty} (-1)^{n-1} \frac{z^n}{n} \qquad (|z| < 1)$$

注意　具体的に関数のテイラー展開を求める際，上記のような代表的な関数のマクローリン展開を利用すると便利である．

例題 5.13　次の関数の（　）内の点を中心とするテイラー展開を求めよ．

(1)　$f(z) = e^z \qquad (z = 1)$

(2)　$f(z) = \dfrac{1}{z-4} \qquad (z = 2)$

解　(1)　$\zeta = z - 1$ とおくと

$$\begin{aligned} f(z) &= e^z \\ &= e^{\zeta+1} = ee^{\zeta} \\ &= e\left(1 + \frac{\zeta}{1!} + \frac{\zeta^2}{2!} + \frac{\zeta^3}{3!} + \cdots\right) \\ &= e + \frac{e}{1!}(z-1) + \frac{e}{2!}(z-1)^2 + \cdots + \frac{e}{n!}(z-1)^n + \cdots \end{aligned}$$

(2)　$\zeta = z - 2$ とおくと

$$\begin{aligned} f(z) &= \frac{1}{z-4} \\ &= \frac{1}{\zeta-2} = \frac{1}{-2}\frac{1}{1-\frac{\zeta}{2}} \\ &= -\frac{1}{2}\left\{1 + \frac{\zeta}{2} + \left(\frac{\zeta}{2}\right)^2 + \left(\frac{\zeta}{2}\right)^3 + \cdots\right\} \qquad \left(\left|\frac{\zeta}{2}\right| < 1\right) \\ &= \frac{-1}{2} + \frac{-1}{2^2}(z-2) + \frac{-1}{2^3}(z-2)^2 + \cdots + \frac{-1}{2^{n+1}}(z-2)^n + \cdots \end{aligned}$$

$$(|z-2| < 1)$$ ■

Let's TRY

問 5.25 次の関数の（ ）内の点を中心とするテイラー展開を求めよ．

(1) $f(z) = e^{2z}$ $(z = 3)$ (2) $f(z) = \dfrac{1}{z}$ $(z = 2)$

(3) $f(z) = \sin(z^2)$ $(z = 0)$

問 5.26 $f(z) = \dfrac{1}{5 - z}$ のマクローリン展開を求めよ．

問 5.27 $f(z) = \dfrac{1}{e^z + 2}$ のマクローリン展開を z^2 の項まで求めよ．

例題 5.14 領域 $D = \{z \mid |z - a| < r\}$ 上で正則な関数 $f(z)$ の点 a を中心とするテイラー展開が $f(z) = a_0 + a_1(z-a) + a_2(z-a)^2 + \cdots = \displaystyle\sum_{n=0}^{\infty} a_n(z-a)^n$ で表されるとき，各 $z \in D$ に対し次の等式が成り立つことを証明せよ．

$$f'(z) = \sum_{n=0}^{\infty} (n+1)a_{n+1}(z-a)^n$$

証明 テイラー展開の公式より，

$$a_n = \frac{f^{(n)}(a)}{n!} \quad \cdots ①$$

$f(z)$ が正則なので $f'(z), f''(z), \ldots$ も正則である（5.18 の下の注意参照）．テイラー展開の公式より

$$f'(z) = \sum_{n=0}^{\infty} \frac{(f')^{(n)}(a)}{n!}(z-a)^n = \sum_{n=0}^{\infty} \frac{f^{(n+1)}(a)}{n!}(z-a)^n$$

$$\overset{①}{=} \sum_{n=0}^{\infty} \frac{(n+1)!\,a_{n+1}}{n!}(z-a)^n$$

$$= \sum_{n=0}^{\infty} (n+1)a_{n+1}(z-a)^n$$

■

Let's TRY

問 5.28 関数 $\dfrac{1}{(1-z)^2}$ および $\dfrac{1}{(1-z)^3}$ のマクローリン展開を求めよ．

ローラン展開　関数 $f(z)$ が円の中心 a において微分可能でない場合は次の級数を考える．

5.21 ［定理］ローラン展開

関数 $f(z)$ は $D=\{z\,|\,|z-a|<r\}$ から点 $z=a$ を除いた領域で正則であるとする．D 内に中心 a，半径 ρ の円 C_ρ $(0<\rho<r)$ を任意にとり

$$b_n=\frac{1}{2\pi i}\int_{C_\rho}\frac{f(\zeta)}{(\zeta-a)^{n+1}}\,d\zeta \quad (n=0,\pm1,\pm2,\ldots)$$

と定めると $f(z)$ は D 上で次のように展開することができる．

$$f(z)=\sum_{n=0}^{\infty}b_n(z-a)^n+\sum_{n=-1}^{-\infty}b_n(z-a)^n=\sum_{n=-\infty}^{\infty}b_n(z-a)^n$$

この展開を $f(z)$ の**点 a を中心とするローラン展開**とよぶ．

証明♣　D 上の任意の点 z に対し，実数 ρ_1, ρ_2 を $0<\rho_1<|z-a|<\rho_2<r$ を満たすようにとり，中心が a で半径がそれぞれ ρ_1, ρ_2 の 2 つの円を C_1, C_2 とする（図参照）．**5.17** より

$$f(z)=\frac{1}{2\pi i}\left\{\int_{C_2}\frac{f(z_2)}{z_2-z}\,dz_2-\int_{C_1}\frac{f(z_1)}{z_1-z}\,dz_1\right\}$$

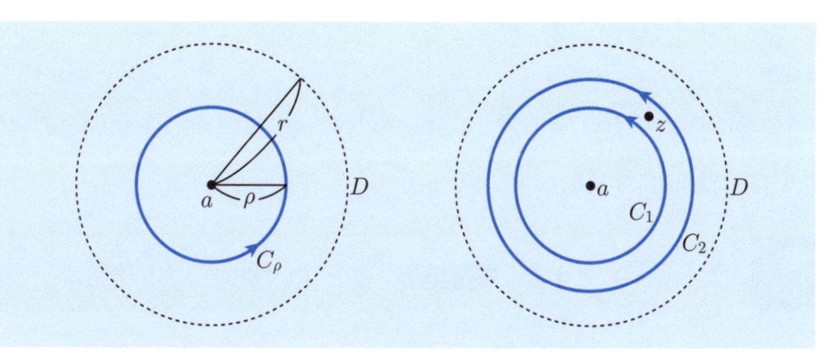

ここで $0<|z_1-a|<|z-a|<|z_2-a|$ より **5.19** テイラー展開の証明における $(*)$ と同様に

$$\frac{1}{z_2-z}=\frac{1}{(z_2-a)-(z-a)}=\frac{1}{z_2-a}\sum_{n=0}^{\infty}\left(\frac{z-a}{z_2-a}\right)^n=\sum_{n=0}^{\infty}\frac{(z-a)^n}{(z_2-a)^{n+1}}$$

$$\frac{1}{z_1-z}=\frac{-1}{(z-a)-(z_1-a)}=\frac{-1}{z-a}\sum_{m=0}^{\infty}\left(\frac{z_1-a}{z-a}\right)^m=-\sum_{n=0}^{\infty}\frac{(z_1-a)^m}{(z-a)^{m+1}}$$

$$\therefore \quad f(z) = \sum_{n=0}^{\infty} \frac{(z-a)^n}{2\pi i} \int_{C_2} \frac{f(z_2)}{(z_2-a)^{n+1}}\,dz_2 + \sum_{m=0}^{\infty} \frac{1}{2\pi i(z-a)^{m+1}} \int_{C_1} (z_1-a)^m f(z_1)\,dz_1$$

ここで $\dfrac{f(z_2)}{(z_2-a)^{n+1}}$, $(z_1-a)^m f(z_1)$ はともに D から a を除いた領域で正則なので **5.15** により

$$\int_{C_2} \frac{f(z)}{(z_2-a)^{n+1}}\,dz_2 = \int_{C_\rho} \frac{f(\zeta)}{(\zeta-a)^{n+1}}\,d\zeta$$

$$\int_{C_1} (z_1-a)^m f(z_1)\,dz_1 = \int_{C_\rho} (\zeta-a)^m f(\zeta)\,d\zeta$$

さらに $m = -n-1$ とおくと

$$f(z) = \sum_{n=0}^{\infty} \frac{(z-a)^n}{2\pi i} \int_{C_\rho} \frac{f(\zeta)}{(\zeta-a)^{n+1}}\,d\zeta + \sum_{n=-1}^{-\infty} \frac{(z-a)^n}{2\pi i} \int_{C_\rho} \frac{f(\zeta)}{(\zeta-a)^{n+1}}\,d\zeta$$

$$= \sum_{n=-\infty}^{\infty} b_n (z-a)^n$$

ただし $b_n = \displaystyle\int_{C_\rho} \frac{f(\zeta)}{(\zeta-a)^{n+1}}\,d\zeta$ が成り立つ. ■

■**注意** $f(z)$ の $z=a$ を中心とするローラン展開は一意であることが知られている. すなわち, D 上で $f(z) = \displaystyle\sum_{n=-\infty}^{\infty} b_n (z-a)^n = \sum_{n=-\infty}^{\infty} c_n (z-a)^n$ が成り立つなら, すべての整数 n に対し $b_n = c_n$ となる.

$f(z) = \dfrac{e^z}{z^3}$ とする. **5.20** より e^z のマクローリン展開は

$$1 + z + \frac{z^2}{2!} + \frac{z^3}{3!} + \cdots$$

だから, $f(z)$ の $z=0$ を中心とするローラン展開は次のようになる.

$$f(z) = z^{-3}\left(1 + z + \frac{z^2}{2!} + \frac{z^3}{3!} + \cdots\right)$$

$$= z^{-3} + z^{-2} + \frac{z^{-1}}{2!} + \frac{1}{3!} + \cdots + \frac{z^n}{(n+3)!} + \cdots$$

例題 5.15 次の関数の（ ）内の点を中心とするローラン展開を求めよ．

(1) $f(z) = \dfrac{1}{(z-1)(z-2)}$ $(z = 1)$

(2) $f(z) = z\sin\dfrac{1}{z}$ $(z = 0)$

解 (1) $z - 1 = u$ とおく．$z = u + 1$ だから

$$f(z) = \frac{1}{u(u-1)} = \frac{-1}{u}\frac{1}{1-u} \quad (u \neq 0, 1)$$

$\dfrac{1}{1-u} = 1 + u + u^2 + \cdots$ $(|u| < 1)$ ← **5.20** より だから

$$\frac{-1}{u}\frac{1}{1-u} = \frac{-1}{u}(1 + u + u^2 + \cdots)$$

$$= -\frac{1}{u} - 1 - u - u^2 - \cdots \qquad (0 < |u| < 1)$$

$$\therefore \quad f(z) = -\frac{1}{z-1} - 1 - (z-1) - (z-1)^2 - \cdots \quad (0 < |z-1| < 1)$$

(2) $\dfrac{1}{z} = u$ とおく．$z = \dfrac{1}{u}$ だから $f(z) = \dfrac{1}{u}\sin u$ $(u \neq 0)$

$\sin u = u - \dfrac{u^3}{3!} + \dfrac{u^5}{5!} - \dfrac{u^7}{7!} + \cdots$ ← **5.20** より だから

$$\frac{1}{u}\sin u = 1 - \frac{u^2}{3!} + \frac{u^4}{5!} - \frac{u^6}{7!} + \cdots + (-1)^k\frac{u^{2k}}{(2k+1)!} + \cdots \qquad (u \neq 0)$$

$$\therefore \quad f(z) = 1 - \frac{z^{-2}}{3!} + \frac{z^{-4}}{5!} - \frac{z^{-6}}{7!} + \cdots + (-1)^k\frac{z^{-2k}}{(2k+1)!} + \cdots \qquad (z \neq 0)$$ ■

Let's TRY

問 5.29 次の関数の（ ）内の点を中心とするローラン展開を求めよ．

(1) $f(z) = \dfrac{\cos z}{z - \frac{\pi}{2}}$ $\left(z = \dfrac{\pi}{2}\right)$　　(2) $f(z) = \dfrac{\sin z}{z - \pi}$ $(z = \pi)$

(3) $f(z) = \dfrac{1}{(z-1)(z-2)}$ $(z = 2)$　　(4) $f(z) = z^2\sin\dfrac{2}{z}$ $(z = 0)$

■**注意** **5.21** について，関数 $f(z)$ が領域 $D = \{z \mid r_1 < |z - a| < r_2\}$ で正則な場合も，円 C_ρ $(r_1 < \rho < r_2)$ を任意にとることにより，ローラン展開が同じ形で成り立つ．

孤立特異点と留数

孤立特異点の分類（除去可能な特異点，極，真性特異点）：

領域 $\{z \mid 0 < |z-a| < r\}$ で正則な関数 $f(z)$ が $z = a$ では定義されていないとき，a を $f(z)$ の**孤立特異点**（こりつとくいてん）とよぶ．a を中心とする **5.21** の $f(z) = \displaystyle\sum_{n=-\infty}^{\infty} b_n(z-a)^n$ において，$b_{-n} \neq 0$ を満たす自然数 n が存在しない場合，有限個ある場合，無限個ある場合，点 a をそれぞれを $f(z)$ の**除去可能な特異点**（じょきょかのうとくいてん），**極**（きょく），**真性特異点**（しんせいとくいてん）という．a が極である場合，$b_{-k} \neq 0$ を満たす最大の自然数 k を a の**位数**（いすう）といい，a を **k 位の極**（いのきょく）という．

定義から，a が除去可能な特異点ならば $f(z)$ のローラン展開は

$$f(z) = \sum_{n=0}^{\infty} b_n(z-a)^n$$

と表され，a が k 位の極ならば $f(z)$ のローラン展開は

$f(z) = \displaystyle\sum_{n=-k}^{\infty} b_n(z-a)^n$（ただし $b_{-k} \neq 0$）と表される．

次のことが知られている．

5.22　除去可能な孤立特異点

関数 $f(z)$ の孤立特異点 a が除去可能となるための必要十分条件は $\displaystyle\lim_{z\to a} f(z)$ が収束することである．このとき新たに $f(a) = \displaystyle\lim_{z\to a} f(z)$ と定めることで $f(z)$ は a を中心とするある円内で正則となり，a を中心とするテイラー展開はローラン展開と一致する．

上記の公式を用いて次のことが証明できる．

5.23　極の特徴，極でのローラン展開

$f(z)$ の孤立特異点 a が除去可能または k 位以下の極である，すなわち $b_{-k-1} = b_{-k-2} = \cdots = 0$ であるための必要十分条件は $\displaystyle\lim_{z\to a}(z-a)^k f(z)$ が収束することである．このとき $b_{-k} = \displaystyle\lim_{z\to a}(z-a)^k f(z)$ となる．

証明♣　関数 $(z-a)^k f(z)$ のローラン展開において

$$(z-a)^k \sum_{m=-\infty}^{\infty} b_m (z-a)^m = \sum_{m=-\infty}^{\infty} b_m (z-a)^{m+k} = \sum_{n=-\infty}^{\infty} b_{n-k}(z-a)^n$$

より $b_{-k-1} = b_{-k-2} = \cdots = 0$ となることと，点 a が関数 $(z-a)^k f(z)$ の除去可能な孤立特異点となることとは同値である．さらに **5.22** より，$\lim_{z\to a}(z-a)^k f(z)$ が収束することとも同値となる．

このとき $b_{-k} = \lim_{z\to a}(z-a)^k f(z)$ も成り立つ．■

5.24　留数

点 a が関数 $f(z)$ の孤立特異点であるとき，ローラン展開

$f(z) = \sum_{n=-\infty}^{\infty} b_n (z-a)^n$ における b_{-1} の値を関数 $f(z)$ の点 a における**留数**（りゅうすう）といい，$\mathrm{Res}[f,a]$ あるいは単に $\mathrm{Res}[a]$ と表す．

5.21 から中心 a，十分小さい半径 $\rho > 0$ の円 C_ρ に対し，

$\mathrm{Res}[f,a] = \dfrac{1}{2\pi i}\displaystyle\int_{C_\rho} f(\zeta)\,d\zeta$ と表される．

実際に留数の値を求めるには，上の積分は計算せずに求める方が簡単なことが多い．

例題 5.16　次の関数 $f(z)$ の（　）内の点を中心とする留数を求めよ．

(1)　$f(z) = \dfrac{z}{(z-1)^2}$　$(z=1)$　　(2)　$f(z) = \dfrac{\sin 3z}{z^2}$　$(z=0)$

解　(1)　$z = \zeta + 1$ とおくと $\dfrac{z}{(z-1)^2} = \dfrac{\zeta+1}{\zeta^2} = \dfrac{1}{\zeta} + \dfrac{1}{\zeta^2} = \dfrac{1}{z-1} + \dfrac{1}{(z-1)^2}$

より

$$\mathrm{Res}[f,1] = 1$$

(2)　$f(z) = \dfrac{1}{z^2}\sin 3z = \dfrac{1}{z^2}\left\{(3z) - \dfrac{(3z)^3}{3!} + \dfrac{(3z)^5}{5!} - \cdots\right\}$

$$= \frac{3}{z} - \frac{3^3}{3!}z + \frac{3^5}{5!}z^3 - \cdots$$

より

$$\mathrm{Res}[f,1] = 3$$

■

5.25 留数の求め方

(1) 点 a は関数 $f(z)$ の孤立特異点で，自然数 k に対して $\lim_{z\to a}(z-a)^k f(z)$ が収束するならば，

$$\mathrm{Res}[f,a]=\frac{1}{(k-1)!}\lim_{z\to a}\{(z-a)^k f(z)\}^{(k-1)}$$

特に $\lim_{z\to a}(z-a)f(z)$ が収束するならば，

$$\mathrm{Res}[f,a]=\lim_{z\to a}(z-a)f(z)$$

(2) 関数 $f(z)$, $g(z)$ はともに点 a を含むある領域で正則で，$g(a)=0, g'(a)\neq 0$ を満たすならば，

$$\mathrm{Res}\left[\frac{f}{g},a\right]=\frac{f(a)}{g'(a)}$$

証明♣ (1) 5.23 より $f(z)$ の点 a を中心とするローラン展開は

$$b_{-k-1}=b_{-k-2}=\cdots=0$$

を満たし，$\sum_{n=-k}^{\infty} b_n(z-a)^n$ となるため，$g(z)=(z-a)^k f(z)$ は

$$b_{-k}+b_{-k+1}(z-a)+\cdots+b_{-1}(z-a)^{k-1}+b_0(z-a)^k+\cdots$$

とテイラー展開される．

$g^{(k-1)}(z)=(k-1)!b_{-1}+k!b_0(z-a)+\cdots$ より $\lim_{z\to a}g^{(k-1)}(z)=(k-1)!\,b_{-1}$

すなわち，$\mathrm{Res}[f,a]=b_{-1}=\dfrac{1}{(k-1)!}\lim_{z\to a}\{(z-a)^k f(z)\}^{(k-1)}$

(2) $F(z)=\frac{f(z)}{g(z)}$ とおくと

$$\lim_{z\to a}(z-a)F(z)=\lim_{z\to a}(z-a)\frac{f(z)}{g(z)-g(a)}=\lim_{z\to a}\frac{f(z)}{\frac{g(z)-g(a)}{z-a}}=\frac{f(a)}{g'(a)}$$

となるので，(1) の最後の結果を用いて，$\mathrm{Res}[F,a]=\dfrac{f(a)}{g'(a)}$ が成り立つ． ■

例題 5.17 次の関数 $f(z)$ の（ ）内の点における留数を求めよ．

(1) $f(z)=\dfrac{5z+6}{z^3-1}$ $(z=1)$ (2) $f(z)=\dfrac{e^{4z+1}}{(z-3)^2}$ $(z=3)$

(3) $f(z)=\dfrac{1}{(z-2)^4(z+1)}$ $(z=2)$ (4) $f(z)=\dfrac{e^z}{\sin 2z}$ $(z=0)$

解　(1)　$\displaystyle\lim_{z\to 1}(z-1)f(z)=\lim_{z\to 1}(z-1)\frac{5z+6}{(z-1)(z^2+z+1)}=\frac{11}{3}$ だから

$$\mathrm{Res}[f,1]=\frac{11}{3}$$

(2)　$\displaystyle\lim_{z\to 3}(z-3)^2f(z)=\lim_{z\to 3}e^{4z+1}$ は収束するので

$$\mathrm{Res}[f,3]=\lim_{z\to 3}(e^{4z+1})'=4\lim_{z\to 3}e^{4z+1}=4e^{13}$$

$\displaystyle\lim_{z\to 3}(z-2)^3f(z)=0$（収束）より

$\displaystyle\mathrm{Res}[f,3]=\frac{1}{2}\lim_{z\to 3}\{(z-3)e^{4z+1}\}''$ としても同じ値になる．

(3)　$\displaystyle\lim_{z\to 2}(z-2)^4f(z)=\lim_{z\to 2}\frac{1}{z+1}$ は収束するので

$$\mathrm{Res}[f,2]=\frac{1}{3!}\lim_{z\to 2}\left(\frac{1}{z+1}\right)^{(3)}=\frac{1}{6}\lim_{z\to 2}\{(z+1)^{-1}\}^{(3)}$$

$$=-\lim_{z\to 2}(z+1)^{-4}=\frac{-1}{81}$$

(4)　$f_1(z)=e^z$, $f_2(z)=\sin 2z$ とすると，$f_2(0)=0$, $f_2'(0)=2\neq 0$ となるので

$$\mathrm{Res}[f,0]=\mathrm{Res}\left[\frac{f_1}{f_2},0\right]=\frac{f_1(0)}{f_2'(0)}=\frac{1}{2}$$ ■

Let's TRY

問 5.30　次の留数を求めよ．

(1)　$\mathrm{Res}\left[\dfrac{e^{2z}}{z^3},0\right]$　(2)　$\mathrm{Res}\left[\dfrac{\cos z}{\left(z-\frac{\pi}{2}\right)^2},\dfrac{\pi}{2}\right]$　(3)　$\mathrm{Res}\left[\dfrac{\sin z}{\cos z},\dfrac{\pi}{2}\right]$

次の定理は閉曲線 C に沿う複素積分に関する重要な公式である．

5.26　[定理]　留数定理（りゅうすうていり）

領域 D が閉曲線 C と C の内部を含み，関数 $f(z)$ は D から C の内部にある有限個の点 $a_1,a_2,\ldots,a_m$ を除いた領域で正則なら，次が成り立つ．

$$\int_C f(z)\,dz=2\pi i\sum_{k=1}^{m}\mathrm{Res}[f,a_k]$$
$$=2\pi i\,(\mathrm{Res}[f,a_1]+\mathrm{Res}[f,a_2]+\cdots+\mathrm{Res}[f,a_m])$$

証明♣ 点 a_k $(k=1,2,\ldots,m)$ を中心とする円 C_k の半径を十分小さくとり，C_k が C の内部にあり，互いに他の外部にあるようにする．このとき **5.15** より

$$\int_C f(z)\,dz = \sum_{k=1}^{m} \int_{C_k} f(z)\,dz$$

となる．

5.24 から $\displaystyle\int_{C_k} f(z)\,dz = 2\pi i \operatorname{Res}[f,a]$ となるので

$$\int_C f(z)\,dz = 2\pi i \sum_{k=1}^{m} \operatorname{Res}[f,a_k]$$

が成り立つ． ■

例題 5.18 留数定理を用いて，次の閉曲線 C に沿っての複素積分の値を求めよ．

(1) $\displaystyle\int_C \frac{e^z}{z^2-5z}\,dz$

C は4点 $1+i, -1+i, -1-i, 1-i$ を頂点とする長方形

(2) $\displaystyle\int_C \frac{z+3}{(z-3)(z^2+1)}\,dz, \quad C=\{z \mid |z|=2\}$

(3) $\displaystyle\int_C \frac{1}{z^3(z-2)}\,dz, \quad C=\{z \mid |z|=1\}$

解

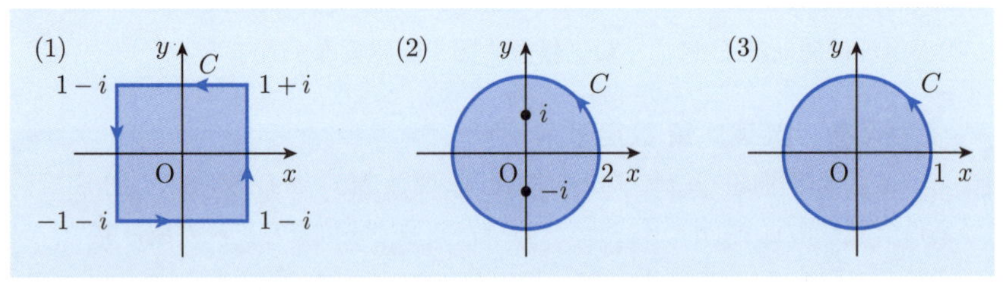

(1) $f(z)=\dfrac{e^z}{z^2-5z}$ とする．$z^2-5z=0$ の解は $z=0,5$ であり，$z\neq 0,5$ では $f(z)$ は正則である．$z=0$ は C の内部，$z=5$ は C の外部にあるので

5.26 留数定理により $\displaystyle\int_C f(z)\,dz = 2\pi i\,\mathrm{Res}[f,0]$

5.25 より

$$\mathrm{Res}[f,0] = \lim_{z\to 0} zf(z) = \lim_{z\to 0}\frac{e^z}{z-5} = -\frac{1}{5}$$

ゆえに $\displaystyle\int_C f(z)\,dz = -\frac{2\pi i}{5}$

(2)　$f(z) = \dfrac{z+3}{(z-3)(z^2+1)}$ とする．$(z-3)(z^2+1)=0$ の解は $z=3, \pm i$ であり，それ以外のところでは $f(z)$ は正則である．$z=3$ は C の外部，$z=\pm i$ は C の内部にあるので 5.26 により，$\displaystyle\int_C f(z)\,dz = 2\pi i\{\mathrm{Res}[f,i]+\mathrm{Res}[f,-i]\}$

さらに 5.25 より

$$\mathrm{Res}[f,i] = \lim_{z\to i}(z-i)f(z) = \lim_{z\to i}(z-i)\frac{z+3}{(z-3)(z-i)(z+i)}$$

$$= \lim_{z\to i}\frac{z+3}{(z-3)(z+i)} = \frac{-3+4i}{10}$$

$$\mathrm{Res}[f,-i] = \lim_{z\to -i}(z+i)f(z) = \lim_{z\to -i}(z+i)\frac{z+3}{(z-3)(z-i)(z+i)}$$

$$= \lim_{z\to -i}\frac{z+3}{(z-3)(z-i)} = \frac{-3-4i}{10}$$

したがって，$\displaystyle\int_C f(z)\,dz = 2\pi i\left(\frac{-3+4i}{10}+\frac{-3-4i}{10}\right) = -\frac{6}{5}\pi i$

(3)　$f(z) = \dfrac{1}{z^3(z-2)}$ とする．$z^3(z-2)=0$ の解は $z=0,2$ であり，$z\neq 0,2$ では $f(z)$ は正則である．$z=0$ は C の内部，$z=2$ は C の外部にあるので 5.26 より

$$\int_C f(z)\,dz = 2\pi i\,\mathrm{Res}[f,0]$$

また $\displaystyle\lim_{z\to 0} z^3 f(z) = \lim_{z\to 0}\frac{1}{z-2}$ は収束するので，5.25 より

$$\mathrm{Res}[f,0] = \frac{1}{2!}\lim_{z\to 0}\left(\frac{1}{z-2}\right)'' = \frac{1}{2}\lim_{z\to 0}2(z-2)^{-3} = -\frac{1}{8}$$

$$\therefore\quad \int_C f(z)\,dz = -\frac{\pi}{4}i$$

■

Let's TRY

問 5.31 留数定理を用いて，次の閉曲線 C に沿っての複素積分の値を求めよ．

(1) $\displaystyle\int_C \frac{2z+1}{(z-5)(z-i)}\,dz,\ \ C=\{z\,|\,|z|=2\}$

(2) $\displaystyle\int_C \frac{e^z}{z^2-1}\,dz,\ \ C=\{z\,|\,|z|=2\}$

(3) $\displaystyle\int_C \frac{e^{iz}}{z^2+1}\,dz,\ \ C=\{z\,|\,|z-(1+i)|=2\}$

(4) $\displaystyle\int_C \frac{1}{z^2(z+2)}\,dz,\ \ C$ は $-1-i,\ 1-i,\ 1+i,\ -1+i$ を頂点にもつ正方形

実積分の計算 複素積分を用いて，不定積分を求めることが困難な実数値関数の定積分の値を求める．

(1) $\cos\theta, \sin\theta$ の有理関数（分数関数）の定積分： $\displaystyle\int_0^{2\pi} R(\cos\theta, \sin\theta)\,d\theta$

$z = e^{i\theta}$ $(0 \leqq \theta \leqq 2\pi)$ とすると，θ が 0 から 2π まで変わるとき，z は原点中心の単位円 $C = \{z \mid |z| = 1\}$ を正の向きに 1 周する．$\frac{dz}{d\theta} = ie^{i\theta} = iz$ より $d\theta = \frac{dz}{iz}$．また

$$\cos\theta = \frac{e^{i\theta}+e^{-i\theta}}{2} = \frac{1}{2}\left(z+\frac{1}{z}\right) = \frac{z^2+1}{2z}$$

$$\sin\theta = \frac{e^{i\theta}-e^{-i\theta}}{2i} = \frac{1}{2i}\left(z-\frac{1}{z}\right) = \frac{z^2-1}{2iz}$$

より次がわかる．

5.27 実積分の計算 I

2 変数の有理関数 $R(u, v)$ に対し

$$\int_0^{2\pi} R(\cos\theta, \sin\theta)\,d\theta = \int_C R\left(\frac{z^2+1}{2z}, \frac{z^2-1}{2iz}\right)\frac{dz}{iz}$$

（ただし $C = \{z \mid |z| = 1\}$）

右辺は，閉曲線 C に沿っての z の有理関数 $R\left(\dfrac{z^2+1}{2z}, \dfrac{z^2-1}{2iz}\right)\dfrac{1}{iz}$ の積分であり，留数を用いて計算することができる．

例題 5.19　定積分 $\displaystyle\int_0^{2\pi} \frac{1+\sin\theta}{2-\cos\theta}\,d\theta$ の値を求めよ．

解　**5.27** により，$C = \{z \mid |z| = 1\}$ とすると

$$\int_0^{2\pi} \frac{1+\sin\theta}{2-\cos\theta}\,d\theta = \int_C \frac{1+\frac{z^2-1}{2iz}}{2-\frac{z^2+1}{2z}}\frac{dz}{iz} = \int_C \frac{z^2+2iz-1}{z(z^2-4z+1)}\,dz$$

ここで $f(z) = \dfrac{z^2+2iz-1}{z(z^2-4z+1)}$ とおく．$z(z^2-4z+1) = 0$ の解は，$0, 2\pm\sqrt{3}$ である．$\alpha = 2+\sqrt{3}, \beta = 2-\sqrt{3}$ とおく．α は C の外部，$0, \beta$ は C の内部の点だから

$$\int_0^{2\pi} \frac{1+\sin\theta}{2-\cos\theta}\,d\theta = 2\pi i\{\mathrm{Res}[f,0] + \mathrm{Res}[f,\beta]\} \quad \cdots①$$

$$\mathrm{Res}[f,0] = \lim_{z\to 0} z\frac{z^2+2iz-1}{z(z^2-4z+1)} = -1 \quad \cdots②$$

$$\mathrm{Res}[f,\beta] = \lim_{z\to\beta}(z-\beta)\frac{z^2+2iz-1}{z(z-\alpha)(z-\beta)} = \frac{\beta^2+2i\beta-1}{\beta(\beta-\alpha)}$$

$$= \frac{\beta^2+2i\beta-1}{(2-\sqrt{3})\times(-2\sqrt{3})} = \frac{\beta^2+2i\beta-1}{6-4\sqrt{3}}$$

ここで，$z=\beta$ は $z^2-4z+1=0$ の解，したがって $z^2 = 4z-1$ を満たすので

$$\beta^2+2i\beta-1 = (4\beta-1)+2i\beta-1$$

$$= (6-4\sqrt{3}) + (4-2\sqrt{3})i$$

$$\therefore\quad \mathrm{Res}[f,\beta] = \frac{(3-2\sqrt{3})+(2-\sqrt{3})i}{3-2\sqrt{3}} \quad \cdots③$$

①へ代入することで

$$\int_0^{2\pi} \frac{1+\sin\theta}{2-\cos\theta}\,d\theta = \frac{2\pi}{\sqrt{3}}$$

■

Let's TRY

問 5.32　定積分 $\displaystyle\int_0^{2\pi} \frac{1}{2-\sin\theta}\,d\theta$ の値を求めよ．

(2) **広義積分**：$\displaystyle\int_{-\infty}^{\infty} f(x)\,dx$

$f(z)$ は有理関数で，実軸上には孤立特異点はなく，$z \to \infty$ のとき $f(z)z \to 0$ となるものとする．

■**注意** この仮定のもとに，広義積分 $\displaystyle\lim_{M,N\to\infty}\int_{-M}^{N} f(x)\,dx$ の収束は保証される．

図のように原点を中心とする実軸の上側にある半径 $r > 0$ の半円を $C_r^+ = \{z \mid z = re^{i\theta}, 0 \leqq \theta \leqq \pi\}$，実軸上の区間 $[-r, r]$ を I_r で表す．C_r^+ と I_r を合わせることで閉曲線になる．

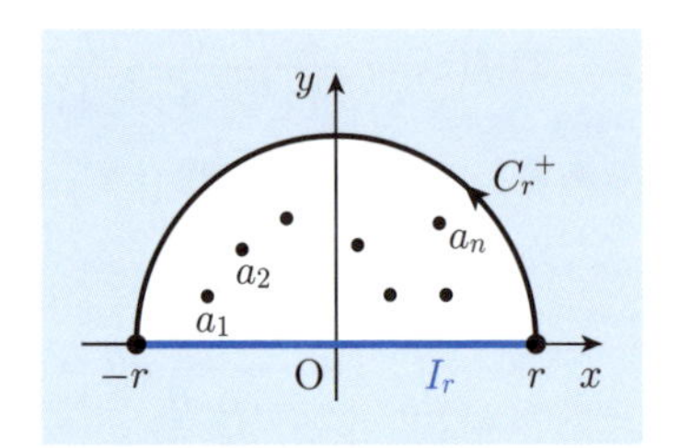

実軸の上側 $\{z \mid \mathrm{Im}(z) > 0\}$（以下，上半平面という）にある $f(z)$ の孤立特異点を $a_1, a_2, \ldots, a_n$ とする．$r > 0$ を十分大きくとれば，$a_1, a_2, \ldots, a_n$ はすべて閉曲線 $C_r^+ + I_r$ の内部の点となる．

$$\int_{C_r^+} f(z)\,dz + \int_{I_r} f(z)\,dz = 2\pi i \sum_{k=1}^{n} \mathrm{Res}[f, a_k] \quad \cdots ①$$

← 5.26 により

$$\therefore \quad \int_{C_r^+} f(z)\,dz = \int_0^{\pi} f(z)\,\frac{dz}{d\theta}\,d\theta$$

$$= i\int_0^{\pi} f(re^{i\theta})re^{i\theta}\,d\theta$$

ここで $r \to \infty$ とすると，$\left|re^{i\theta}\right| = r \to \infty$ となるので，関数 $f(z)$ に関する仮定により $f(re^{i\theta})re^{i\theta} \to 0$．したがって $\displaystyle\int_{C_r^+} f(z)\,dz \to 0$．①を用いて

$$\int_{I_r} f(z)\,dz = 2\pi i \sum_{k=1}^{n} \mathrm{Res}[f, a_k] - \int_{C_r^+} f(z)\,dz$$

$$\to 2\pi i \sum_{k=1}^{n} \mathrm{Res}[f, a_k] \quad (r \to \infty)$$

したがって

$$\int_{-\infty}^{\infty} f(x)\,dx = 2\pi i \sum_{k=1}^{n} \mathrm{Res}[f, a_k]$$

5.28　実積分の計算 II

有理関数 $f(z)$ は実軸上には孤立特異点がなく，$z \to \infty$ のとき $f(z)z \to 0$ となるものとする．上半平面 $\{z \mid \mathrm{Im}(z) > 0\}$ にある $f(z)$ の特異点を $a_1, a_2, \ldots, a_n$ とすると

$$\int_{-\infty}^{\infty} f(x)\,dx = 2\pi i \sum_{k=1}^{n} \mathrm{Res}[f, a_k]$$

例題 5.20　広義積分 $\displaystyle\int_{-\infty}^{\infty} \frac{1}{(x^2+1)^4}\,dx$ の値を求めよ．

解　$f(z) = \dfrac{1}{(z^2+1)^4}$ とおく．$(z^2+1)^4 = 0$ の解は $z = \pm i$ で $\mathrm{Im}(z) > 0$ を満たすのは $z = i$ のみ．また $z \to \infty$ のとき $f(z)z \to 0$ となるので

$$\int_{-\infty}^{\infty} f(x)\,dx = 2\pi i\,\mathrm{Res}[f, i] \quad \cdots ①$$

$\displaystyle\lim_{z\to i}(z-i)^4 f(z) = \lim_{z\to i}(z-i)^4 \frac{1}{\{(z-i)(z+i)\}^4}$ は収束するので，**5.25** を用いて

$$\mathrm{Res}[f, i] = \frac{1}{3!}\lim_{z\to i}\{(z+i)^{-4}\}^{(3)} = \frac{1}{6}\lim_{z\to i}(-120)(z+i)^{-7} = -\frac{5}{32}i$$

①へ代入して，$\displaystyle\int_{-\infty}^{\infty} f(x)\,dx = \frac{5\pi}{16}$　■

Let's TRY

問 5.33　**5.28** の公式を用いて次の広義積分の値を求めよ．

(1) $\displaystyle\int_{-\infty}^{\infty} \frac{1}{x^2+2x+2}\,dx$　(2) $\displaystyle\int_{-\infty}^{\infty} \frac{x^2}{(x^2+1)^2}\,dx$　(3) $\displaystyle\int_{-\infty}^{\infty} \frac{1}{(x^2+2)^4}\,dx$

(3)　**広義積分：** $\displaystyle\int_{-\infty}^{\infty} f(x)\cos mx\,dx$ または $\displaystyle\int_{-\infty}^{\infty} f(x)\sin mx\,dx$

$m > 0$ であり，$f(z)$ は実数係数の有理関数で，実軸上には孤立特異点はなく，$z \to \infty$ のとき $f(z) \to 0$ と仮定すると上記広義積分は収束することが知られている．オイラーの公式により

$$\int_{-\infty}^{\infty} f(x)e^{imx}\,dx = \int_{-\infty}^{\infty} f(x)\cos mx\,dx + i\int_{-\infty}^{\infty} f(x)\sin mx\,dx \quad \cdots ①$$

が成り立つため，$\int_{-\infty}^{\infty} f(x)e^{imx}\,dx$ の値を求めれば，その実部・虚部を比較することで，$\int_{-\infty}^{\infty} f(x)\cos mx\,dx$, $\int_{-\infty}^{\infty} f(x)\sin mx\,dx$ の値が求まる．

半円 $C_r^+ = \{z \mid z = re^{i\theta}, 0 \leqq \theta \leqq \pi\}$，区間 $I_r = [-r, r]$ と定める．また上半平面 $\{z \mid \mathrm{Im}(z) > 0\}$ にある $f(z)$ の孤立特異点を $a_1, a_2, \ldots, a_n$ とすると，$r > 0$ を十分大きくとれば，$a_1, a_2, \ldots, a_n$ はすべて閉曲線 $C_r^+ + I_r$ の内部の点となる．5.26 留数定理により

$$\int_{C_r^+} f(z)e^{imz}\,dz + \int_{I_r} f(z)e^{imz}\,dz = 2\pi i\sum_{k=1}^{n} \mathrm{Res}[f(z)e^{imz}, a_k] \quad \cdots ②$$

条件 $\lim_{z\to\infty} f(z) = 0$ から，$r \to \infty$ のとき $\int_{C_r^+} f(z)e^{imz}\,dz \to 0$ となることが知られている（**ジョルダンの補題**（ほだい））．②より $r \to \infty$ のとき

$$\int_{I_r} f(z)e^{imz}\,dz = 2\pi i\sum_{k=1}^{n} \mathrm{Res}[f(z)e^{imz}, a_k] - \int_{C_r^+} f(z)e^{imz}\,dz$$

$$\to 2\pi i\sum_{k=1}^{n} \mathrm{Res}[f(z)e^{imz}, a_k]$$

すなわち $\int_{-\infty}^{\infty} f(x)e^{imx}\,dx = 2\pi i\sum_{k=1}^{n} \mathrm{Res}[f(z)e^{imz}, a_k]$ となる．

5.29 実積分の計算 III

$f(z)$ は実数係数の有理関数で実軸上に特異点はなく，$z \to \infty$ のとき $f(z) \to 0$ となるものとする．また上半平面 $\{z \mid \mathrm{Im}(z) > 0\}$ にある $f(z)$ の特異点を $a_1, a_2, \ldots, a_n$ とする．$m > 0$ に対し

$$\int_{-\infty}^{\infty} f(x)\cos mx\,dx + i\int_{-\infty}^{\infty} f(x)\sin mx\,dx$$

$$= \int_{-\infty}^{\infty} f(x)e^{imx}\,dx = 2\pi i\sum_{k=1}^{n} \mathrm{Res}[f(z)e^{imz}, a_k]$$

例題 5.21 次の広義積分の値を求めよ．

(1) $\displaystyle\int_{-\infty}^{\infty} \frac{(x+1)e^{3ix}}{x^2+4}\,dx$

(2) $\displaystyle\int_{-\infty}^{\infty} \frac{(x+1)\cos 3x}{x^2+4}\,dx$ および $\displaystyle\int_{-\infty}^{\infty} \frac{(x+1)\sin 3x}{x^2+4}\,dx$

解 (1) $f(z) = \dfrac{z+1}{z^2+4}$ とおくと，$z \to \infty$ のとき $f(z) \to 0$ となる．また $z^2+4=0$ の解で $\mathrm{Im}(z) > 0$ を満たすものは $z = 2i$ のみ．したがって

$$\begin{aligned}
\int_{-\infty}^{\infty} \frac{(x+1)e^{3ix}}{x^2+4}\,dx &= \int_{-\infty}^{\infty} f(x)e^{3ix}\,dx \\
&= 2\pi i \,\mathrm{Res}[f(z)e^{3iz}, 2i] \\
&= 2\pi i \lim_{z\to 2i}(z-2i)f(z)e^{3iz} \\
&= 2\pi i \lim_{z\to 2i}(z-2i)\frac{z+1}{(z-2i)(z+2i)}e^{3iz} \\
&= \frac{1+2i}{2e^6}\pi
\end{aligned}$$

(2) (1) より

$$\int_{-\infty}^{\infty} \frac{(x+1)\cos 3x}{x^2+4}\,dx + i\int_{-\infty}^{\infty} \frac{(x+1)\sin 3x}{x^2+4}\,dx = \frac{1+2i}{2e^6}\pi$$

だから両辺の実部・虚部を比較して

$$\int_{-\infty}^{\infty} \frac{(x+1)\cos 3x}{x^2+4}\,dx = \frac{\pi}{2e^6}$$

$$\int_{-\infty}^{\infty} \frac{(x+1)\sin 3x}{x^2+4}\,dx = \frac{\pi}{e^6}$$

Let's TRY

問 5.34 次の広義積分の値を求めよ．

(1) $\displaystyle\int_{-\infty}^{\infty} \frac{xe^{2ix}}{x^2+9}\,dx$

(2) $\displaystyle\int_{-\infty}^{\infty} \frac{x\cos 2x}{x^2+9}\,dx$ および $\displaystyle\int_{-\infty}^{\infty} \frac{x\sin 2x}{x^2+9}\,dx$

第5章5.4節 演習問題A

48 次の関数の（ ）内の点を中心とするテイラー展開を求めよ．

(1) $f(z) = e^{3z-1}$ $(z = 2)$ (2) $f(z) = \dfrac{1}{z-3}$ $(z = 2)$

49 次の関数のマクローリン展開を求めよ．

(1) $f(z) = \dfrac{1}{6-z}$

(2) $F(z) = \sin(z^2 + z + 1)$ （z^3 の項まで求めよ）

50 次の関数の（ ）内の点を中心とするローラン展開を求めよ．

(1) $f(z) = \dfrac{1}{z(z-2i)}$ $(z = 2i)$ (2) $f(z) = \dfrac{\cos z}{z-\pi}$ $(z = \pi)$

(3) $f(z) = z^2 \cos\dfrac{1}{z}$ $(z = 0)$

51 次の留数を求めよ．

(1) $\mathrm{Res}\left[\dfrac{e^{3z}}{(z-1)^2}, 1\right]$ (2) $\mathrm{Res}\left[\dfrac{1}{(z-4)^3(z+1)}, 4\right]$

(3) $\mathrm{Res}\left[\dfrac{e^{2z}}{e^z - e}, 1\right]$

52 次の閉曲線 C に沿っての複素積分の値を求めよ．

(1) $\displaystyle\int_C \frac{dz}{(z+i)(z-1)}$, $C = \{z \mid |z+i| = 1\}$

(2) $\displaystyle\int_C \frac{z}{z^2+1}\,dz$, $C = \{z \mid |z| = 3\}$

(3) $\displaystyle\int_C \frac{1}{z^2(z+3)}\,dz$, C は $-2-i$, $1-i$, $1+i$, $-2+i$ を頂点とする長方形．

(4) $\displaystyle\int_C \frac{z}{z^2+z+1}\,dz$, $C = \{z \mid |z| = 2\}$

(5) $\displaystyle\int_C \frac{e^{3z}}{(z-1)^3}\,dz$, $C = \{z \mid |z+i| = 2\}$

53 次の定積分の値を求めよ．

(1) $\displaystyle\int_0^{2\pi} \frac{1}{5 - 3\sin\theta}\,d\theta$ (2) $\displaystyle\int_0^{2\pi} \frac{1}{2 + \cos\theta}\,d\theta$

第5章5.4節　演習問題 B

54 次の閉曲線 C に沿っての複素積分の値を求めよ．

(1) $\displaystyle\int_C \frac{1}{z^3 - i}\,dz,\quad C = \{z \mid |z| = 2\}$

(2) $\displaystyle\int_C \frac{ze^z}{(z-1)^3}\,dz,\quad C = \{z \mid |z+i| = 2\}$

(3) $\displaystyle\int_C \frac{2z}{z^3 - z^2 + z - 1}\,dz,\quad C = \{z \mid |z+1+i| = \sqrt{2}\}$

55 次の広義積分の値を求めよ．

$$\int_{-\infty}^{\infty} \frac{1}{(x^2+1)^3}\,dx$$

56 次の広義積分の値を求めよ．

(1) $\displaystyle\int_{-\infty}^{\infty} \frac{e^{3ix}}{1+x^2}\,dx$

(2) $\displaystyle\int_{-\infty}^{\infty} \frac{\cos 3x}{1+x^2}\,dx$ および $\displaystyle\int_{-\infty}^{\infty} \frac{\sin 3x}{1+x^2}\,dx$

(3) $\displaystyle\int_{0}^{\infty} \frac{\cos 3x}{1+x^2}\,dx$

57 次の広義積分の値を求めよ．

(1) $\displaystyle\int_{-\infty}^{\infty} \frac{1}{(x^2+1)(x^2+4)}\,dx$

(2) $\displaystyle\int_{-\infty}^{\infty} \frac{\cos x}{x^2+2x+5}\,dx$ と $\displaystyle\int_{-\infty}^{\infty} \frac{\sin x}{x^2+2x+5}\,dx$

(3) $\displaystyle\int_{-\infty}^{\infty} \frac{x\cos 3x}{x^2+2x+2}\,dx$ と $\displaystyle\int_{-\infty}^{\infty} \frac{x\sin 3x}{x^2+2x+2}\,dx$

(4) $\displaystyle\int_{-\infty}^{\infty} \frac{\sin 2x}{x^2-x+1}\,dx$

第5章5.4節 演習問題C

58 次の曲線 C に沿っての積分の値を $a>0$ の値によって場合分けして答えよ．ただし積分する関数の分母の値が 0 になる点が C 上にあるような $a>0$ は除く．

(1) $\displaystyle\int_C \frac{2z-1}{(z^2+1)(z+2)}\,dz$ （C は中心 i，半径 a の円）

(2) $\displaystyle\int_C \frac{e^z}{z^2+a^2}\,dz$

（C は点 $-1-i,\ 1-i,\ 1+i,\ -1+i$ を 4 点とする正方形）

(3) $\displaystyle\int_C \frac{1}{z^2+a}\,dz$

（C は 0 を中心する，半径 a の円の上半分に沿って $-a$ から a に至る曲線）

59 次の積分または広義積分の値を求めよ．

(1) $\displaystyle\int_0^{2\pi} \frac{1}{(5+3\cos\theta)^2}\,d\theta$

(2) $\displaystyle\int_{-\infty}^{\infty} \frac{1}{(x^2+a^2)^3}\,dx$ $\quad(a>0)$

(3) $\displaystyle\int_{-\infty}^{\infty} \frac{\cos x}{x^4+1}\,dx$

問題解答

第1章

1.1節 **1.1** $m\frac{dv}{dt}=mg-kv$

1.2 (1) 証明略 (ヒント：$y'=(3y+1)(y-3)$ の両辺に $y=-\frac{1}{3}$ を代入するとよい.)
(2) 証明略 (ヒント：$y=Ce^{2\sqrt{x}}$ を与式に代入すると，(左辺) $=C\frac{e^{2\sqrt{x}}}{\sqrt{x}}$. これと右辺を比較するとよい.)
(3) 証明略 (ヒント：$y=\sin x$ を与式に代入し，左辺が 0 になることを確かめるとよい.)

1.3 (1) $y=xy'+(y')^2$ (2) $(1+\cos x)y'+y\sin x=0$
(3) $(1+y^2)y''=2y(y')^2$

1.4 (1) 証明略 (ヒント：$y'=2C_1x+C_2$, $y''=2C_1$ より，左辺に代入し，微分方程式を満たすことを確かめる．任意定数を 2 つ含むので一般解である.)
(2) $y=\frac{1}{2}x^2-x$

◆演習問題 A◆ **1** (1) 証明略 (ヒント：$y=2+Ce^{-x}$, $y'=-Ce^{-x}$ の 2 式から C を消去する.)
(2) 証明略 (ヒント：$y=C_1\cos x+C_2\sin x$, $y''=-C_1\cos x-C_2\sin x$ の 2 式から C_1 と C_2 を消去する.)

2 (1) $xy'+y=0$ (2) $xy'+2y=0$
(3) $x^2y''+xy'-y=0$ (4) $y''-6y'+10y=0$

3 (1) $y=xy'+(y')^3$ (2) $y=xy'+\sqrt{1+(y')^3}$

4 (1) 証明略 (ヒント：$y'=-C_2e^{-x}+\frac{1}{2}e^x$, $y''=C_2e^{-x}+\frac{1}{2}e^x$ の 2 式の和をとるとよい.) (2) $y=1-\frac{1}{2}e^{-x}+\frac{1}{2}e^x$

◆演習問題 B◆ **5** (1) $(y')^3=27y^2$ (2) $9y^2(y')^2+3xy'-y=0$
(3) $xyy''+x(y')^2-yy'=0$

6 (1) $3x^2y''-3xy'-2=0$ (2) $x^2y''-2xy'+2y-\sin\frac{1}{x}=0$

7 (1) $xyy''+x(y')^2-yy'=0$ (2) $y''-5y'+6y=0$
(3) $x^2y''-3xy'+4y=0$

8 (1) 証明略 (ヒント：$y'=x(2C_1+C_2+2C_2\log x)$, $y''=2C_1+3C_2+2C_2\log x$ より，y とともに与式の左辺に代入して右辺を導けばよい.)
(2) $y=x^2\{-1+(e+2)\log x\}$

9 (1) 証明略 (ヒント：$y'=2\cos x-Ce^{-\sin x}\cos x$ より，y とともに与式の左辺に代入して右辺を導けばよい.) (2) $y=2(\sin x-1)+3e^{-\sin x}$

10 (1) 証明略 (ヒント：$y'=C\frac{x+\sqrt{x^2+1}}{\sqrt{x^2+1}}$ より，y とともに与式の左辺に代入して右辺を導けばよい.) (2) $y=-(x+\sqrt{x^2+1})$

11　(1)　証明略　（ヒント：$y'' = -g$ を t で積分すると $y' = -gt + C_1$．これをさらに t で積分するとよい．）
(2)　$y = -\frac{1}{2}gt^2 + 30t$　　(3)　最高点に達する時刻：3.06 秒，最高点：45.92 m

◆演習問題 C◆　**12**　(1)　$y'' - x(y')^3 = 0$　　(2)　$y'' + y'(1 + y') = 0$
(3)　$y''' + 9y' = 0$　　(4)　$\{1 + (y')^2\}y''' = 3y'(y'')^2$

13　(1)　証明略（ヒント：$y' = \frac{Cx}{\sqrt{1-x^2}(C\sqrt{1-x^2}-1)^2}$ より，y とともに与式の左辺に代入して右辺を導けばよい．）　(2)　$y = \frac{1}{2\sqrt{1-x^2}-1}$

14　証明略（ヒント：$y' = C_1 + C_2\left(\tan^{-1}x + \frac{x}{1+x^2}\right)$, $y'' = \frac{2C_2}{(1+x^2)^2}$ より，y とともに与式の左辺に代入して右辺を導けばよい．）

15　(1)　証明略（ヒント：$y' = -C_1e^x\sin(e^x) + C_2e^x\cos(e^x)$, $y'' = -(C_1 + C_2e^x)e^x\sin(e^x) + (-C_1e^x + C_2)e^x\cos(e^x)$ より，y とともに与式の左辺に代入して右辺を導けばよい．）　(2)　$y = -2\cos(e^x) + \frac{1}{\pi}\sin(e^x)$

16　$y' = -\frac{1-x}{1-y}$

17　$y(y')^2 \pm ky' + y = 0$

1.2節　**1.5**　(1)　$y' = 1 - y^3$ より変数分離形である．
(2)　$\sin(y + x)$ は積で表せないので変数分離形ではない．
(3)　$y' = e^{3x}e^{-y}$ より変数分離形である．
(4)　$\sqrt{y - x}$ は積で表せないので変数分離形ではない．

1.6　C は任意定数とする．(1)　$y = Ce^x - 1$　　(2)　$y = \log\left|\frac{x-1}{x+1}\right| + C$
(3)　$a \neq -1, b \neq 1$ のとき $\frac{y^{-b+1}}{-b+1} = \frac{x^{a+1}}{a+1} + C$．
$a \neq -1, b = 1$ のとき $\log|y| = \frac{x^{a+1}}{a+1} + C$．
$a = -1, b \neq 1$ のとき $\frac{y^{-b+1}}{-b+1} = \log|x| + C$．$a = -1, b = 1$ のとき $y = Cx$．
(4)　$a \neq 0, b \neq 0$ のとき $-\frac{e^{-by}}{b} = \frac{e^{ax}}{a} + C$．$a \neq 0, b = 0$ のとき $y = \frac{e^{ax}}{a} + C$．
$a = 0, b \neq 0$ のとき $-\frac{e^{-by}}{b} = x + C$．$a \neq 0, b = 0$ のとき $y = x + C$．

1.7　(1)　$y = \frac{x^4}{16}$　　(2)　$y = \frac{2}{9}x\sqrt{x}(3\log x - 2)$
(3)　$y = \sin\left(2\sqrt{x} + \frac{\pi}{3}\right)$　　(4)　$y = \tan\left(\log|1 + x| + \frac{\pi}{4}\right)$

1.8　C は任意定数とする．(1)　$y^2 = 2x^2(\log|x| + C)$　　(2)　$y^2 + x^2 = Cx$

1.9　(1)　$y = x - \frac{2x}{\log|x|+1}$　　(2)　$y = x\sin\left(\log|x| + \frac{\pi}{6}\right)$

1.10　C は任意定数とする．
(1)　$(y - x + 5)^3(y + x - 1) = C$　　(2)　$y = \frac{1-6x+Ce^{3x}}{9}$

1.11　$x^2 - 2xy + y^2 + 2x - 4y = 3$

1.12　C は任意定数とする．
(1)　$y = \frac{1}{2} + Ce^{-x^2}$　　(2)　$y = \frac{1}{2}x - \frac{1}{4}x^3 + \frac{C}{x}$　　(3)　$y = \frac{1}{\cos x}\left(e^{\sin x} + C\right)$

1.13 (1) $y=(x+e)e^x$ (2) $y=\frac{1}{x}\left(\tan^{-1}x-\frac{\pi}{4}\right)$

1.14 C は任意定数とする． (1) $y^2=\frac{1}{(-2x+C)x^2}$ (2) $y^2=e^{-\frac{1}{x}}(e^x+C)$

1.15 $\frac{1}{y^2}=2e^{2(x-1)}-1$

1.16 C は任意定数とする． (1) $y=\frac{C+4e^{5x}}{C-e^{5x}}$ (2) $y=\frac{(C+1)x^2}{Cx-1}$

◆演習問題 A◆ 18 C は任意定数とする．

(1) $y=\frac{1}{3}x^3-x^2-3x+C$ (2) $y=\frac{1}{2}x-\frac{1}{4}\sin 2x+C$

(3) $y=\log\left|\frac{(x+2)^3}{x-1}\right|+C$ (4) $y=\frac{1}{24}\log\left|\frac{(x-2)^2}{x^2+2x+4}\right|-\frac{\sqrt{3}}{12}\tan^{-1}\frac{x+1}{\sqrt{3}}+C$

(5) $y=\frac{1}{3}x^3+2\tan^{-1}x+C$

19 C は任意定数とする．

(1) $y=C\exp\left(-\frac{1}{6}\cos 3x-\frac{1}{2}\cos x\right)$ (2) $\frac{1}{y}=\frac{1}{12}\sin 6x-\frac{1}{4}\sin 2x+C$

20 (1) 同次形ではない (2) 同次形である (3) 同次形である

21 C は任意定数とする．

(1) $y=Ce^{2x}-\frac{1}{2}x^2-\frac{1}{2}x-\frac{1}{4}$ (2) $y=Ce^{-2x}+\frac{1}{4}e^{2x}$

(3) $y=\frac{C}{x}+e^x-\frac{1}{x}e^x$ (4) $y=Ce^{3x}-\frac{1}{10}(3\sin x+\cos x)$

(5) $y=Ce^{x^3}-\frac{1}{3}$ (6) $y=\frac{C}{x}+x^2$

(7) $y=C\cos x+2\sin x$ (8) $y=\frac{x+C}{e^{\sin x}}$

22 (1) $y=-\frac{6x-2}{2x-1}$ (2) $y=\frac{2}{x^3}+\frac{1}{x^2}$

23 C は任意定数とする．

(1) $\frac{1}{y^3}=Cx^3+3x^2$ (2) $\frac{1}{y}=Ce^{-\cos x}+1$ (3) $\frac{1}{y}=C\sqrt{x}+x^2$

24 C は任意定数とする． (1) $y=x\frac{Ce^{4x}+1}{Ce^{4x}-1}$ (2) $y=\frac{2x}{Ce^{2x}-1}+x+1$

◆演習問題 B◆ 25 C は任意定数とする．

(1) $y=-\log|\cos x|+C$ (2) $y=x-2\tan^{-1}x+C$

(3) $y=C\exp(x\log x-x)$ (4) $y=\sin\left(\frac{1}{\sqrt{2}}\tan^{-1}\sqrt{2}x+C\right)$

26 (1) $y^3=\frac{1}{3(\sqrt{3}-x)}$ (2) $y=-2x-1$ (3) $y=-\frac{6x}{x+1}$

27 C は任意定数とする． (1) $y=C\sqrt{\frac{1-\cos x}{1+\cos x}}$ (2) $-\frac{1}{y}=\log\left|1+\tan\frac{x}{2}\right|+C$

28 C は任意定数とする．

(1) $y^2-1=C(1+x^2)y$ (2) $y^2=2\tan^{-1}x+C$

(3) $e^{x^2}+e^{-y^2}+C=0$ (4) $y=-\frac{6x^3}{1+Cx^3}$

29 C は任意定数とする．

(1) $x^2+y^2=C\exp\left(2\tan^{-1}\frac{y}{x}\right)$ (2) $y-2x=C\exp\left(\frac{2x}{y-2x}\right)$

(3) $(9y+11x)^3=C(y+x)^2$ (4) $y=Ce^{-\frac{y}{x}}$ (5) $y^3=C(y+x)(y-x)$

(6) $y+\sqrt{x^2+y^2}=Cx^2$ (7) $x=C\exp\left(\sin^{-1}\frac{y}{x}\right)$

30 C は任意定数とする.

(1) $2y^2+2xy-x^2=C$ (2) $3y^2+2xy-2x^2-2x-4y=C$

(3) $\tan\sqrt{6}(x+C)=\frac{\sqrt{6}(3x+2y+1)}{3}$

31 C は任意定数とする. (1) $y=\frac{1}{4}+Ce^{-2x^2}$ (2) $y=(x+C)e^{-\frac{1}{4}x^4}$

(3) $y=e^x\left(x-2+\frac{2}{x}\right)+\frac{C}{x}$ (4) $y=\left(\frac{x}{2}-\frac{3}{4}+\frac{3}{4x}-\frac{3}{8x^2}\right)e^x+\frac{C}{x^2e^x}$

(5) $y=(Cx+\sqrt{x^2-1})e^x$ (6) $y=\cos x+C\cos^2 x$

◆演習問題 C◆ **32** (1) $\log\left(\frac{1-\cos y}{1+\cos y}\right)=4\sin x$ (2) $y=\frac{8e^{\frac{x}{2}}}{x^3}$

(3) $y=ex\exp\left\{-\frac{1}{2}\left(\frac{1}{x^2}+\frac{1}{y^2}\right)\right\}$ (4) $y^2=2\tan^{-1}x+\frac{\pi}{2}$

33 C は任意定数とする.

(1) $x+y=Ce^{3y-x}$ (2) $\frac{1}{3}(x-4y)+\frac{3}{2}\log|x-y-2|-\frac{1}{6}\log|x-y|=C$

(3) $(y-x-1)^3(y+4x-1)^2=C$

(4) $(y-1)^2+3(x-1)(y-1)-(x-1)^2=C$

34 C は任意定数とする.

(1) $y=-x+Cx^2$ (2) $y=2(\sin x-1)+Ce^{-\sin x}$ (3) $y=\frac{2x+C}{1+x^3}$

(4) $y=\frac{-\log|1-x|+C}{1+x}$ (5) $y=\frac{x+C}{\cos x}$ (6) $y=\frac{\log|x|+C}{x^2}$

35 C は任意定数とする.

(1) $y=\frac{e^x}{x(C-e^x)}$ (2) $y=\frac{\cos x}{C-\sin x}$ (3) $y^2=\frac{e^{x^2}}{2x+C}$

(4) $y^2=\frac{x(x^2+1)}{2+Cx}$ (5) $y=\left(1+Ce^{-\frac{1}{2}x}\right)^2$ (6) $y^{\frac{1}{4}}=\frac{13}{13C\sqrt[4]{x^3}-3x^4}$

36 C は任意定数とする.

(1) $y=\frac{Ce^{\frac{1}{2}x^2}-1}{Ce^{\frac{1}{2}x^2}-2}$ (2) $y=\frac{(1+C)x^2}{Cx-1}$ (3) $y=\frac{Ce^x+x+1}{Ce^x+x}$

(4) $y=\frac{Cx^2+1}{x(Cx^2-1)}$ (5) $y=\frac{Cx^3+1}{x(Cx^3-2)}$

1.3節 **1.17** $(y-C)\left(C_1y-\frac{1}{2}\log|y|+x-C_2\right)=0$ (C,C_1,C_2 は任意定数)

1.18 $y=-2\log|x+C_1|+C_2$ (C_1,C_2 は任意定数)

1.19 (1) $W(e^{\alpha x},e^{\beta x})=(\beta-\alpha)e^{(\alpha+\beta)x}\neq 0$ より 1 次独立.

(2) $W(\cos x,\sin x)=1\neq 0$ より 1 次独立.

(3) $W(e^x,xe^x)=e^{2x}\neq 0$ より 1 次独立.

1.20 C_1,C_2 は任意定数とする.

(1) $y=C_1+C_2e^{-x}$ (2) $y=e^{-3x}(C_1\cos 4x+C_2\sin 4x)$

1.21 (1) $y=x^2+x$ (2) $y=(x-2)e^x+2x+3$

(3) $y=\frac{1}{4}(3e^{-x}+e^{3x})$ (4) $y=\frac{1}{2}(\cos x+\sqrt{3}\sin x)$

1.22 C_1,C_2 は任意定数とする.

(1) $y=(C_1+C_2x)e^x-e^x\cos x$

(2) $y=C_1e^{3x}+C_2e^{-x}-\frac{1}{27}(9x^2-12x+14)$

1.23 (1) $y=\frac{1}{10}(8e^{-2x}+7e^{3x}-5e^{x})$ (2) $y=(3+x)e^{x}+(x-2)e^{2x}$

1.24 C_1, C_2 は任意定数とする．

(1) $x(t)=e^{\frac{1}{2}t}\left(C_1\cos\frac{\sqrt{3}}{2}t+C_2\sin\frac{\sqrt{3}}{2}t\right)$,

$y(t)=\frac{1}{2}e^{\frac{1}{2}t}\left\{(-\sqrt{3}\,C_2+C_1)\cos\frac{\sqrt{3}}{2}t+(C_2+\sqrt{3}\,C_1)\sin\frac{\sqrt{3}}{2}t\right\}$

(2) $x(t)=C_1e^{2t}+C_2e^{-2t}-\frac{2}{5}\sin t,\ y(t)=2C_1e^{2t}-2C_2e^{-2t}+\frac{3}{5}\cos t$

1.25 $x(t)=\frac{1}{4}(e^{-3t}+7e^{t}),\ y(t)=\frac{1}{4}(3e^{-3t}-7e^{t})$

◆演習問題 A◆ **37** C_1, C_2 は任意定数とする．

(1) $y=C_1e^{-2x}+C_2e^{3x}$ (2) $y=C_1+C_2e^{2x}$ (3) $y=C_1e^{-\frac{1}{3}x}+C_2e^{3x}$

(4) $y=C_1e^{-2x}+C_2xe^{-2x}$ (5) $y=C_1e^{\frac{3}{2}x}+C_2xe^{\frac{3}{2}x}$

(6) $y=C_1\cos 2x+C_2\sin 2x$ (7) $y=e^{x}(C_1\cos 2x+C_2\sin 2x)$

(8) $y=e^{-\frac{1}{3}x}\left(C_1\cos\frac{\sqrt{2}}{3}x+C_2\sin\frac{\sqrt{2}}{3}x\right)$

38 (1) $y=\frac{1}{2}e^{x}+\frac{1}{2}e^{3x}$ (2) $y=3e^{-\frac{1}{3}x}-2e^{3x}$

39 (1) $y=-x^2+x-3$ (2) $y=-x^2+\frac{2}{3}x+C$（C は任意定数）

(3) $y=-\frac{9}{13}\cos x+\frac{6}{13}\sin x$ (4) $y=-\frac{1}{5}\sin 3x$ (5) $y=\frac{3}{2}x^2e^{2x}$

(6) $y=\frac{1}{10}e^{x}(-\cos x+\sin x)$ (7) $y=-xe^{x}+\frac{1}{8}(4x^3+18x^2+42x+45)$

(8) $y=\frac{1}{6}x^3e^{2x}$ (9) $y=-x\cos x+\sin x\log|\sin x|$

40 C_1, C_2 は任意定数とする．

(1) $y=e^{x}(C_1\cos\sqrt{3}\,x+C_2\sin\sqrt{3}\,x)+\frac{1}{4}x^3+\frac{3}{8}x^2-\frac{3}{16}$

(2) $y=C_1e^{x}+C_2e^{2x}-\frac{1}{2}e^{x}(\cos x+\sin x)$

(3) $y=C_1e^{x}+C_2xe^{x}+x^3+6x^2+18x+24+\frac{1}{2}\cos x$

(4) $y=C_1\cos x+C_2\sin x+\cos x\log|\cos x|+x\sin x$

41 (1) $y=(1-x)e^{x}+e^{2x}$ (2) $y=e^{x}-\frac{1}{2}e^{4x}+\frac{1}{2}\cos 2x$

◆演習問題 B◆ **42** (1) $y=\frac{4}{3}e^{x}+\frac{2}{3}e^{\frac{5}{2}x}$ (2) $y=2\cos\frac{x}{2}+3\sin\frac{x}{2}$

43 (1) $y=C_1e^{-3x}+C_2e^{4x}$（C_1, C_2 は任意定数） (2) $y=3e^{4x}$

44 (1) $y=-4x^2+2x-6$ (2) $y=-x^3+2x^2-5x+1$ (3) $y=\frac{3}{20}e^{3x}$

(4) $y=-\frac{1}{25}x^5-\frac{1}{25}x^4+\frac{38}{375}x^3+\frac{38}{625}x^2-\frac{549}{3125}x+C$（$C$ は任意定数）

(5) $y=\frac{5}{9}e^{3x}$ (6) $y=-\frac{2}{13}\cos x-\frac{3}{13}\sin x$

(7) $y=-\frac{1}{2}x\cos 3x$ (8) $y=\frac{5}{2}x^2e^{3x}$

45 C_1, C_2 は任意定数とする．

(1) $y=C_1e^{\frac{1}{3}x}+C_2e^{3x}-\frac{1}{4}e^{x}-\frac{1}{5}e^{2x}$

(2) $y=e^{-x}(C_1\cos\sqrt{2}\,x+C_2\sin\sqrt{2}\,x)-\frac{1}{12}\cos 3x-\frac{1}{12}\sin 3x-\frac{1}{17}\cos 2x+\frac{4}{17}\sin 2x$

46 C_1, C_2 は任意定数とする．

(1) $x(t)=e^{-4t}(C_1\cos\sqrt{2}\,t+C_2\sin\sqrt{2}\,t)$,

$y(t) = \frac{1}{2}e^{-4t}\{(2C_1 + \sqrt{2}\,C_2)\cos\sqrt{2}\,t + (-\sqrt{2}\,C_1 + 2C_2)\sin\sqrt{2}\,t\}$

(2) $x(t) = -C_1e^{-4t} - \frac{1}{2}C_2e^{-3t} + \frac{1}{4}$, $y(t) = C_1e^{-4t} + C_2e^{-3t} + \frac{3}{4}$

◆演習問題 C◆ **47** (1) $y = -8x^2 - 16 + \frac{1}{3}e^{2x}$ (2) $y = -x\cos x + \frac{1}{2}e^x$

(3) $y = \frac{3}{2}e^{3x} - \frac{1}{2}x - \frac{3}{4}$ (4) $y = \frac{2}{3}x^3 - \frac{7}{2}x^2 + 8x - xe^{-x}$

(5) $y = \frac{1}{2}\cos\sqrt{3}\,x + \frac{8}{5}\sin\sqrt{3}\,x$

48 (1) $y = -e^{2x}\cos x$ (2) $y = \left(\frac{1}{6}x^2 - \frac{1}{9}x\right)e^{3x}$

49 (1) $y = \frac{1-x+3e^{4x}+xe^{4x}}{4}$

(2) $y = -\frac{1}{20}e^{-x} + \frac{3}{85}e^{4x} - \frac{1}{4}e^{3x} + \frac{9}{34}\cos x - \frac{15}{34}\sin x$

50 (1) $y = -e^{-x} + (e^{-x} + e^{-2x})\log(1 + e^x)$ (2) $y = \frac{1}{2xe^{3x}}$

51 C_1, C_2 は任意定数とする.

(1) $x(t) = C_1e^{-2t} + C_2e^t + 2e^{-t}$, $y(t) = 2C_1e^{-2t} + 3C_2e^t + 3e^{-t}$

(2) $x(t) = C_1e^{-2t} + C_2e^t + 3e^{-t} - \frac{1}{2}t - \frac{7}{4}$,

$y(t) = -\frac{3}{5}C_1e^{-2t} - \frac{3}{4}C_2e^t - 2e^{-t} + \frac{1}{2}t + \frac{5}{4}$

52 $x(t) = \frac{16}{3}e^{-2t} - \frac{22}{3}e^t + 2\cos t - \sin t - \frac{1}{2}$,

$y(t) = -\frac{16}{5}e^{-2t} + \frac{11}{2}e^t + \frac{7}{5}\cos t + \frac{4}{5}\sin t + \frac{1}{2}$

第2章

2.1節 **2.1** (1) 0 (2) $\frac{\pi}{2}$

2.2 正射影の長さ $\frac{5}{3}$, $\boldsymbol{b}$ の $\boldsymbol{a}$ への正射影 $\left(\frac{5}{9}, \frac{10}{9}, \frac{10}{9}\right)$

2.3 証明略 (ヒント:定義に基づき計算する.)

2.4 (1) 外積 $(10, 5, 0)$, 面積 $5\sqrt{5}$ (2) 外積 $(-2, 1, 5)$, 面積 $\sqrt{30}$

2.5 $\boldsymbol{a}\cdot(\boldsymbol{b}\times\boldsymbol{c}) = -15$, $\boldsymbol{a}\times(\boldsymbol{b}\times\boldsymbol{c}) = (-73, 89, -35)$

2.6 証明略 (ヒント:定義に基づき計算する.)

2.7 (1) $\boldsymbol{a}'(t) = 6t\,\boldsymbol{i} + 5\boldsymbol{j} + 3t^2\,\boldsymbol{k}$, $\boldsymbol{a}'(1) = 6\,\boldsymbol{i} + 5\boldsymbol{j} + 3\,\boldsymbol{k}$

(2) $\boldsymbol{a}'(t) = 3e^{3t}\,\boldsymbol{i} + \frac{2}{t}\boldsymbol{j} + 4\,\boldsymbol{k}$, $\boldsymbol{a}'(1) = 3e^3\,\boldsymbol{i} + 2\boldsymbol{j} + 4\,\boldsymbol{k}$

2.8 (1) $-\frac{4}{3}\,\boldsymbol{i} + \frac{13}{2}\boldsymbol{j} + 15\,\boldsymbol{k}$ (2) $9\,\boldsymbol{i} + (e^3 - 1)\boldsymbol{j} - 12\,\boldsymbol{k}$

2.9 (1) $\boldsymbol{v} = (\sqrt{2}, e^t, -e^{-t})$, $|\boldsymbol{v}| = e^t + e^{-t}$, $\boldsymbol{a} = (0, e^t, e^{-t})$

(2) $\boldsymbol{t} = \frac{1}{e^t+e^{-t}}(\sqrt{2}, e^t, -e^{-t})$, $\boldsymbol{n} = \frac{1}{e^t+e^{-t}}(-e^t + e^{-t}, \sqrt{2}, \sqrt{2})$

(3) $a_t = e^t - e^{-t}$, $a_n = \sqrt{2}$, $\boldsymbol{a} = (e^t - e^{-t})\boldsymbol{t} + \sqrt{2}\,\boldsymbol{n}$ (4) $s = \frac{e^2-1}{e}$

2.10 $\boldsymbol{n} = \pm\frac{2u\,\boldsymbol{i} - 2v\,\boldsymbol{j} - \boldsymbol{k}}{\sqrt{1+4u^2+4v^2}}$ **2.11** $4x + 2y + z + 3 = 0$

◆演習問題 A◆ **1** (1) $-6 - 5\sqrt{2}$ (2) $(9\sqrt{2} - 3, -21, 3\sqrt{2} + 6)$

(3) $\pm\frac{\sqrt{22}}{66}(2, -13, 5)$ (複号同順) (4) $3\sqrt{22}$

2 (1) $\frac{x-3}{8} = \frac{y+1}{21} = \frac{z-5}{-40}$ (2) $\frac{x-1}{4} = y - 2 = \frac{z+1}{6}$

3 (1) $21x+11y+9z-70=0$ (2) $17x-18y+22z+42=0$

4 (1) $x-2y-3z+3\log 6-5=0$ (2) $2x+y-2z-9=0$

5 (1) $s=e^4-e^{-4}$ (2) $s=9\sqrt{5}+\frac{1}{4}\log\left(9+4\sqrt{5}\right)$

◆演習問題 B◆ **6** (1) $\boldsymbol{a}\cdot(\boldsymbol{b}\times\boldsymbol{c})=-75$, $(\boldsymbol{c}\times\boldsymbol{a})\cdot\boldsymbol{b}=-75$

(2) 証明略 (ヒント:定義に基づき計算する.)

7 (1) 証明略 (ヒント:定義に基づき計算する.)

(2) (i) $\boldsymbol{a}\times(\boldsymbol{b}\times\boldsymbol{c})=(-1,1-2\sqrt{3},6-2\sqrt{3})$,

$(\boldsymbol{a}\times\boldsymbol{b})\times\boldsymbol{c}=(5(8-\sqrt{3}),-7,10-3\sqrt{3})$

(ii) $\boldsymbol{a}\times(\boldsymbol{b}\times\boldsymbol{c})=(-81,90,9)$, $(\boldsymbol{a}\times\boldsymbol{b})\times\boldsymbol{c}=(9,9,33)$

(iii) $\boldsymbol{a}\times(\boldsymbol{b}\times\boldsymbol{c})=(6,-38,24)$, $(\boldsymbol{a}\times\boldsymbol{b})\times\boldsymbol{c}=(-22,-13,51)$

8 (1) $\frac{d}{dt}(\boldsymbol{r}_1\cdot\boldsymbol{r}_2)=\cos t+t\sin t+t^2\cos t+1$

$\frac{d}{dt}(\boldsymbol{r}_1\times\boldsymbol{r}_2)=(2t-t\cos t-\sin t,-1+\cos t-t\sin t,-t\cos t+(1+t^2)\sin t)$

(2) $\frac{d}{dt}(\boldsymbol{r}_1\cdot\boldsymbol{r}_2)=(t^3+3t^2)e^t+(1-t)e^{-t}$

$\frac{d}{dt}(\boldsymbol{r}_1\times\boldsymbol{r}_2)=\left((t^2-2t)e^{-t},(t^2+2t)e^t,(-t^3+3t^2)e^{-t}-(t+1)e^t\right)$

9 $a=-22,8$

◆演習問題 C◆ **10** (1) 証明略 (ヒント:ベクトル関数の微分法)

(2) $\boldsymbol{r}(t)=(2t\cos t+\cos t-2\sin t)\,\boldsymbol{i}+(2t\sin t+\sin t+2\cos t)\,\boldsymbol{j}+\boldsymbol{C}$ ($\boldsymbol{C}$ は定ベクトル)

11 (1) $\pm\frac{\sqrt{2}}{10}(5,4,-3)$ (複号同順) (2) $\pm\frac{\sqrt{870}}{870}(-22,19,5)$ (複号同順)

(3) $\pm\frac{\sqrt{57}}{171}(-2,22,5)$ (複号同順)

12 (1) $\frac{5}{61}(-6\,\boldsymbol{i}-3\,\boldsymbol{j}+4\,\boldsymbol{k})$ (2) $\frac{4}{11}(\boldsymbol{i}-\boldsymbol{j}-3\,\boldsymbol{k})$

(3) $\frac{1}{314}(3\,\boldsymbol{i}-4\,\boldsymbol{j}-17\,\boldsymbol{k})$

13 $\frac{9}{2}$

2.2 節 **2.12** (1) $(y^2,2xy,6z)$ (2) $(4,4,-6)$

2.13 証明略 (ヒント:定義に基づき計算する.)

2.14 発散,回転の順に示す. (1) $0,(-5x,y^2+3y,2z-2yz)$

(2) $2(x+y+z),\boldsymbol{0}$ (3) $0,(1,1,1)$

2.15 証明略 (ヒント:定義に基づき計算する.)

2.16 証明略 (ヒント:定義に基づき計算する.)

2.17 $\nabla^2\varphi=6xy^2z+2x^3z$

2.18 $4\sqrt{2}\,\pi^2$ **2.19** $\frac{4\sqrt{2}}{3}$

2.20 $\frac{\pi}{2}$

2.21 (1) 8π (2) 48π

2.22 8 **2.23** $\frac{13}{60}$

2.24 $\frac{256}{3}\pi$

2.25 0

◆演習問題 A◆ **14** (1) $\nabla\varphi = (ye^{xy}+1, xe^{xy}-1, 0)$, $\nabla^2\varphi = (x^2+y^2)e^{xy}$

(2) $\nabla\varphi = (y+z, z+x, x+y)$, $\nabla^2\varphi = 0$

(3) $\nabla\varphi = (3x^2, -3y^2, 0)$, $\nabla^2\varphi = 6x - 6y$

(4) $\nabla\varphi = (2xy+y, x^2+x+2y, -24z)$, $\nabla^2\varphi = 2y - 22$

(5) $\nabla\varphi = (2xyz, 2xyz, 2xyz)$, $\nabla^2\varphi = 2(xy+yz+zx)$

15 (1) 発散 $\nabla \cdot \boldsymbol{A} = 2x(1-\sin 2xy) - \frac{1}{x-z}$,

回転 $\nabla \times \boldsymbol{A} = \left(0, -\frac{1}{x-z}, -2y\sin 2xy\right)$

(2) 発散 $\nabla \cdot \boldsymbol{A} = y^3 - 15e^{3y} + \cos(z-x)$, 回転 $\nabla \times \boldsymbol{A} = (0, -\cos(z-x), -3xy^2)$

16 $\nabla(\boldsymbol{A}\cdot\boldsymbol{B}) = (yze^{xy}+e^{yz}+yze^{zx})\,\boldsymbol{i} + (zxe^{xy}+zxe^{yz}+e^{zx})\,\boldsymbol{j} + (e^{xy}+xye^{yz}+xye^{zx})\,\boldsymbol{k}$,

$\nabla^2(\boldsymbol{A}\cdot\boldsymbol{B}) = z(x^2+y^2)e^{xy} + x(y^2+z^2)e^{yz} + y(z^2+x^2)e^{zx}$,

$\nabla\cdot(\boldsymbol{A}\times\boldsymbol{B}) = -(xy+1)e^{xy} - (yz+1)e^{yz} - (zx+1)e^{zx}$

17 (1) $\frac{22\sqrt{6}}{3}$ (2) $\sqrt{2}(3\pi-2)$

◆演習問題 B◆ **18** (1), (2) 証明略 (ヒント:定義に基づき計算する.)

19 (1) 証明略 (ヒント:$\boldsymbol{A} = A_1\,\boldsymbol{i} + A_2\,\boldsymbol{j} + A_3\,\boldsymbol{k}$ とおくと,

$\boldsymbol{A}\cdot\nabla = A_1\frac{\partial}{\partial x} + A_2\frac{\partial}{\partial y} + A_3\frac{\partial}{\partial z}$)

(2) 証明略 (ヒント:定義に基づき計算する.)

(3) 証明略 (ヒント:$\boldsymbol{A} = A_1\,\boldsymbol{i} + A_2\,\boldsymbol{j} + A_3\,\boldsymbol{k}$ とおく.定義に基づき計算する.)

(4) 証明略 (ヒント:$\nabla\times(\boldsymbol{A}\times\boldsymbol{B}) = \left(\boldsymbol{i}\,\frac{\partial}{\partial x} + \boldsymbol{j}\,\frac{\partial}{\partial y} + \boldsymbol{k}\,\frac{\partial}{\partial z}\right)\times(\boldsymbol{A}\times\boldsymbol{B})$)

20 (1) $\frac{207\sqrt{14}}{2}$ (2) $\frac{7\sqrt{2}-3\sqrt{6}}{60}$ (3) $\frac{3}{4}$ (4) $\frac{\sqrt{5}(64-\pi^2)}{32}$

21 (1) $\frac{21}{4}$ (2) $\frac{\pi^2-12}{16}$ (3) $\frac{3(e-e^{-1})^2}{2}$

◆演習問題 C◆ **22** 証明略 (ヒント:(左辺) $= \iint_S \frac{\boldsymbol{r}}{r^3}\cdot\frac{\boldsymbol{r}}{a}\,dS$, $\boldsymbol{r}\cdot\boldsymbol{r} = r^2$)

23 (1) $\frac{9}{2}$ (2) 15

24 (1) $-\frac{8}{3}$ (2) -2 (3) 16

25 405π

第3章

3.1節 **3.1** 証明略 (ヒント:

$$F(s) = \mathscr{L}[\cos t] = \int_0^\infty \cos t\, e^{-st}\,dt$$

とおき $s>0$ のとき部分積分を実行すると

$$F(s) = \frac{1}{s} - \frac{1}{s^2}F(s)$$

となることによりしたがう.)

3.2 (i) 図は右に示す.

(ii) $\frac{1-2e^{-s}+e^{-2s}}{s^2}$

3.3 (1) $\frac{3s-1}{s(s-1)}$　(2) $\frac{s}{s^2+\omega^2}$

(3) $\frac{s-\alpha}{(s-\alpha)^2+\omega^2}$　(4) $\frac{e^{-\pi s}s}{s^2+1}$

3.4 証明略（ヒント：$n=1$ のときは (L5) より成立する. $n=k$ のとき (L7) が成り立つと仮定し, $n=k+1$ のとき成り立つことを示せばよい.）

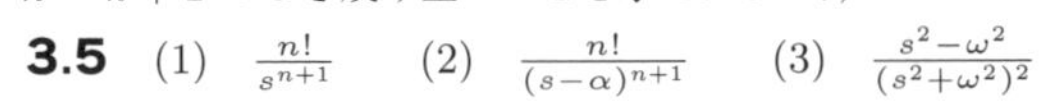

3.5 (1) $\frac{n!}{s^{n+1}}$　(2) $\frac{n!}{(s-\alpha)^{n+1}}$　(3) $\frac{s^2-\omega^2}{(s^2+\omega^2)^2}$

3.6 証明略（ヒント：$n=1$ のときは (L8) より成立する. $n=k$ のとき (L10) が成り立つと仮定し, $n=k+1$ のとき成り立つことを示せばよい.）

3.7 証明略（ヒント：$\mathscr{L}[\sin\omega t]=\mathscr{L}\left[\left(-\frac{1}{\omega}\cos\omega t\right)'\right]$ に (L8) を適用すればよい.）

3.8 (1) $-\log\left|\frac{s-2}{s+2}\right|$ $\left(=\log\left(\frac{s+2}{s-2}\right)\ (s>2)\right)$　(2) $\frac{1}{s(s^2+1)}$

3.9 (1) $\frac{s^2+4s+8}{s^3}$　(2) $\frac{s^2+2}{s(s^2+4)}$

(3) $\frac{s^2-8}{(s^2+4)(s^2+16)}$　(4) $\frac{s^2+4s+16}{s(s^2+16)}$

(5) $\frac{s^2-2s+4}{(s-2)(s^2-4s+8)}$　(6) $\frac{4(s^2-2)}{s(s^2-4)}$

3.10 (1) $3-2t+2t^2+t^3$　(2) $3e^{-t}+3te^{-t}-t^2e^{-t}$

(3) $4\cos 3t+3\sin 3t$　(4) $3e^{-3t}\cos 2t-8e^{-3t}\sin 2t$

3.11 (1) $-1+e^{2t}$　(2) $-e^{-t}+e^{2t}$　(3) $-3e^t+7e^{3t}$　(4) $e^{-3t}+e^{4t}$

3.12 (1) $-2+e^{2t}+e^{-2t}$　(2) $1-2e^{-2t}+e^t$

(3) $2e^t-7e^{2t}+5e^{3t}$　(4) $2e^t-3e^{2t}+e^{-t}$

3.13 (1) $1-3t+2t^2$　(2) $e^{2t}(1+3t)$　(3) $e^{-t}(1+3t+t^2)$

(4) $e^{3t}(1+3t-t^2+2t^3)$

3.14 (1) $-1-3t+2e^{3t}$　(2) $-8+4t+9e^{-t}+3te^{-t}$

(3) $-e^{-t}+e^t+6te^t$　(4) $-e^{-t}+e^t(1-2t+2t^2)$

3.15 (1) $3e^t-3\cos t+\sin t$

(2) $2-t-2\cos 2t+\frac{1}{2}\sin 2t$

◆演習問題 A◆ **1** (1) $f(t)$ のグラフは右に示す.

$\mathscr{L}[f(t)]$

$$=\int_0^1 e^{-st}\,dt+\int_1^2(-2)e^{-st}\,dt+\int_3^\infty 3e^{-st}\,dt$$

を計算して $\mathscr{L}[f(t)]=\frac{1-3e^{-s}+5e^{-2s}}{s}$

(2) $f(t)=U(t)-3U(t-1)+5U(t-2)$

(3) $\mathscr{L}[f(t)]=\frac{1-3e^{-s}+5e^{-2s}}{s}$

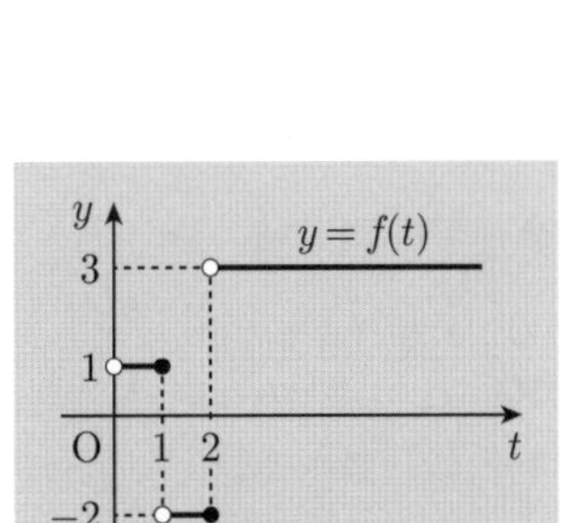

2 (1) $f(t)$ のグラフは下に示す．

$\mathscr{L}[f(t)] = \frac{(s+2)e^{-s}+s-2}{s^3}$

(2) $g(t)$ のグラフは下に示す． $\mathscr{L}[g(t)] = \frac{2(1-e^{-s}-se^{-s})}{s^3}$

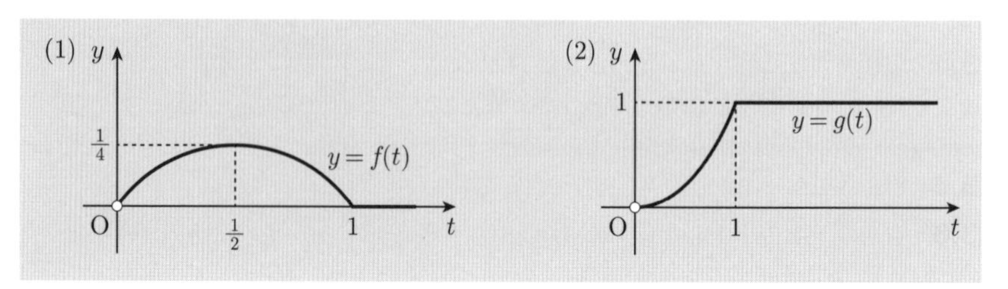

3 (1) $\frac{s^2-s+7}{(s+1)(s-2)^2}$ (2) $\frac{9s^2+6s+2}{s^3}$ (3) $\frac{s^2-6s+10}{(s-2)^3}$ (4) $\frac{s^2-3}{(s^2+1)(s^2+9)}$

(5) $\frac{2s^2+1}{2s(s^2+1)}$ (6) $\frac{s^2-2s+4}{(s-2)(s^2-4s+8)}$ (7) $\frac{4(3s^2-4)}{(s^2+4)^3}$ (8) $\frac{1}{s(s-1)^2}$

(9) $-\log\left|\frac{s+2}{s+1}\right|$ $\left(= \log\left(\frac{s+1}{s+2}\right) \ (s > -1)\right)$ (10) $\frac{6e^{-s}}{s^4}$

4 (1) $\frac{1}{2}t^2 + \frac{1}{8}t^4$ (2) $2t^3e^{-2t}$ (3) $(t-5)^3e^{t-5}U(t-5)$

(4) $3e^{2t}\sin 2t$ (5) $3e^{-t}\cos 2t - e^{-t}\sin 2t$ (6) $-4e^t + 7e^{2t}$

(7) $2 - e^t + e^{2t}$ (8) $3e^{2t} + 8te^{2t} + t^2e^{2t}$ (9) $1 + 3t - e^{2t}$

(10) $-3 + 3\cos t + 4\sin t$

◆演習問題 B◆ **5** (1) $\frac{a}{s^2-a^2}$ (2) $\frac{2as}{(s^2-a^2)^2}$ (3) $\frac{2a(3s^2+a^2)}{(s^2-a^2)^3}$

(4) $\frac{s}{s^2-a^2}$ (5) $\frac{s^2+a^2}{(s^2-a^2)^2}$ (6) $\frac{2s(s^2+3a^2)}{(s^2-a^2)^3}$

6 (1) $2e^{-3t} - e^t + 3e^{2t}$ (2) $1 - e^{-2t} - 2e^t + 3e^{4t}$ (3) $e^t - 2te^t - t^2e^t + t^3e^t$

(4) $e^{2t} - 2te^{2t} + 2t^2e^{2t}$ (5) $-3 + t + 2e^{-t} + e^t$ (6) $-e^{2t} + 2e^t + te^t$

(7) $e^t - te^t - e^{2t} + 2te^{2t}$ (8) $1 + 2t + 2t^2 - e^t - te^t$ (9) $2e^t - 2\cos 2t - \sin 2t$

(10) $1 - e^{2t}\cos t + 2e^{2t}\sin t$ (11) $5e^t - 4te^t - 5\cos t - \sin t$

(12) $1 + 3t + e^t\cos t - 2e^t\sin t$

7 (1) $a = 0,\ b = \frac{1}{2},\ c = -\frac{1}{2},\ d = 0$ (2) $\frac{1}{2}(\sin t - t\cos t)$

8 (1) $\sin t + 2\cos t - \frac{1}{2}\sin 2t - 2\cos 2t$ (2) $-3\sin t + 2\cos t + 3t\sin t + t\cos t$

◆演習問題 C◆ **9** (1) $\mathscr{L}[\varphi(t)] = (s-\lambda)^2F(s-\lambda) - f(0)(s-\lambda) - f'(0)$

(2) $\mathscr{L}[\psi(t)] = \frac{e^{-\frac{b}{a}s}}{a}F\left(\frac{s}{a}\right)$

10 (1) $\mathscr{L}[f(t)] = \frac{\pi}{2s^2}$ (2) $\frac{\pi}{2}a$

11 証明略 （ヒント：$f(t) = f(t+l) = \cdots = f(t+nl)$ $(n = 1, 2, \ldots)$ であることに注意し，$F_n(s) = \int_{nl}^{(n+1)l} f(t)e^{-st}\,dt$ とおくと

$$\mathscr{L}[f(t)] = F_0(s) + F_1(s) + \cdots + F_n(s) + \cdots$$

であり，$t=x+nl$ とおくと

$$F_n(s)=\int_{nl}^{(n+1)l} f(t)e^{-st}\,dt=\int_0^l f(x+nl)e^{-s(x+nl)}\,dx$$
$$=e^{-nsl}\int_0^l f(x)e^{-sx}\,dx=e^{-nsl}F_0(s)$$

となることからしたがう.)

12 (1) $\frac{1-e^{-s}}{s(1+e^{-s})}$ (2) $\frac{e^{-3s}+3s-1}{s^2(1-e^{-6s})}$

13 (1) (i) 証明略 (ヒント：部分積分すればよい.)

(ii) 証明略 (ヒント：$\Gamma(1)=1$ よりしたがう.)

(iii) 証明略 (ヒント：$\int_0^\infty e^{-x^2}\,dx=\frac{\sqrt{\pi}}{2}$ を用いればよい.)

(2) 証明略 (ヒント：$\mathscr{L}[t^\alpha]=\int_0^\infty t^\alpha e^{-st}\,dt$ より，$u=st$ として置換積分すればよい.)

(3) (i) $\frac{\sqrt{\pi}}{2s\sqrt{s}}$ (ii) $\frac{3\sqrt{\pi}}{4(s+1)^2\sqrt{s+1}}$ (iii) $\frac{\sqrt{\pi}(4s+3)}{2s\sqrt{s}}$

3.2節 **3.16** (1) $y=-1+2e^{3t}$ (2) $y=-e^t+t^2e^t$

(3) $y=-e^{-2t}+1-2t+2t^2$ (4) $y=3e^{-t}-3\cos 3t+\sin 3t$

3.17 (1) $y=-4e^{-t}+e^{2t}+3-6t$ (2) $y=e^{-3t}-e^t+4e^{2t}$

(3) $y=-e^{-t}+2e^t-\sin 2t$ (4) $y=2e^t+te^t-e^t\cos 3t$

3.18 C, C_1, C_2 は任意定数とする.

(1) $y=Ce^{4t}-e^t$ (2) $y=C_1e^{3t}+C_2te^{3t}+t^2e^{3t}$

(3) $y=C_1e^t+C_2e^{2t}-3e^{3t}+2te^{3t}$ (4) $y=C_1e^t+C_2e^{3t}+2\cos t+\sin t$

3.19 (1) $y=-e^{-t}+e^{3t}+e^t-4te^t$ (2) $y=e^{-2t}+te^{-2t}+e^{2t}-te^{2t}$

3.20 C_1, C_2, C_3, C_4 は任意定数とする.

(1) $y=C_1e^{-2t}+C_2e^t+C_3e^{5t}+e^{-t}$

(2) $y=C_1e^t+C_2te^t+C_3t^2e^t+C_4t^3e^t+e^t\cos t$

3.21 $x=2e^{-4t}-2e^{-3t}+4te^{-3t}$, $y=-2e^{-4t}+2e^{-3t}-2te^{-3t}$

3.22 (1) 証明略 (ヒント：$f(t)*g(t)=\int_0^t f(\tau)g(t-\tau)\,d\tau$ に対し，$\mu=t-\tau$ と置換積分をすると $f(t)*g(t)=\int_t^0 f(t-\mu)g(\mu)\,(-d\mu)=\int_0^t f(t-\mu)g(\mu)\,d\mu=g(t)*f(t)$)

(2) 証明略 (ヒント：積分の線形性よりしたがう.)

3.23 (1), (2) いずれも $-1-2t+e^{2t}$

3.24 (1) e^t-e^{-2t} (2) $6e^t-4te^t+t^2e^t-6-2t$

(3) $2e^{-t}-2\cos 2t+\sin 2t$ (4) $te^t-\sin t$

3.25 (1) $y=\cos t-2\sin t$ (2) $y=2e^{-t}-2\cos 2t+6\sin 2t$

3.26 (1) 9 (2) $\frac{1}{\sqrt{2}}$ **3.27** $\sin t$

3.28 (1) $\frac{1}{(s-3)^2}$ (2) te^{3t} (3) $\frac{1}{9}-\frac{1}{9}e^{3t}+\frac{1}{3}te^{3t}$

(4) $e^t+te^t-e^{3t}+te^{3t}$

◆演習問題 A◆ **14** (1) 証明略 (ヒント：特性方程式が異なる2つの実数解 $s=\alpha,\beta$ をもつので $s^2+as+b=(s-\alpha)(s-\beta)$ と因数分解できることから示せる.)
(2) 証明略 (ヒント：特性方程式が2重解 $s=\alpha$ をもつので $s^2+as+b=(s-\alpha)^2$ と因数分解できることから示せる.)
(3) 証明略 (ヒント：特性方程式が異なる2つの虚数解 $s=p\pm qi$ をもつので

$$s^2+as+b=\{s-(p-qi)\}\{s-(p+qi)\}=(s-p)^2+q^2$$

とかけることから示せる.)

15 (1) $y=-e^{3t}+2e^{4t}$
(2) $y=2e^{-t}+t^3e^{-t}+t^4e^{-t}$
(3) $y=-2e^{3t}+3e^{4t}-6te^{4t}+3t^2e^{4t}$
(4) $y=-2+e^t+\cos t-\sin t$

16 (1) $y=1+\cos t-2\sin t$ (2) $y=-3+2t^2+4\cos t-\frac{\pi^2}{2}\sin t$

17 C, C_1, C_2, C_3, C_4 は任意定数とする. (1) $y=Ce^{-t}+e^t-2te^t+2t^2e^t$
(2) $y=C_1e^{2t}+C_2e^{3t}+3e^t+2te^t$ (3) $y=C_1e^t\cos 2t+C_2e^t\sin 2t+e^{3t}$
(4) $y=C_1e^t+C_2e^{2t}+3\cos t+\sin t$ (5) $y=C_1e^{-2t}+C_2e^t+C_3e^{4t}-te^t$
(6) $y=C_1e^{-2t}+C_2e^{-t}+C_3e^{2t}+C_4te^{2t}+e^t$

18 (1) $y=2+t-2e^t+2te^t$ (2) $y=e^t-e^{-t}+2\sin t$

◆演習問題 B◆ **19** $x=te^{2t}$, $y=e^{2t}+te^{2t}$

20 (1) $y=e^{-t}+te^{-t}-2e^t+3te^t$
(2) $y=-e^{2t}+2te^{2t}+\cos 2t$
(3) $y=3e^{-t}+5e^t-2e^{2t}$
(4) $y=-2-t+4e^t-2e^{2t}+te^{2t}$

21 C_1, C_2, C_3, C_4 は任意定数.
(1) $y=C_1e^{-t}+C_2te^{-t}+C_3e^t-3t^2e^{-t}-2t^3e^{-t}$
(2) $y=C_1e^t+C_2te^t+C_3t^2e^t-\cos t+\sin t$
(3) $y=C_1e^{2t}+C_2te^{2t}+C_3e^{-t}\cos t+C_4e^{-t}\sin t+2t$
(4) $y=C_1e^t+C_2te^t+C_3t^2e^t+C_4t^3e^t+20e^{2t}-8te^{2t}+t^2e^{2t}$

22 (1) $y=-2e^{2t}+3e^{3t}$ (2) $y=-\sin t+2\sin 2t$

23 (1) $\frac{1}{s^2+1}$ (2) $\sin t$ (3) $1-\cos t$ (4) $-e^t+te^t+\cos t$

◆演習問題 C◆ **24** $x=-\frac{1}{5}e^{-3t}+\frac{1}{5}e^{2t}+4te^{2t}$, $y=\frac{2}{5}e^{-3t}-\frac{2}{5}e^{2t}+2te^{2t}$

25 (1) $x=\frac{\Omega}{\omega(\Omega^2-\omega^2)}\sin\omega t-\frac{1}{\Omega^2-\omega^2}\sin\Omega t$
(2) $x=\frac{1}{2\omega^2}\sin\omega t-\frac{1}{2\omega}t\cos\omega t$

26 $f(t)=e^{-4t}$

27 (1) $y=(1+e^{2(t-3)}-2e^{t-3})U(t-3)$ (2) $y=(e^{t-2}-1)U(t-2)$

28 (1) $y=2+t$ (2) $y=1+t-2t^2$ (3) $y=3t^2e^{-t}$

第 4 章

4.1 節 **4.1** 証明略 (ヒント：$m = 1, 2, \ldots$ のとき

$$\int_{-\pi}^{\pi} f(x)\sin mx\,dx = \sum_{n=1}^{\infty} a_n \int_{-\pi}^{\pi} \cos nx \sin mx\,dx + \sum_{n=1}^{\infty} b_n \int_{-\pi}^{\pi} \sin nx \sin mx\,dx$$

$$= -\frac{1}{2}\sum_{n=1}^{\infty} b_n \int_{-\pi}^{\pi} \{\cos(n+m)x - \cos(n-m)x\}\,dx = \tfrac{1}{2}\,b_m \int_{-\pi}^{\pi} dx = \pi b_m$$

より示される.)

4.2 (1) 図は次ページに示す.

(2) $f(x) \sim \frac{2}{\pi}\sum_{n=1}^{\infty} \frac{1-(-1)^n}{n} \sin nx = \frac{4}{\pi}\sum_{m=1}^{\infty} \frac{\sin(2m-1)x}{2m-1}$

4.3 (1) 図は次ページに示す.

(2) $f(x) \sim \dfrac{\pi}{4} - \sum_{n=1}^{\infty} \frac{\{1-(-1)^n\}\cos nx + \pi(-1)^n n \sin nx}{n^2\pi}$

$$= \frac{\pi}{4} - \frac{2}{\pi}\sum_{m=1}^{\infty} \frac{\cos(2m-1)x}{(2m-1)^2} - \sum_{n=1}^{\infty} \frac{(-1)^n}{n} \sin nx$$

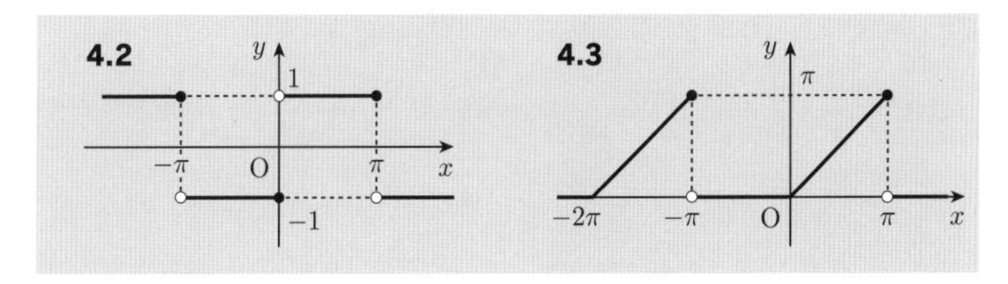

4.4 $f(x) \sim -\frac{2}{\pi}\sum_{n=1}^{\infty} \frac{1-(-1)^n}{n} \sin \frac{n\pi x}{2} = -\frac{4}{\pi}\sum_{m=1}^{\infty} \frac{\sin \frac{(2m-1)\pi x}{2}}{2m-1}$

4.5 $f(x) \sim \frac{3}{2} + \frac{6}{\pi^2}\sum_{n=1}^{\infty} \frac{(-1)^n - 1}{n^2} \cos \frac{n\pi x}{3} = \frac{3}{2} - \frac{12}{\pi^2}\sum_{m=1}^{\infty} \frac{\cos \frac{(2m-1)\pi x}{3}}{(2m-1)^2}$

4.6 (1) $f(x) = \frac{\pi^2}{3} + 4\sum_{n=1}^{\infty} \frac{(-1)^n}{n^2} \cos nx$ となるので，$x = \pi$ を代入して

$\pi^2 = \frac{\pi^2}{3} + 4\sum_{n=1}^{\infty} \frac{(-1)^n}{n^2}(-1)^n$ となる.

(2) 証明略 (ヒント：(1) より $\sum_{n=1}^{\infty} \frac{1}{n^2} = \frac{\pi^2}{6}$. また，$x = 0$ を代入すると

$0 = \frac{\pi^2}{3} + 4\sum_{n=1}^{\infty} \frac{(-1)^n}{n^2}$ となるので $-\sum_{n=1}^{\infty} \frac{(-1)^n}{n^2} = \frac{\pi^2}{12}$. したがって $\sum_{n=1}^{\infty} \frac{(-1)^{n-1}}{n^2} = \frac{\pi^2}{12}$)

4.7 $u(x,t) = \dfrac{8}{\pi^2}\sum_{n=1}^{\infty} \frac{\sin \frac{n\pi}{2}}{n^2} e^{-\frac{n^2\pi^2}{4}t} \sin \frac{n\pi x}{2}$

$$= \frac{8}{\pi^2}\sum_{m=1}^{\infty} \frac{(-1)^{m-1} e^{-\frac{(2m-1)^2\pi^2}{4}t}}{(2m-1)^2} \sin(2m-1)\pi x$$

◆演習問題 A◆

1　(1)　$f(x) \sim \frac{1}{2} + \frac{1}{\pi} \sum_{n=1}^{\infty} \frac{1-(-1)^n}{n} \sin nx = \frac{1}{2} + \frac{2}{\pi} \sum_{m=1}^{\infty} \frac{1}{2m-1} \sin(2m-1)x$

(2)　$f(x) \sim \frac{l}{2} + \frac{2l}{\pi^2} \sum_{n=1}^{\infty} \frac{(-1)^n - 1}{n^2} \cos \frac{n\pi x}{l} = \frac{l}{2} - \frac{4l}{\pi^2} \sum_{m=1}^{\infty} \frac{1}{(2m-1)^2} \cos \frac{(2m-1)\pi x}{l}$

2　(1)　$f(x) \sim \frac{1}{\lambda\pi} \sin \lambda\pi + \frac{2\lambda \sin \lambda\pi}{\pi} \sum_{n=1}^{\infty} \frac{(-1)^n}{\lambda^2 - n^2} \cos nx$

(2)　$f(x) \sim \frac{2 \sin \lambda\pi}{\pi} \sum_{n=1}^{\infty} \frac{(-1)^n n}{\lambda^2 - n^2} \sin nx$

3　$\frac{\pi}{4}$

4　$u(x,t) = \frac{2}{\pi} \sum_{n=1}^{\infty} \frac{\{1-(-1)^n\}}{n^2} e^{-n^2 t} \cos nx = \frac{4}{\pi} \sum_{m=1}^{\infty} \frac{e^{-(2m-1)^2 t}}{(2m-1)^2} \cos(2m-1)x$

（ヒント：$y = x + \frac{\pi}{2}$ とおくと

$$\begin{cases} \frac{\partial u}{\partial t} = \frac{\partial^2 u}{\partial y^2} & (t > 0,\ 0 < y < \pi) \\ u(0,t) = u(\pi,t) = 0 & (t > 0) \\ u(y,0) = \frac{\pi}{2} - \left|y - \frac{\pi}{2}\right| & (0 \leqq y \leqq \pi) \end{cases}$$

となり，この解は $u(y,t) = \frac{2}{\pi} \sum_{n=1}^{\infty} \frac{\{1-(-1)^n\}}{n^2} e^{-n^2 t} \sin ny$ となる．）

5　$u(x,t) = \dfrac{4l^2}{\pi^3} \sum_{n=1}^{\infty} \frac{\{1-(-1)^n\}}{n^3} \cos \frac{n\pi t}{l} \sin \frac{n\pi x}{l}$

$$= \frac{8l^2}{\pi^3} \sum_{m=1}^{\infty} \frac{1}{(2m-1)^3} \cos \frac{(2m-1)\pi t}{l} \sin \frac{(2m-1)\pi x}{l}$$

（ヒント：$u(x,t) = \sum_{n=1}^{\infty} b_n(t) \sin \frac{n\pi x}{l}$ とおいて，$b_n''(t) = -\frac{n^2\pi^2}{l^2} b_n(t)$ を解け．）

◆演習問題 B◆　**6**　(1)　$f(a,b) = \frac{2}{3}\pi^3 + \left\{a - \int_{-\pi}^{\pi} x s_1(x)\,dx\right\}^2$

$+ \left\{b - \int_{-\pi}^{\pi} x s_2(x)\,dx\right\}^2 - \left\{\int_{-\pi}^{\pi} x s_1(x)\,dx\right\}^2 - \left\{\int_{-\pi}^{\pi} x s_2(x)\,dx\right\}^2$ より

$a = \int_{-\pi}^{\pi} x s_1(x)\,dx,\ b = \int_{-\pi}^{\pi} x s_2(x)\,dx$

(2)　$a = 2\pi,\ b = -\pi$

7　(1)　$f(x) \sim \frac{4}{\pi} \sum_{n=1}^{\infty} \frac{1-(-1)^n}{n^3} \sin nx = \frac{8}{\pi} \sum_{m=1}^{\infty} \frac{\sin(2m-1)x}{(2m-1)^3}$

(2)　$f(x) \sim \frac{\pi^2}{6} - 2 \sum_{n=1}^{\infty} \frac{1+(-1)^n}{n^2} \cos nx = \frac{\pi^2}{6} - \sum_{m=1}^{\infty} \frac{\cos 2mx}{m^2}$

(3)　$f(x) \sim \frac{\pi^2}{12} + \sum_{m=1}^{\infty} \left\{ \frac{4 \sin(2m-1)x}{\pi(2m-1)^3} - \frac{2 \cos 2mx}{(2m)^2} \right\}$

8　(1)　$\int_{-1}^{1} x \sin n\pi x\,dx = -\frac{2(-1)^n}{n\pi},\ \int_{-1}^{1} \sin n\pi x \sin m\pi x = \begin{cases} 0 & (m \neq n) \\ 1 & (m = n) \end{cases}$

(2) 証明略 （ヒント：(左辺) $= \int_{-1}^{1} x^2\,dx - 4\sum_{k=1}^{n} \frac{(-1)^{k-1}}{k\pi}\int_{-1}^{1} x\sin k\pi x\,dx$

$+ 4\sum_{k=1}^{n}\sum_{l=1}^{n} \frac{(-1)^{k-1}(-1)^{l-1}}{kl\pi^2}\int_{-1}^{1}\sin k\pi x\sin l\pi x\,dx$ に (1) を適用.）

◆演習問題 C◆ 9 (1) 証明略 （ヒント：$f(x)$ は奇関数なので $c_0 = 0$, $a_n = 0$, $b_n = \frac{2}{\pi}\int_{0}^{\pi} x\sin nx\,dx$ （$n = 1, 2, \ldots$)）

(2) 証明略 （ヒント：$F(x) = x^2$ （$-\pi < x \leqq \pi$), $F(x+2\pi) = F(x)$ として周期関数に拡張すると，$F(x) = \frac{\pi^2}{3} + 4\sum_{n=1}^{\infty}\frac{(-1)^n}{n^2}\cos nx$ となる．$F(x) - F(a)$ を計算すればよい.）

(3) 証明略 （ヒント：$G(x) = x^3 - \pi^2 x$ （$-\pi < x \leqq \pi$）を $G(x+2\pi) = G(x)$ として周期 2π に拡張してフーリエ展開せよ.）

10 (1) 証明略 （ヒント：部分積分により $A_{m,k} = \frac{m}{k}\int_{-\pi}^{\pi}\cos^{m-1}x\sin x\sin kx\,dx = \frac{m}{k}\int_{-\pi}^{\pi}\cos^{m-1}x\,\{\cos(k-1)x - \cos kx\cos x\}\,dx = \frac{m}{k}A_{m-1,k-1} - \frac{m}{k}A_{m,k}$. これより求める等式が得られる.）

(2) $a_0 = 0$, $a_{2m-1} = \frac{1}{\pi}\frac{1}{2^{2m-1}}2\pi = \frac{1}{2^{2m-2}}$

（ヒント：$\cos^{2m-1}x$ のフーリエ係数を a_n, b_n とすると $\cos^{2m-1}x$ は偶関数なので，$b_n = 0$ （$n = 1, 2, \ldots$）となり $a_0 = 0$ も出る．$a_n = \frac{1}{\pi}\int_{-\pi}^{\pi}\cos^{2m-1}x\cos nx\,dx = \frac{1}{\pi}A_{2m-1,n}$ であり，(1) を用いると $a_2 = a_4 = a_6 = \cdots = 0$.

$$a_{2m-1} = \frac{1}{\pi}A_{2m-1,2m-1} = \frac{1}{\pi}\frac{1}{1+\frac{2m-1}{2m-1}}A_{2m-2,2m-2} = \frac{1}{\pi}\frac{1}{2}A_{2m-2,2m-2}$$

$$= \cdots = \frac{1}{\pi}\underbrace{\frac{1}{2}\cdots\frac{1}{2}}_{2m-1\text{ 個}}A_{0,0} = \frac{1}{\pi}\frac{1}{2^{2m-1}}2\pi = \frac{1}{2^{2m-2}}）$$

4.2 節 **4.8** $f(x) \sim \frac{1}{2} + \frac{i}{2\pi}\sum_{\substack{n=-\infty \\ n\neq 0}}^{\infty}\frac{\{(-1)^n - 1\}}{n}e^{in\pi x} = \frac{1}{2} - \frac{i}{\pi}\sum_{m=-\infty}^{\infty}\frac{e^{i(2m-1)\pi x}}{2m-1}$

4.9 $F(\xi) = \frac{1}{i\xi}(e^{2i\xi} - e^{-2i\xi}) = \frac{2}{\xi}\sin 2\xi$

4.10 $C(\xi) = \frac{2}{\xi^2}(1 - \cos\xi)$

4.11 $S(\xi) = \frac{2(\sin\xi - \xi\cos\xi)}{\xi^2}$

4.12 $F(\xi) = \sqrt{2\pi}\,e^{-\frac{\xi^2}{2}}$

4.13 $\mathscr{F}^{-1}[e^{-\frac{\xi^2}{2}}] = \frac{1}{\sqrt{2\pi}}e^{-\frac{x^2}{2}}$

4.14 $u_t = u_{xx} = \frac{4x^2 - 8t - 2}{(4t+1)^2\sqrt{4t+1}}e^{-\frac{x^2}{4t+1}}$

4.15 $u(x,t) = \frac{1}{\sqrt{2t+1}}e^{-\frac{x^2}{4t+2}}$

◆演習問題 A◆ **11** (1) $f(x) \sim -\frac{i}{\pi} \sum_{\substack{n=-\infty \\ n \neq 0}}^{\infty} \frac{1-(-1)^n}{n} e^{inx}$

$= -\frac{1}{\pi} \sum_{m=-\infty}^{\infty} \frac{1}{2m-1} e^{i(2m-1)x}$

(2) $f(x) \sim \frac{e^2-1}{2e} \sum_{n=-\infty}^{\infty} \frac{(-1)^n}{1+in\pi} e^{in\pi x}$

12 (1) $-\frac{e^{-i\xi}(1-e^{i\xi})^2}{\xi^2} = \frac{2}{\xi^2}(1-\cos\xi)$ (2) $\frac{2}{1+\xi^2}$

13 $-\frac{2\cos\frac{\pi\xi}{2}}{\xi^2-1}$

14 $-\frac{2\sin\pi\xi}{1-\xi^2}$

15 $\frac{\sqrt{\pi}(-i\xi+2)}{2} e^{-\frac{\xi^2}{4}}$

16 $\frac{ix-4}{4\sqrt{\pi}} e^{-\frac{x^2}{4}}$

◆演習問題 B◆ **17** (1) $C(\xi) = \frac{2\sin\xi}{\xi}$

(2) 証明略 （ヒント：反転公式を適用して，$x=0$ を代入せよ.）

18 (1) $U_{tt} = -\xi^2 U$

(2) 証明略 （ヒント：第1章2階線形微分方程式の解法より

$U(\xi,t) = C_1(\xi)e^{i\xi t} + C_2(\xi)e^{-i\xi t}$ とかける．ここで，$C_1(\xi), C_2(\xi)$ は任意の ξ の関数である．U のフーリエ逆変換を考えよ.）

19 (1) $F(\xi) = \frac{1}{a+i\xi} = \frac{a-i\xi}{a^2+\xi^2}$ (2) $\int_{-\infty}^{\infty} \frac{a}{a^2+\xi^2}\,d\xi = \frac{\pi}{a}$

◆演習問題 C◆ **20** (1) $\frac{\sqrt{\pi}}{4}(2-\xi^2)e^{-\frac{\xi^2}{4}}$

(2) $\frac{\sqrt{\pi}}{2}\left\{e^{-\frac{(\xi-1)^2}{4}} + e^{-\frac{(\xi+1)^2}{4}}\right\}$ (3) $\frac{\sqrt{\pi}}{2i}\left\{e^{-\frac{(\xi-1)^2}{4}} - e^{-\frac{(\xi+1)^2}{4}}\right\}$

21 (1) $\frac{2-x^2}{8\sqrt{\pi}} e^{-\frac{x^2}{4}}$ (2) $\frac{1}{4\sqrt{\pi}}\left\{e^{-\frac{(x+1)^2}{4}} + e^{-\frac{(x-1)^2}{4}}\right\}$

(3) $\frac{1}{4\sqrt{\pi}i}\left\{e^{-\frac{(x+1)^2}{4}} - e^{-\frac{(x-1)^2}{4}}\right\}$

22 $u(x,t) = \frac{1}{(4t+1)\sqrt{4t+1}} x e^{-\frac{x^2}{4t+1}}$ (2) $u(x,t) = \frac{x^2+2t^2+2t}{(t+1)^{\frac{5}{2}}} e^{-\frac{x^2}{4(t+1)}}$

23 (1) $\mathscr{F}[f(x)] = \frac{2}{1+\xi^2}$

(2) $\frac{\pi}{2e}$ （ヒント：フーリエの積分定理より $f(x) = \frac{1}{2\pi}\int_{-\infty}^{\infty} \frac{2}{1+\xi^2} e^{i\xi x}\,d\xi$．これとオイラーの公式から $f(1)+f(-1) = \frac{1}{\pi}\left(\int_{-\infty}^{\infty} \frac{e^{i\xi}}{1+\xi^2}\,d\xi + \int_{-\infty}^{\infty} \frac{e^{-i\xi}}{1+\xi^2}\,d\xi\right) = \frac{2}{\pi}\int_{-\infty}^{\infty} \frac{\cos\xi}{1+\xi^2}\,d\xi$ となることを用いよ.）

第 5 章

5.1 節 **5.1** (1) $25i$ (2) $-11-2i$ (3) $\frac{7}{5}-\frac{6}{5}i$

5.2 $\sqrt{34}$

5.3

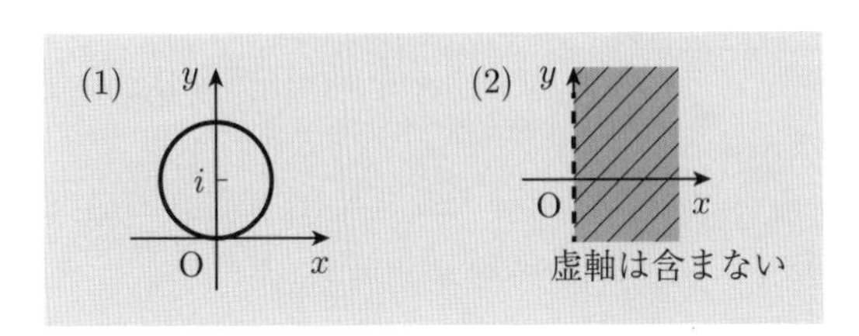

5.4 (1) $\sqrt{2}\left(\cos\frac{\pi}{4}+i\sin\frac{\pi}{4}\right)$ あるいは $\sqrt{2}\,e^{\frac{\pi}{4}i}$ （偏角は $\frac{\pi}{4}+2k\pi$（k は整数）としてよい.）

(2) $2\sqrt{3}\left(\cos\frac{7}{6}\pi+i\sin\frac{7}{6}\pi\right)$ あるいは $2\sqrt{3}\,e^{\frac{7\pi}{6}i}$ （偏角は $\frac{7\pi}{6}+2k\pi$（k は整数）としてよい.）

(3) $2\sqrt{2}\left\{\cos\left(-\frac{\pi}{4}\right)+i\sin\left(-\frac{\pi}{4}\right)\right\}$ あるいは $2\sqrt{2}\,e^{-\frac{\pi}{4}i}$ （偏角は $-\frac{\pi}{4}+2k\pi$（k は整数）としてよい.）

(4) $4\left(\cos\pi+i\sin\pi\right)$ あるいは $4e^{\pi i}$ （偏角は $\pi+2k\pi$（k は整数）としてよい.）

5.5 証明略（ヒント：$n=3$ の場合のド・モアブルの公式の両辺の実部を比較．また $\sin^2\theta+\cos^2\theta=1$ も用いる．例題 5.1 参照.）

5.6 (1) $-\frac{1}{\sqrt{2}}+\frac{i}{\sqrt{2}}$

(2) $\frac{1}{2}-\frac{\sqrt{3}}{2}i$

(3) $\left\{\sqrt{2}\left(\cos\frac{\pi}{4}+i\sin\frac{\pi}{4}\right)\right\}^{10}=32i$

(4) $\left\{2\left(\cos\left(-\frac{\pi}{3}\right)+i\sin\left(-\frac{\pi}{3}\right)\right)\right\}^{8}=-128-128\sqrt{3}\,i$

5.7 (1) $\pm\frac{1}{2}(\sqrt{6}+\sqrt{2}\,i)$

(2) $1,\ \frac{-1\pm\sqrt{3}\,i}{2}$

(3) $2^{-\frac{1}{4}}(1\pm i),\ 2^{-\frac{1}{4}}(-1\pm i)$

5.8 $\sqrt[6]{2}\left\{\cos\left(-\frac{\pi}{12}+\frac{2k\pi}{3}\right)+i\sin\left(-\frac{\pi}{12}+\frac{2k\pi}{3}\right)\right\}$

あるいは $\sqrt[6]{2}\,e^{\left(-\frac{\pi}{12}+\frac{2k\pi}{3}\right)i}$ （$k=0,1,2$）

◆演習問題 A◆ **1** (1) $14+23i$ (2) $2+11i$ (3) $\frac{4}{5}-\frac{3}{5}i$

2 (1) $2\sqrt{2}$ (2) $5\sqrt{2}$

3 (1) 中心 $1+i$，半径 1 の円

(2) 中心 1，半径 2 の円の内部および周

(3) 直線 $x=1$

(4) 実軸の下側（下半平面）

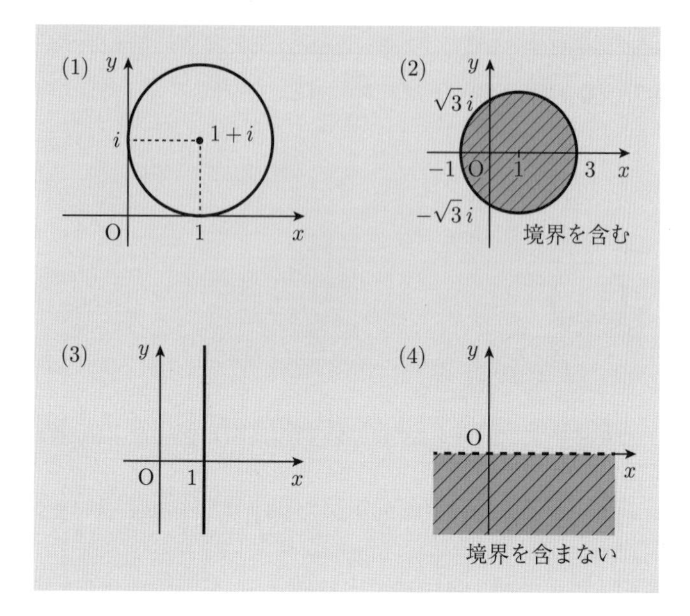

4 (1) $\sqrt{10}$ (2) 125

5 (1) $2\sqrt{2}\left(\cos\frac{3}{4}\pi + i\sin\frac{3}{4}\pi\right)$ あるいは $2\sqrt{2}\,e^{\frac{3}{4}\pi i}$

(2) $2\sqrt{2}\left(\cos\frac{5}{12}\pi + i\sin\frac{5}{12}\pi\right)$ あるいは $2\sqrt{2}\,e^{\frac{5}{12}\pi i}$

(3) $2\sqrt{2}\left(\cos\frac{\pi}{12} + i\sin\frac{\pi}{12}\right)$ あるいは $2\sqrt{2}\,e^{\frac{\pi}{12}i}$

6 (1) $\frac{1}{\sqrt{2}} + \frac{1}{\sqrt{2}}i$ (2) $-\frac{1}{2} - \frac{\sqrt{3}}{2}i$ (3) 64 (4) $8 - 8i$ (5) -64

7 (1) $\pm\frac{1}{\sqrt{2}}(\sqrt{3} - i)$ (2) $\frac{\sqrt[3]{4}}{2}(\pm\sqrt{3} + i),\ -\sqrt[3]{4}\,i$ (3) $2i,\ \pm\sqrt{3} - i$

◆演習問題 B◆ **8** (1) 証明略 （ヒント：$z = x + iy$ に対し，$|z|^2 = x^2 + y^2$）

(2) 証明略 （ヒント：左辺 − 右辺 を整理して因数分解.）

(3) 証明略 （ヒント：両辺ともに 0 以上の値であることに注目. $(\text{左辺})^2 - (\text{右辺})^2$ を計算.）

9 証明略 （ヒント：もとの不等式の z_1 に $z_1 + z_2$ を，z_2 に $-z_2$ を代入して計算する.）

10 (1) 証明略 （ヒント：$|z_1 z_2|$ は計算により $\sqrt{(x_1^2 + y_1^2)(x_2^2 + y_2^2)}$ となる.）

(2) 証明略 （ヒント：$e^{i\theta_1}e^{i\theta_2} = e^{i(\theta_1+\theta_2)}$ に注目して，$|z_1 z_2| = r_1 r_2$ を導く.）

11 (1) 中心 2，半径 2 の円 (2) 直線 $2x - y = 1$

(3) 2 点 $0, 2i$ からの距離の和が 3 に等しい楕円の内部および周

(4) 2 点 $2, -2$ からの距離の差が 3 に等しい双曲線の，実部が負の部分

12 $3\sin\theta - 4\sin^3\theta$

13 $z = \cos\frac{2k}{5}\pi + i\sin\frac{2k}{5}\pi$ （$z = 1, 2, 3, 4$） （ヒント：両辺を $z - 1$ 倍することで $z^5 - 1 = 0$，ただし $z \neq 1$）

◆演習問題 C◆ **14** $-8-8\sqrt{3}\,i$

15 (1), (2) 証明略 (ヒント：$e^{i\theta}+e^{2i\theta}+e^{3i\theta}+\cdots+e^{ni\theta}$ の値を求める.)

16 $\pm(1-\sqrt{3}\,i),\ \pm(\sqrt{3}+i)$

17 $1\pm\frac{1}{\sqrt{2}}(\sqrt{3}+i)$

18 (1) $\frac{1}{16}(\cos 5\theta+5\cos 3\theta+10\cos\theta)$ (2) $\frac{1}{16}(\sin 5\theta-5\sin 3\theta+10\sin\theta)$

19 証明略 (ヒント：α,β,γ が正三角形の頂点となる場合，それを △ABC とし，線分 BC の中点を M とするとき $\overrightarrow{\mathrm{MA}}$ を表す複素数が $\overrightarrow{\mathrm{MC}}$ を表す複素数の何倍になるかを調べる.)

5.2 節 **5.9** (1) 定義域は複素数全体，$u=-2xy,\ v=x^2-y^2$

(2) 定義域は $z\neq -i$ を満たす複素数全体，$u=\frac{x}{x^2+(y+1)^2},\ v=\frac{-y-1}{x^2+(y+1)^2}$

(3) 定義域は複素数全体，$u=3x^2y-y^3,\ v=-x^3+3xy^2$

(4) 定義域は $z\neq i$ を満たす複素数全体，$u=\frac{x}{x^2+(y-1)^2},\ v=\frac{-y+1}{x^2+(y-1)^2}$

5.10 (1) $\frac{1}{17}(21+i)$ (2) $\frac{1}{2}-\frac{1}{6}i$ (3) ∞

5.11 -16

5.12 $w'=3z^2$

5.13 (1) $12z-1$ (2) $\frac{-5z^2-12z+5}{(z^2+1)^2}$ (3) $3(z^2+z+1)^2(2z+1)$

5.14 (1) $w'=10z+6,\ 16+20i$ (2) $w'=\frac{1}{(2z+1)^2},\ -\frac{1}{25}(3+4i)$

5.15 (1) 正則関数ではない

(2) 正則関数，$w'=2x+i(2y)$ あるいは $w'=2z$

5.16 $\mathrm{Log}\,2+i\left(\frac{\pi}{3}+2n\pi\right)$ (n は整数)，$\frac{1}{2}\mathrm{Log}\,2-\frac{\pi}{4}i$

5.17 証明略 (ヒント：**5.11** の証明参照.)

5.18 $\frac{1}{2}(e^{\frac{\pi}{4}}+e^{-\frac{\pi}{4}}),\ -\frac{1}{2}(e+e^{-1})$

5.19 証明略 (ヒント：$\sin(\alpha+\beta)=\frac{e^{i(\alpha+\beta)}-e^{-i(\alpha+\beta)}}{2i}$ に注目.)

5.20 (1) $-1\pm\sqrt{2}$ (ヒント：$w=e^{iz}$ とおくと $\dfrac{w-\frac{1}{w}}{2i}=i$ を満たす.)

(2) $z=-i\,\mathrm{Log}(1+\sqrt{2})+(2n+1)\pi,\ -i\,\mathrm{Log}(\sqrt{2}-1)+2n\pi$ (n は整数)

◆演習問題 A◆ **20** (1) 定義域は $z\neq -1$ を満たす複素数全体，

$u=\frac{x^2+y^2+x}{(x+1)^2+y^2},\ v=\frac{y}{(x+1)^2+y^2}$

(2) 定義域は $z\neq i$ を満たす複素数の全体，$u=\frac{x^2+y^2-1}{x^2+(y-1)^2},\ v=\frac{2x}{x^2+(y-1)^2}$

21 -16

22 (1) $w'=14z+2,\ 30+42i$ (2) $w'=\frac{-1}{(3z+1)^2},\ \frac{5-12i}{169}$

23 (1) 正則関数，$w'=2y+(-2x-5)i=-2iz-5i$

(2) 正則関数ではない

(3) 正則関数，$w'=e^{-y}(-\sin x+i\cos x)$

24 (1) $\frac{\sqrt{3}\,e^3}{2}+\frac{e^3}{2}i$ (2) $\sin(x+5)\cosh y+i\cos(x+5)\sinh y$

25 (1) $\operatorname{Log}2+i\left(-\frac{\pi}{6}+2n\pi\right)$（$n$ は整数）, $\frac{1}{2}\operatorname{Log}2-\frac{3}{4}\pi i$（主値）

(2) $\frac{1}{2}(e^{\frac{\pi}{6}}+e^{-\frac{\pi}{6}})$, $\frac{i}{2}(e^{\pi}-e^{-\pi})$

26 (1) 証明略 $\left(\text{ヒント：}\left(\frac{e^{iz}-e^{-iz}}{2i}\right)^2+\left(\frac{e^{iz}+e^{-iz}}{2}\right)^2\text{ を計算する．}\right)$

(2) 証明略 （ヒント：(1) の結果を用いる.）

(3) 証明略 （ヒント：$\sin(-z)$ または $\cos(-z)$ を e^{iz} と e^{-iz} を用いて表す.）

27 $2n\pi-i\operatorname{Log}(2\pm\sqrt{3})=2n\pi\pm i\operatorname{Log}(2+\sqrt{3})$（$n$ は整数）

◆演習問題 B◆ **28** (1) $a=6,\ b=-4,\ w'=6+4i$

(2) $a=3,\ b=-3,\ c=-2,\ d=2,\ w'=(6x+4y)+i(-4x+6y)$

(3) $a=-1,\ b=-1,\ c=3,\ w'=6xy+(-3x^2+3y^2)i$

29 証明略 （ヒント：コーシー–リーマンの方程式と $u_{xy}=u_{yx}$, $v_{xy}=v_{yx}$ が成り立つことを用いる.）

30 (1) $z=\frac{1}{2}\operatorname{Log}2+\left(\frac{\pi}{4}+2n\pi\right)i$（$n$ は整数）

(2) $z=2n\pi-i\operatorname{Log}(3\pm2\sqrt{2})$（$n$ は整数）

31 (1), (2) 証明略 （ヒント：$\cos z$, $\sin z$ を x と y を用いて表す.）

(3) 証明略 （ヒント：(1), (2) の結果を用いる.）

◆演習問題 C◆ **32** (1) 正則, $w'=(-e^x\sin y)+i(e^x\cos y)$

(2) 正則関数ではない (3) 正則, $w'=5-4i$

33 証明略 （ヒント：コーシー–リーマンの方程式を用いる.）

34 (1) 証明略 （ヒント：$e^{z-w}=1$ であることに注目.）

(2), (3) 証明略 （ヒント：いずれも，まず e^{iz} の値を求める.）

35 (1) 証明略 （ヒント：微分公式 $(e^z)'=e^z$ を利用.）

(2), (3), (4) 証明略 （ヒント：指数法則 $e^{\alpha+\beta}=e^{\alpha}e^{\beta}$ を利用.）

36 証明略 （ヒント：まず e^{iw} の値を求める.）

37 証明略 （ヒント：任意の実数 v_0, a, b に対し,

$$v(x,y)=v_0-\int_a^x u_y(s,b)\,ds+\int_b^y u_x(x,t)\,dt$$

と定めると，$u_x=v_y$, $u_y=-v_x$ が成り立つことを示した上で $w=u+iv$ とおく.）

5.3 節 **5.21** (1) $-6+10i$ (2) $1-\frac{1}{3}i$

5.22 (1) πi (2) $-\pi i$

5.23 (1) -16π (2) $\frac{\pi}{3}i$

5.24 (1) $\frac{\pi}{2}(e-e^{-1})$ あるいは $\pi\sinh 1$ (2) $-i\pi e^{\pi}$ (3) $-\frac{\pi}{4}i$

◆演習問題 A◆ **38** (1) $\frac{-13+76i}{2}$ (2) $-1-i$

(3) $\frac{19}{3}+6i$ (4) i (5) $4+\frac{19}{3}i$

39 (1) $\frac{5}{2}-\frac{2}{3}i$ (2) $\frac{5}{2}+2i$

40 (1) $2\pi e^6 i$ (2) 0 (3) $-\frac{\sqrt{2}}{4}\pi i$ (4) $\frac{\sqrt{2}}{4}\pi i$

41 (1) $-\frac{1}{2}(e+e^{-1})\pi i=-(\cosh 1)\pi i$ (2) $\frac{8}{3}\pi e^{-\pi}$

◆演習問題 B◆ **42** 証明略（ヒント：$C: z(t)=x(t)+iy(t)$（$a \leqq t \leqq b$）に対し，$F(z(t))=U(t)+iV(t)$ とおくと $\displaystyle\int_C f(z)\,dz=\int_a^b U'(t)\,dt+i\int_a^b V'(t)\,dt$ が成り立つことを示す.）

43 (1) $-\frac{2}{3}$ (2) $2i$ (3) $-2i$ (4) $1+3i$

44 存在しない．問 5.22 における曲線 C_1, C_2 は共通の始点，終点をもつが $\displaystyle\int_C f(x)\,dz$ の値は異なる．これは $f(z)$ に原始関数があれば不合理である．

45 (1) $\frac{1}{2}(e^{1-\pi^2}-e)$

(2) $\frac{-1}{2}\operatorname{Log}(1+\pi^2)-\pi\tan^{-1}\pi+i\left\{\frac{\pi}{2}\operatorname{Log}(1+\pi^2)+\tan^{-1}\pi-\pi\right\}$

(3) $-\frac{1}{2}\cos 1(e^{\pi}+e^{-\pi}-2)+\frac{i}{2}\sin 1(e^{\pi}-e^{-\pi})$

◆演習問題 C◆ **46** (1) $f(a)$

(2) 証明略 $\Bigg($ヒント：$\displaystyle f(z)=\frac{1}{2\pi i}\int_C\frac{f(w)}{w-z}\,dw$ に注目．また $w=a+Re^{i\theta}$（$0\leqq\theta\leqq 2\pi$）と表される.$\Bigg)$

47 証明略（ヒント：a から z に至る任意の曲線 C_1 と C_2 について，コーシーの積分定理 I **5.14** を用いて $\displaystyle\int_{C_1} f(z)\,dz=\int_{C_2} f(z)\,dz$ が成り立つことを示す.）

証明略（ヒント：$F(z)=U(x,y)+iV(x,y)$, $f(z)=u(x,y)+iv(x,y)$（$z=x+iy$）とおき U_x, U_y, V_x, V_y をそれぞれ u または v を用いて表し，$U(x,y)+iV(x,y)$ がコーシー–リーマンの方程式を満たしていることを確かめる.）

5.4節 **5.25** (1) $\displaystyle e^6\sum_{n=0}^{\infty}\frac{2^n}{n!}(z-3)^n$ (2) $\displaystyle\sum_{n=0}^{\infty}\frac{(-1)^n}{2^{n+1}}(z-2)^n$

(3) $\displaystyle\sum_{n=0}^{\infty}\frac{(-1)^n}{(2n+1)!}z^{4n+2}$

5.26 $\displaystyle\frac{1}{5}+\frac{z}{5^2}+\frac{z^2}{5^3}+\cdots+\frac{z^n}{5^{n+1}}+\cdots=\sum_{n=0}^{\infty}\frac{z^n}{5^{n+1}}$

5.27 $\frac{1}{3}-\frac{1}{7}z-\frac{1}{54}z^2$

5.28 $\displaystyle 1+2z+3z^2+\cdots=\sum_{n=0}^{\infty}(n+1)z^n$,

$\displaystyle\frac{1}{2}\{2+(3\times 2)z+(4\times 3)z^2+\cdots\}=\frac{1}{2}\sum_{n=0}^{\infty}(n+2)(n+1)z^n$

（ヒント：$\frac{1}{1-z}=1+z+z^2+\cdots$ および $\left(\frac{1}{1-z}\right)'=\frac{1}{(1-z)^2}$, $\left(\frac{1}{1-z}\right)''=\frac{1}{2(1-z)^3}$ を用いる.）

5.29 (1) $\sum_{n=0}^{\infty} \frac{(-1)^{n+1}\left(z-\frac{\pi}{2}\right)^{2n}}{(2n+1)!}$ (2) $\sum_{n=0}^{\infty}(-1)^{n+1}\frac{(z-\pi)^{2n}}{(2n+1)!}$

(3) $\sum_{n=-1}^{\infty}(-1)^{n+1}(z-2)^n$ (4) $\sum_{n=0}^{\infty}\frac{(-1)^n 2^{2n+1}}{(2n+1)!}z^{-2n+1}$

5.30 (1) 2 (2) -1 (3) -1

5.31 (1) $\frac{\pi}{13}(11-3i)$ (2) $\pi(e-e^{-1})i$ あるいは $2\pi i\sinh 1$

(3) $\frac{\pi}{e}$ (4) $-\frac{\pi}{2}i$

5.32 $\frac{2}{\sqrt{3}}\pi$

5.33 (1) π (2) $\frac{\pi}{2}$ (3) $\frac{5\sqrt{2}}{256}\pi$

5.34 (1) $\pi e^{-6}i$ (2) $0,\ \pi e^{-6}$

◆演習問題 A◆ **48** (1) $\sum_{n=0}^{\infty}\frac{3^n e^5}{n!}(z-2)^n$ (2) $-\sum_{n=0}^{\infty}(z-2)^n$

49 (1) $\frac{1}{6}+\frac{z}{6^2}+\cdots+\frac{z^n}{6^{n+1}}+\cdots=\sum_{n=0}^{\infty}\frac{z^n}{6^{n+1}}$

(2) $\sin 1+(\cos 1)z+\frac{2\cos 1-\sin 1}{2}z^2-\frac{\cos 1+6\sin 1}{6}z^3$

50 (1) $\sum_{n=-1}^{\infty}\frac{i^n}{2^{n+2}}(z-2i)^n$ (2) $\sum_{n=0}^{\infty}\frac{(-1)^{n-1}}{(2n)!}(z-\pi)^{2n-1}$

(3) $\sum_{n=0}^{\infty}\frac{(-1)^n}{(2n)!}z^{-2n+2}$

51 (1) $3e^3$ (2) $\frac{1}{125}$ (3) e

52 (1) $-(1+i)\pi$ (2) $2\pi i$ (3) $-\frac{2}{9}\pi i$ (4) $2\pi i$ (5) $9\pi e^3 i$

53 (1) $\frac{\pi}{2}$ (2) $\frac{2\pi}{\sqrt{3}}$

◆演習問題 B◆ **54** (1) 0 (2) $3e\pi i$ (3) $-(1+i)\pi$

55 $\frac{3\pi}{8}$

56 (1) πe^{-3} (2) πe^{-3} (3) $\frac{\pi e^{-3}}{2}$

57 (1) $\frac{\pi}{6}$ (2) $\frac{\pi}{2e^2}\cos 1,\ \frac{-\pi}{2e^2}\sin 1$

(3) $\pi e^{-3}(-\cos 3+\sin 3),\ \pi e^{-3}(\cos 3+\sin 3)$ (4) $\frac{2\pi}{\sqrt{3}}e^{-\sqrt{3}}\sin 1$

◆演習問題 C◆ **58** (1) $0<a<2$ のとき πi，$2<a<\sqrt{5}$ のとき $2\pi i$，$\sqrt{5}<a$ のとき 0

(2) $0<a<1$ のとき $\frac{2\pi i\sin a}{a}$，$1<a$ のとき 0

(3) $0<a<3$ のとき $\frac{2}{3}\tan^{-1}\frac{a}{3}$，$3<a$ のとき $\frac{2}{3}\tan^{-1}\frac{a}{3}-\frac{\pi}{3}$

59 (1) $\frac{5\pi}{32}$ (2) $\frac{3}{8}\frac{\pi}{a^5}$ (3) $\frac{\pi}{\sqrt{2}}e^{-\frac{1}{\sqrt{2}}}\left(\cos\frac{1}{\sqrt{2}}+\sin\frac{1}{\sqrt{2}}\right)$

索　引

あ 行

か 行

さ 行

た 行

な 行

は 行

ま 行

ら 行

英 字

執筆者（五十音順）

新井（あらい） 達也（たつや）　筑波技術大学教授

五十川（いそがわ） 読（さとる）　熊本高等専門学校名誉教授

上松（うえまつ） 和弘（かずひろ）　鶴岡工業高等専門学校名誉教授

奥村（おくむら） 昌司（しょうじ）　舞鶴工業高等専門学校教授

友安（ともやす） 一夫（かずお）　都城工業高等専門学校教授

中村（なかむら） 元（げん）　松江工業高等専門学校名誉教授

西川（にしかわ） 雅堂（まさたか）　鳥羽商船高等専門学校教授

濵田（はまだ）さやか　熊本高等専門学校准教授

南（みなみ） 貴之（たかゆき）　香川高等専門学校名誉教授

終わりに，次の先生方にはこの本の編集にあたり，有益なご意見や，周到なご校閲をいただいた．深く謝意を表したい．

赤池　祐次　呉工業高等専門学校

川崎　雄貴　広島商船高等専門学校

佐野　照和　木更津工業高等専門学校

長尾　秀人　岐阜聖徳学園大学

松田　一秀　新居浜工業高等専門学校

向江　頼士　宮崎大学

カバー・表紙デザイン：KIS・小林　哲哉

監修者
河東 泰之（かわひがし やすゆき） 東京大学大学院数理科学研究科教授 Ph.D.

編著者
佐々木良勝（ささきよしかつ） 近畿大学工学部准教授 博士（数理科学）
鈴木 香織（すずき かおり） 富山大学教養教育院教授
博士（数理科学）
竹縄 知之（たけなわ ともゆき） 東京海洋大学学術研究院教授
博士（数理科学）

LIBRARY 工学基礎 & 高専 TEXT＝CKM–T4
応用数学［第2版］

2015年10月25日© 初版発行
2024年 2月10日 初版第4刷発行
2024年10月10日© 第2版発行

監修者 河東泰之 発行者 矢沢和俊
編著者 佐々木良勝 印刷者 小宮山恒敏
鈴木香織
竹縄知之

【発行】 株式会社 数理工学社
〒151–0051 東京都渋谷区千駄ヶ谷1丁目3番25号
☎（03）5474–8661（代） サイエンスビル

【発売】 株式会社 サイエンス社
〒151–0051 東京都渋谷区千駄ヶ谷1丁目3番25号
営業☎（03）5474–8500（代） 振替 00170–7–2387
FAX☎（03）5474–8900

印刷・製本 小宮山印刷工業（株）

ISBN978–4–86481–112–5

PRINTED IN JAPAN

サイエンス社・数理工学社の
ホームページのご案内
https://www.saiensu.co.jp
ご意見・ご要望は
suuri@saiensu.co.jp まで．